普通高等教育机械类专业教材

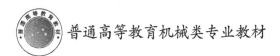

液压与液力传动

薛金红　主　编

何晓晖　王　强　副主编

人民交通出版社股份有限公司

北京

内 容 提 要

本书是普通高等教育机械类专业教材之一,主要内容包括:液压传动概述、液压流体力学基础、液压动力元件、液压执行元件、液压控制元件、液压辅助元件、液压基本回路,典型液压传动系统分析和液力传动。

本书为高等学校机械工程专业教材,供高等学校相关专业学生使用,也可以供工程装备类专业学员学习使用,还可以作为相关技术人员的参考书。

图书在版编目(CIP)数据

液压与液力传动/薛金红主编. —北京:人民交通出版社股份有限公司,2023.1

ISBN 978-7-114-18388-1

Ⅰ.①液… Ⅱ.①薛… Ⅲ.①液压传动 ②液力传动
Ⅳ.①TH137

中国版本图书馆 CIP 数据核字(2022)第 252231 号

Yeya yu Yeli Chuandong

书　　名:	液压与液力传动
著 作 者:	薛金红
责任编辑:	李　斌　郭　跃
责任校对:	席少楠　卢　弦
责任印制:	刘高彤
出版发行:	人民交通出版社股份有限公司
地　　址:	(100011)北京市朝阳区安定门外外馆斜街 3 号
网　　址:	http://www.ccpcl.com.cn
销售电话:	(010)59757973
总 经 销:	人民交通出版社股份有限公司发行部
经　　销:	各地新华书店
印　　刷:	北京虎彩文化传播有限公司
开　　本:	787×1092　1/16
印　　张:	12.75
字　　数:	283 千
版　　次:	2023 年 1 月　第 1 版
印　　次:	2023 年 1 月　第 1 次印刷
书　　号:	ISBN 978-7-114-18388-1
定　　价:	43.00 元

前言 Preface

　　液压与液力传动技术是普通高等教育机械工程专业学生必须掌握的一项专业技能课程。通过学习，应能够了解流体力学基础知识，理解常用液压与液力传动元件的工作原理、结构特点、使用维护以及各种液压基本回路的功用、组成和应用场合，具备工程装备液压与液力系统分析、使用和维护的初步能力。

　　本书主要讲述液压传动及其流体力学基础，液压动力元件、执行元件、控制元件、辅助元件和液力传动的工作原理、结构特点、使用维护要点，液压基本回路的功用和组成，典型工程装备液压系统，液压系统和液力系统的安装使用、维护等。编写过程中，编者结合多年的教学经验与实践体会，吸收同行的经验和成果，从学与教两方面着眼，力求既宜于教，又利于学。在内容上力求取舍有度、适应面广、基础扎实、举一反三；在保证必要的基本理论的前提下，删减偏深的论证和较繁的推导，使之具有科学性、完整性和实用性；在体系上突出内在的系统性，力求全书既能体现传统的教学体系，又能反映其特有的内在联系，使其具有较强的概括性。

　　本书由薛金红担任主编，由何晓晖、王强担任副主编，全书由薛金红负责统稿。具体编写分工为薛金红（第 2 章、第 4 章、第 6 章）、何晓晖（第 1 章、第 3 章、第 9 章）、王强（第 5 章、第 7 章、第 8 章）。参与本书编写工作的还有周春华、吴备、李峰、田静、杨小强、邵发明、储伟俊、张详坡、陈静静。在编写过程中，得到了机关和教研室领导与同事的大力支持，参考了很多教材和著作，在此向他们和被引用文献的作者表示深切的谢意。

　　限于编者水平，书中难免存在不少缺点和错误，恳请广大读者批评指正。

编　者

2022 年 10 月

目录 Contents

第1章 液压传动概述

在工程装备中,传动是指能量(或动力)由原动机(内燃机、电动机等)向工作装置的传递,通过不同方式的传动装置把原动机输出的转动传递和变换为工作装置各种不同形式的运动,如推土机推土铲刀的升降,装载机装载斗的举落和收放,挖掘机转台的回转及其铲斗的挖掘动作等。

根据传递能量的工作介质不同,常用的传动方式可分为机械传动、液体传动、气体传动及电力传动等。液体传动是以液体为工作介质传递能量和进行控制的一种传动形式。根据工作原理的不同,液体传动又可分为液压传动和液力传动。液压传动主要利用液体的压力能进行能量转换、传递和控制;液力传动则主要利用液体的动能进行能量转换和传递。

1.1 液压传动的工作原理与系统组成

液压传动是一种以液体(通常是液压油或液压液)作为工作介质来进行能量传递的传动形式,它通过一种能量转换装置(液压泵),将原动机的机械能转变为液体的压力能,然后通过封闭管道、控制元件(各种阀)等,由另一种能量转换装置(液压缸或液压马达)将液体的压力能转变为机械能,以驱动负载和实现执行机构所需要的直线运动或旋转运动。

1.1.1 液压传动的工作原理

液压千斤顶是一种简单的液压传动装置,现以其为例说明液压传动的工作原理,如图 1-1 所示。

图 1-1a)为液压千斤顶工作原理示意图。液压千斤顶主要由手柄 1、小液压缸 2、小活塞 3 等组成的手动液压泵和由大液压缸 7、大活塞 8 等组成的举升液压缸构成。

图 1-1a)中,提起手柄 1 使小活塞 3 向上移动,小活塞下端油腔容积增大,形成局部真空,单向阀 6 关闭,油箱 11 的油液在大气压作用下通过吸油管顶开单向阀 4 进入手动液压泵,实现吸油,如图 1-1b)所示;用力压下手柄,使小活塞下移,小活塞下腔压力升高,单向阀 4 关闭,单向阀 6 打开,实现排油,如图 1-1c)所示,小活塞下腔的油液经管道 5 输入大活塞 8 的下腔,迫使大活塞 8 向上移动,顶起重物 W。再次提起手柄使手动泵吸油时,举升液压缸下腔的压力油将试图倒流入手动泵内,但此时单向阀 6 自动关闭,使油液不能倒流,保证了重物不会自行下落。因此,对于手动液压泵,单向阀 4 称为吸油阀,单向阀 6

称为排油阀。不断地往复扳动手柄1,就能不断地通过手动液压泵把油液压入举升缸下腔,使重物逐渐地升起。手柄停止动作,举升缸下腔油液压力会使单向阀6关闭,从而使大活塞连同重物一起锁闭不动。当重物被举升时,截止阀10必须关闭;需要放下重物时,打开此阀,举升缸下腔的油液通过管道9、截止阀10流回油箱,大活塞8在重物和自重作用下向下移动,回到原始位置。

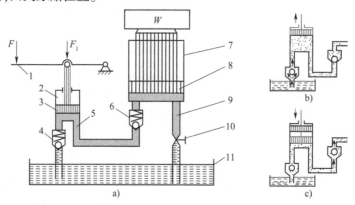

图1-1　液压千斤顶工作原理图

1-手柄;2-小液压缸;3-小活塞;4、6-单向阀;5、9-管道;7-大液压缸;8-大活塞;10-截止阀;11-油箱

综上所述,在液压千斤顶的密闭系统中,手动液压泵在杠杆的作用下,将机械能转换为油液的压力能,通过管道输送至举升液压缸,举升液压缸又将油液的压力能转换为机械能以举起重物,从而实现了能量(力和运动)的传递。

对于图1-1中的液压千斤顶,手柄上只需施加几十牛顿的力,大活塞却能顶起几吨的重物。这是什么道理呢? 将图1-1简化为图1-2的密闭连通容器,可清楚地分析两活塞之间力的比例关系、运动关系和功率关系。

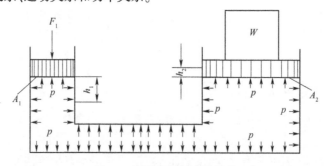

图1-2　液压千斤顶的简化模型

1)力的比例关系

图1-2中,A_1、A_2分别为小活塞和大活塞的面积,两液压缸用管道连通,大活塞上有负载W。当给小活塞施加F_1时,液体中就产生了压力p,且$p = F_1/A_1$。

根据帕斯卡原理,在密闭容器内,施加于静止液体上的压力将以等值同时传到液体各点。因而,在大活塞的下方也作用着一个等值的压力p。随着F_1的增大,液体的压力p也不断增大。当压力p增大至$p = W/A_2$时,大活塞开始运动,顶起重物W,实现了传动。可见,液压传动有以下特点:

（1）传动必须在密闭容器内进行；

（2）系统在其内部压力 p 克服外负载时才能实现传动，即传递力和运动；

（3）液压传动可以将力放大，力的放大倍数等于活塞面积之比，即：

$$p = \frac{F_1}{A_1} = \frac{W}{A_2} \quad 或 \quad \frac{W}{F_1} = \frac{A_2}{A_1} \tag{1-1}$$

式中：A_1、A_2——分别为小活塞和大活塞的作用面积；

　　　　W——负载；

　　　　F_1——手柄作用在小活塞上的力。

式（1-1）就是液压传动中力传递的基本公式。由于实现传动时压力 $p = W/A_2$，称为系统的工作压力，因此，当负载 W 增大时，工作压力 p 也要随之增大，亦即 F_1 要随之增大；反之，若负载 W 很小，工作压力 p 就很低，F_1 也就很小；当外负载 $W = 0$ 时，$p = 0$，系统不传递能量。由此建立了一个非常重要的基本概念，即：在液压传动中系统工作压力取决于负载，而与输入的液体多少无关。

2）运动关系

图 1-2 中，不考虑液体的可压缩性、漏损和缸体、油管的变形等因素，被小活塞压出油液的体积必然等于大活塞向上升起后大活塞缸扩大的体积。即：

$$A_1 h_1 = A_2 h_2 \quad 或 \quad \frac{h_2}{h_1} = \frac{A_1}{A_2} \tag{1-2}$$

式中：h_1、h_2——分别为小活塞和大活塞的位移。

从式（1-2）可知，两活塞的位移和两活塞的面积成反比，将 $A_1 h_1 = A_2 h_2$ 两端同除以活塞移动的时间 t 得：

$$A_1 \frac{h_1}{t} = A_2 \frac{h_2}{t}, \quad A_1 v_1 = A_2 v_2 \quad 即 \frac{v_2}{v_1} = \frac{A_1}{A_2} \tag{1-3}$$

式中：v_1、v_2——分别为小活塞和大活塞的运动速度。

式（1-3）说明，活塞的运动速度和活塞的作用面积成反比。

单位时间内液体流过截面积为 A 的某一截面的体积，称为液体的流量 q，即：

$$q = Av \tag{1-4}$$

如果已知进入缸体的流量 q，则活塞的运动速度为：

$$v = \frac{q}{A} \tag{1-5}$$

由液压千斤顶工作过程分析看出，液压传动是靠密闭工作容积变化相等的原则实现运动（速度和位移）传递的。调节进入缸体的流量 q，就可以调节活塞的运动速度 v，这就是液压传动能实现无级调速的基本原理。

从式（1-5）可得到液压传动另一个非常重要的基本概念，即：活塞的运动速度取决于输入流量的大小，而与外负载大小无关。

3）功率关系

由式（1-1）和式（1-3）可得：

$$F_1 v_1 = W v_2 \tag{1-6}$$

式（1-6）左端为输入功率，右端为输出功率，这说明在不计损失的情况下，输入功率等

于输出功率。而且：

$$P = pA_1v_1 = pA_2v_2 = pq \tag{1-7}$$

由式(1-7)可以看出，液压传动中的功率 P 可以用压力 p 和流量 q 的乘积来表示。因此，压力 p 和流量 q 是液压传动中最基本、最重要的两个参数，它们相当于机械传动中的力和速度，它们的乘积即为功率。

1.1.2 液压传动系统的组成

实际机器的液压传动系统中，还需要在液压泵-液压缸的基础上设置控制液压缸运动方向、运动速度和最大推力的液压元件。图1-3所示为一简单机床工作台液压系统，系统由油箱1、滤油器2、液压泵3、溢流阀4、节流阀5、换向阀6、液压缸7和连接这些元件的管路等组成。

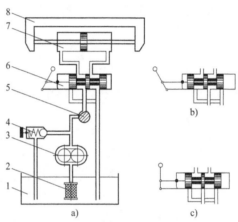

图1-3　某机床工作台液压传动系统原理结构示意图
1-油箱；2-滤油器；3-液压泵；4-溢流阀；5-节流阀；6-换向阀；7-液压缸；8-工作台

下面通过分析其工作原理来说明液压传动系统的组成。

液压泵3由电动机驱动从油箱1经滤油器2吸油，液压泵输出的压力油进入压油管路。当换向阀6阀芯处于图1-3a)所示位置时，压力油经节流阀5、换向阀6和管路进入液压缸7左腔，推动液压缸活塞驱动工作台向右运动。液压缸7右腔油液经换向阀6和管路流回油箱。扳动换向阀6的手柄使阀芯向左运动至图1-3b)所示工作位置，则压力油将经节流阀、换向阀后进入液压缸右腔，液压缸左腔油液经换向阀流回油箱，活塞驱动工作台向左运动。当换向阀6的阀芯处于中间位置时，如图1-3c)所示，压力油经换向阀通往液压缸的油路被封闭，压力油经溢流阀4溢流回油箱，工作台停止运动。因此，通过换向阀可以控制液压缸活塞的启动、停止和运动方向。

液压系统的工作压力取决于负载，负载包括推动工作台移动时所受到的各种阻力，如切削力和摩擦力等。液压泵的最高工作压力由溢流阀4调定，其调定值应为液压缸的最大工作压力及系统中油液流经阀和管路的压力损失的总和。当系统压力超过溢流阀调定压力时，溢流阀打开溢流。因此，系统的工作压力不会超过溢流阀的调定值，溢流阀对系统起着过载保护的作用。

液压泵输出的压力油，一部分经过节流阀5进入液压缸，另一部分通过溢流阀溢流回油箱。改变节流阀的开口大小,可以改变进入液压缸的流量。因此,通过节流阀可以控制液压缸活塞的运动速度。

从上面的例子可以看出,液压传动系统主要由以下五个部分组成。

(1)动力元件。动力元件即液压泵,是把机械能转换成液体压力能的装置,为液压传动系统提供具有一定流量和压力的工作介质。

(2)执行元件。执行元件是把液体的压力能转换成机械能输出的装置,包括做直线运动的液压缸、做回转运动的液压马达及做摆动运动的摆动缸(或摆动马达)。

(3)控制元件。控制元件是使执行元件和系统完成预定运动规律,对系统中液体的压力、流量和流动方向进行控制或调节的装置,如前述系统中的溢流阀、节流阀、换向阀等。

(4)辅助元件。辅助元件是保证系统能够可靠和稳定地工作并便于检测、控制所需的,除上述三部分元件以外的装置,如油箱、滤油器、管件、密封装置和蓄能器等。

(5)传动介质。传动介质是传递能量和信号的液体,即液压油或液压液。

液压系统就是按机械的作业要求,用管件将上述各种液压元件合理地组合在一起,形成一个整体,使之完成一定的工作循环。

1.2　图形符号和液压系统图

下面以图 1-4 所示推土机作业装置的液压传动系统为例,进一步说明液压传动系统的组成。

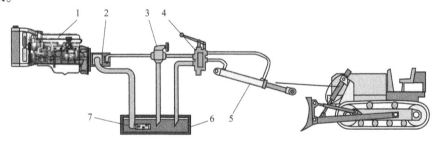

图1-4　某推土机简化液压传动系统

1-发动机;2-液压泵;3-溢流阀;4-换向阀;5-液压缸;6-油箱;7-滤油器

在图 1-4 所示的液压传动系统中,发动机 1 是液压系统的原动机,带动液压泵 2 经滤油器 7 从油箱 6 吸油,产生压力油输入工作系统管路。这样,液压泵就将发动机的机械能转换成油液的压力能,通过管路、溢流阀 3、换向阀 4,输入液压缸 5,驱动推土机铲刀升降,满足推土作业的切土深度要求。从液压缸流回的油液经管路、换向阀 4 和系统回油管返回油箱 6。

图 1-5 为图 1-4 推土机铲刀控制液压系统结构和工作原理简图。系统主要由油箱 6、滤油器 7、液压泵 5、溢流阀 4、换向阀 3、液压缸 1 和连接这些元件的管路 2、8、9 组成。

液压泵 5 输出的压力油首先经过油管进入换向阀 3。换向阀 3 有 P、A、B 和 T 四个外部油口,分别对应地连接液压泵出油口、液压缸上腔(无杆腔)、液压缸下腔(有杆腔)和油箱。换向阀3的阀杆(阀芯)有四个操纵位置,分别对应于铲刀的四种工作状态。阀杆处于图1-5a)所示的位置Ⅰ时,油液进入换向阀3后经过管路8流回油箱6,换向阀3通往液压缸1两腔的油口A和B均被封闭,液压缸1活塞保持在一定位置,铲刀高度不变,这是换向阀的中立位置。当操纵换向阀3使阀杆处于位置Ⅱ时,如图1-5b)所示,换向阀3内部P与B通,A与T通,液压泵5输出的油经换向阀3的P口、B口和管路2进入液压缸1下腔,活塞杆缩回,铲刀上升,液压缸1上腔的油经管路9、换向阀3的A口、T口和管路8流回油箱6。换向阀3的阀杆在位置Ⅲ时,如图1-5c)所示,换向阀3内部P与A通,B与T通,液压泵5输出的油液经换向阀P、A口和管路9进入液压缸1上腔,使铲刀下降,液压缸1下腔的油液经管路2、换向阀3B、T口及管路8流回油箱6。换向阀3的阀杆在位置Ⅳ时,如图1-5d)所示,换向阀内部P、A、B和T四个口全部相互连通,铲刀呈浮动状态。可见,换向阀在液压系统中的作用就是控制油液的流动方向,从而使铲刀处于不同的工作状态。

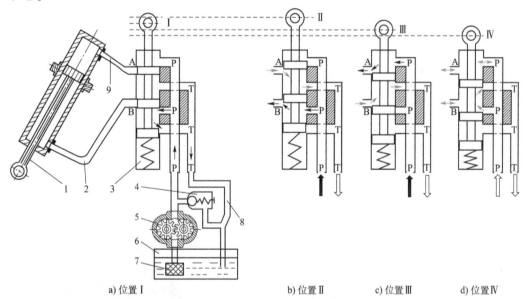

a) 位置Ⅰ   b) 位置Ⅱ   c) 位置Ⅲ   d) 位置Ⅳ

图1-5 推土机作业装置液压系统结构和工作原理图

1-液压缸;2、8、9-管路;3-换向阀;4-溢流阀;5-液压泵;6-油箱;7-滤油器

溢流阀4用于限制系统的最高工作压力,防止系统过载,故又称安全阀。滤油器7滤除油液中的杂质,减少液压元件磨损。油箱6贮存油液,同时用来散热、浮出气泡、沉淀杂质等。

液压系统由许多元件组成,如果用各液压元件的结构图来表达整个液压系统,则绘制起来非常复杂,而且往往难于将其原理表达清楚。为简化液压系统的表示方法,通常采用图形符号来绘制系统的原理图。我国制定了流体传动系统及元件图形符号和回路图的国家标准,图1-6所示为按照《流体传动系统及元件 图形符号和回路图 第1部分:图形符号》(GB/T 786.1-2021)绘制的图1-3所示机床工作台液压系统原理图和图1-5所示推土机作业装置液压系统原理图。

元件的图形符号脱离了元件的具体结构,不表示元件的具体结构和参数,只表示元件的职能、控制方式和外部连接。在本书第3章～第5章中,每讲述一种元件,都将介绍其图形符号。

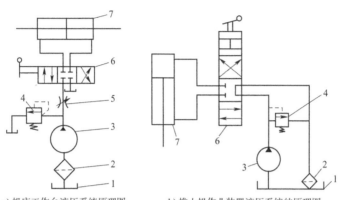

a) 机床工作台液压系统原理图　　　b) 推土机作业装置液压系统的原理图

图1-6　液压系统原理图

1-油箱;2-滤油器;3-液压泵;4-溢流阀;5-节流阀;6-换向阀;7-液压缸

用图形符号绘制的液压系统原理图表明了组成系统的元件、元件之间的相互关系、连接系统的通路和整个系统的工作原理,并不表示系统管路具体布置及元件实际安装位置。同时,图形符号均以元件的静止位置或中间零位置表示,只有为了说明系统的工作原理确实需要画出元件在其他工作位置时才不按上述规定画,但此时需作说明。当需要标明元件的名称、型号和参数(如压力、流量、功率、管径等)时,一般在系统图的元件表中标明,必要时,也可标注在元件图形符号的旁边。

1.3　液压传动的特点和应用

1.3.1　液压传动的特点

每种传动方式各有其特点、用途和适用范围。

机械传动的优点是传动准确可靠,传动效率高,制造容易,操作简单,维护方便,不受负载影响等;其缺点是一般不能进行无级调速,远距离操作比较困难,结构比较复杂等。

电力传动的优点是能量传递方便,信号传递迅速,标准化程度高,易于实现自动化等;其缺点是运动平稳性差,易于受外界负载的影响,惯性大,起动和换向慢,成本较高,受温度、湿度、振动、腐蚀等环境因素影响较大。

与机械传动和电力传动相比,液压传动有自己的特点。

1) 液压传动的优点

(1) 液压传动最突出的优点是单位质量输出功率大,液压泵很容易输出很高压力(可达32MPa以上)的油液,输入液压缸(马达)后可获得很大的力(力矩),在相同的体积下,液压传动装置比电气装置产生的动力更大。所以,在同等功率情况下,液压传动装置体积小,质量轻,结构紧凑,空间布置具有较大的柔性。

（2）液压装置工作比较平稳，吸振能力强。由于质量轻，惯性小，反应快，易于实现快速起动、制动、频繁换向和过载保护。

（3）可以完成各种复杂的动作，操纵控制方便，液压传动装置能在很大的范围内实现无级调速（调速范围可达 2000∶1），且可在运行过程中进行调速，工作平稳。

（4）易于实现自动化，采用电液联合控制或者计算机控制后，可实现大负载、高精度、远程自动控制。

（5）一般采用矿物油为工作介质，相对运动表面可自行润滑，磨损少，使用寿命长。

（6）液压元件已实现了标准化、系列化、通用化，液压系统的设计、制造和使用都非常方便。

2）液压传动的缺点

（1）液压传动对油液的清洁度要求较高，需要认真控制或定期更换。据统计，液压机械 70% ~ 80% 的故障发生在液压系统，而液压系统 80% 以上的故障是由于油液污染造成的。因此，自 20 世纪 70 年代以来，人们一直把控制油液污染、提高系统可靠性作为一个重要课题。

（2）由于工作油液具有一定的可压缩性和难以避免泄漏，液压传动不能保证严格的传动比，不适用于传动比要求严格的场合。油液中渗入空气时，会产生噪声，容易引起振动和爬行（运动速度不均匀），也会影响传动的平稳性。油液的外泄漏不仅污染场地，还可能引起火灾和爆炸事故。

（3）工作油液具有黏性，流动存在阻力损失；传动过程中能量经两次转换，系统能量损失较大，传动效率较低，一般为 75% ~ 85%。同时，油液温度的变化引起黏度变化，直接影响液压元件和系统的工作性能，所以，在低温条件或高温条件下采用液压传动有较大的困难。

（4）液压系统与元件制造精度和密封性能要求高，维修、维护较困难，工作量大。当液压系统产生故障时，故障原因不易查找，排除较困难。

总而言之，液压传动系统由于其优势明显，因而在现代工业领域得到广泛应用，它的一些不足也将随着科学技术的进步而逐步得到克服。

1.3.2　液压传动的应用

液压传动与控制技术应用在机床、工程装备、冶金机械、塑料机械、农林机械、汽车、船舶、航天航空等国民经济的诸多行业，是自动化技术不可缺少的手段。

从蓝天到水下，从军用到民用，从重工业到轻工业，到处都有液压传动与控制技术的应用。例如：火炮跟踪、飞机和导弹飞行、炮塔稳定、海底石油探测平台固定、煤矿矿井支撑、液压装载、起重、挖掘、轧钢机组、数控机床、多工位组合机床、全自动液压车床、液压机械手等。表 1-1 是液压传动的应用及应用场所举例。

液压传动的应用及应用场所举例 表 1-1

行 业 名 称	应 用 场 所 举 例
工程机械	挖掘机，装载机，推土机，压路机，铲运机等
起重运输机械	汽车式起重机，港口龙门吊，叉车，装卸机械，皮带运输机等
矿山机械	凿岩机，开掘机，开采机，破碎机，提升机，液压支架等

续上表

行业名称	应用场所举例
建筑机械	打桩机,液压千斤顶,平地机等
农业机械	联合收割机,拖拉机等
冶金机械	电炉炉顶及电极升降机,轧钢机,压力机等
轻工机械	打包机,注塑机,矫直机,橡胶硫化机,造纸机等
汽车工业	自卸式汽车,平板车,高空作业车,汽车的转向器、减振器等
智能机械	机器人,模拟驾驶器,折臂式小汽车装卸器,数字式体育锻炼机等

练 习 题

1. 液压传动的定义是什么? 液压传动有哪两个工作特征?

2. 请说明液压系统工作压力取决于负载、执行元件运动速度取决于输入流量的原因。

3. 液压传动系统由哪几个基本部分组成? 它们的基本功能分别是什么?

4. 试比较液压传动与机械传动、电力传动的主要优缺点。

5. 图1-7中,某液压千斤顶(设效率为1)可顶起10t重物G。试问:在30MPa压力下,液压缸2的活塞面积A_2为多少? 若要求液压缸1的下压力F_1为1200N,液压缸1的活塞面积A_1为多少? 若要求液压缸1的下压力F_1为900N,液压缸1的活塞面积A_1又为多少? 当人的输入功率为100W时,将10t重物升高0.2m高需要多长时间?

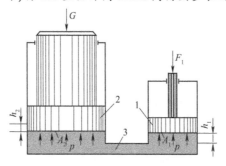

图 1-7

6. 图1-7中,液压千斤顶举升重物过程中,已知活塞1面积$A_1 = 1.2 \times 10^{-4} m^2$,活塞2的面积$A_2 = 9.6 \times 10^{-4} m^2$。活塞1的下压速度$v_1 = 0.2 m/s$时,试求活塞2的上升速度$v_2$。

7. 图1-7中,液压千斤顶举升重物,已知$G = 30kN$,小活塞的面积$A_1 = 2 \times 10^{-4} m^2$,大活塞的面积$A_2 = 10 \times 10^{-4} m^2$,小活塞在2s内向下移动$h_1 = 0.35m$。试求:

(1)油腔内的油液压力p;

(2)小活塞的作用力F_1;

(3)大活塞的上升速度v_2;

(4)不计各种损失,液压千斤顶传递的功率P;

(5)当举升重物为$G = 20kN$时,p、F_1、v_2和P分别是多少?

第2章 液压流体力学基础

液压传动主要采用油液作为传递能量的工作介质。作为一种液体,油液具有许多特性。液压流体力学就是研究液体平衡和运动规律、液体与液压元件(包括管道)间相互作用规律的一门科学。了解液体的基本性质,理解液体平衡和运动的主要力学规律,对正确理解液压传动原理,合理使用和维护液压传动机械都是十分重要的。

2.1 液压传动工作介质

如前所述,液压油液是液压传动的工作介质,是能量转换的中间媒介,用来传递运动和力,同时对液压装置的机构、零件起着润滑、冷却、冲洗和防锈等作用,其自身的性质直接影响液体的运动规律,所以,首先应该了解液压油液的类型和物理性能。

2.1.1 液压油的分类

按照《润滑剂、工业用油和相关产品(L 类)的分类第 2 部分:H 组(液压系统)》(GB/T 7631.2-2003),液压传动油液有三大类型:石油型、乳化型和合成型。工程装备液压系统通常采用石油型液压油,主要品种的组成和特性、应用见表 2-1。

石油型液压油的分类 表 2-1

名 称	代号	组成和特性	应 用
精制矿物油	L-HH	无抗氧剂	循环润滑油,低压液压系统
普通液压油	L-HL	HH 油,并改善其防锈和抗氧性	一般液压系统
抗磨液压油	L-HM	HL 油,并改善其抗磨性	低、中、高压液压系统,特别适合于有防磨要求带叶片泵的液压系统
低温液压油	L-HV	HM 油,并改善其黏温特性	可在-20 ~ -40℃低温环境中使用,用于户外工作的工程装备和船用设备的液压系统
高黏度指数液压油	L-HR	HL 油,并改善其黏温特性	黏温特性优于 L-HV 油,用于数控机床液压系统和伺服系统
液压-导轨油	L-HG	HM 油,并具有黏-滑特性	适用于导轨和液压系统共用一种油品的机床,对导轨具有良好的润滑性和防爬性
其他液压油	—	加入多种添加剂	用于高品质专用液压系统

液压油的品种以其代号和后面的数字组成,代号中 L 表示石油产品的总分类号"润滑

剂和有关产品",H 表示液压系统用的液压油,数字表示该液压油的某个黏度等级。

石油型液压油是工程装备最常用的液压系统工作介质,其各项性能都优于全损耗系统用油 L-AN(原称机械油)。机械油是一种低品位、浪费资源的产品,已不再生产,HL 液压油已被列为机械油的升级换代产品。石油型液压油黏度等级有 15～150 多种规格。

1)L-HL 液压油(普通液压油)

L-HL 液压油采用精制矿物油作基础油,加入抗氧、抗腐蚀、抗泡、防锈等添加剂调合而成,是当前我国供需量最大的主品种,用于一般液压系统,但只适于 0℃以上的工作环境。常用牌号有 HL-32、HL-46、HL-68。在其代号 L-HL 中,最后一个字母 L 代表防锈、抗氧化型,数字代表运动黏度。

2)L-HM 液压油(抗磨液压油)

L-HM 液压油的基础油与普通液压油相同,除加有抗氧、防锈等添加剂外,还加有抗磨剂,以减少液压件的磨损,适用于-15℃以上的高压、高速工程装备和车辆液压系统。常用牌号有 HM-32、HM-46、HM-68、HM-100 等。在其代号 L-HM 中,M 代表抗磨型,数字代表运动黏度。

3)L-HG 液压油(液压-导轨油)

除普通液压油所具有的全部添加剂外,L-HG 液压油还加有油性剂,用于导轨润滑时有良好的防爬性能,适用于机床液压传动和导轨润滑合用的系统。

4)L-HV 液压油(低温液压油、稠化液压油、高黏度指数液压油)

L-HV 液压油是用深度脱蜡的精制矿物油,加有抗氧、抗腐、抗磨、抗泡、防锈、降凝和增黏等添加剂调合而成。其黏－温特性好,有较好的润滑性,以保证不发生低速爬行和低速不稳定现象,适用于低温地区的户外高压系统及数控精密机床液压系统。

5)其他专用液压油

其他专用液压油如航空液压油(红油)、炮用液压油、舰用液压油等。

2.1.2 液压油的性质

1)密度

单位体积液体的质量称为液体的密度。体积为 V,质量为 m 的液体的密度 ρ 为:

$$\rho = \frac{m}{V} \tag{2-1}$$

液压油的密度随温度的上升而有所减小,随压力的升高而稍有增加,但变化量很小,所以,在一般使用条件下,可以近似地把液压油的密度当作常量。各类液压油的密度有所不同,液压油的密度一般可以取 900kg/m^3。

2)可压缩性

液体受压力作用而发生体积减小的性质称为液体的可压缩性。体积为 V 的液体,当压力增大 Δp 时,体积减小 ΔV,则液体在单位压力变化下的体积相对变化量为:

$$k = -\frac{1}{\Delta p}\frac{\Delta V}{V} \tag{2-2}$$

式中:k——液体的压缩系数。

由于压力增大时液体的体积减小,因此,式(2-2)等号的右边须加一个负号,以使 k 为正值。k 的倒数称为液体的体积弹性模量,以 K 表示:

$$K = \frac{1}{k} = -\frac{\Delta p}{\Delta V}V \tag{2-3}$$

K 表示产生单位体积相对变化量所需要的压力增量。在实际应用中,常用 K 值说明液体抵抗压缩能力的大小。

液压油体积弹性模量 K 的平均值在 $(1.2 \sim 2) \times 10^9 \mathrm{MPa}$ 范围内,数值很大,故对于液压系统中一般的油液平衡和运动问题,都可按不可压缩液体进行理论分析。但某些情况下,例如在研究液压系统的动态特性,包括研究液流的冲击、系统的抗振稳定性、瞬态响应以及计算远距离操纵的液压机构时,往往必须考虑液压油的可压缩性。

尤其需要注意的是,当液压油中混入了不溶解的气体时,其体积弹性模量会大大降低,并将严重影响液压系统的工作性能。因此,在液压系统运行过程中,尽量减少油液中的气体(气泡)含量。

3) 黏性

液体在外力作用下流动(或有流动趋势)时,液体分子间的内聚力会阻碍分子间的相对运动而产生一种内摩擦力,宏观上抵抗液体发生剪切变形,这一性质称为黏性。液体只有在流动(或有流动趋势)时才会呈现出黏性,静止的液体是不呈现黏性的。黏性是液体的重要物理特性,也是选择液压油的依据。

液体流动时,由于液体和固体壁面间的附着力以及液体的黏性,会使液体内各液层间的速度大小不等。

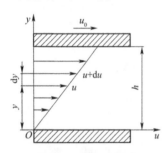

图 2-1 液体黏性示意图

如图 2-1 所示,假设在两个平行平板之间充满静止液体,两平板间距离 h,以 y 方向为法线方向。保持下平板静止不动,使上平板相对于下平板以速度 u_0 向右移动,于是黏附于上平板表面的一层液体随平板以速度 u_0 运动,并向下逐层影响,各层相继流动,直至黏附于下平板的液层速度为零。在 u_0 和 h 都较小的情况下,中间各层液体的速度则从上到下近似呈线性递减的规律分布,这是因为在相邻两液体层间存在有内摩擦力的缘故,该力对上层液体起阻滞作用,而对下层液体则起拖曳作用。

1686 年,牛顿提出并经后人实验证明,液体流动时相邻液层间的内摩擦力(剪切力) F_f 与液层接触面积 A、液层间的速度梯度 $\mathrm{d}u/\mathrm{d}y$ 成正比,即:

$$F_f = \mu A \frac{\mathrm{d}u}{\mathrm{d}y} \tag{2-4}$$

式中: μ ——比例系数。

比例系数具有动力学的量纲,称为动力黏度(又称为动力黏度系数)。

动力黏度 μ 是液体黏性的度量,μ 值越大,液体越黏,流动性越差。

若以 τ 表示液层间单位面积上的内摩擦力,则:

$$\tau = \frac{F}{A} = \mu \frac{\mathrm{d}u}{\mathrm{d}y} \tag{2-5}$$

式(2-5)称为牛顿液体内摩擦定律。在静止液体中,速度梯度 $du/dy = 0$,故内摩擦力为零,因此,液体在静止状态下是不呈现黏性的。

液体黏性的大小用黏度来表示。常用的黏度有三种,即动力黏度、运动黏度和相对黏度。

(1)动力黏度 μ。如前所述,它是表征液体黏度的内摩擦系数。由式(2-5)可知:

$$\mu = \tau \left/ \frac{du}{dy} \right. \tag{2-6}$$

因此,动力黏度的物理意义是:当速度梯度等于1时,接触液体液层间单位面积上的内摩擦力。所以,动力黏度又称绝对黏度,单位是 $N \cdot s/m^2$ 或 $Pa \cdot s$。

(2)运动黏度 v。动力黏度 μ 和该液体密度 ρ 之比值 v 称为运动黏度。即:

$$v = \frac{\mu}{\rho} \tag{2-7}$$

运动黏度 v 没有明确的物理意义。因为在其单位中只有长度和时间的量纲,即运动学量纲,所以称之为运动黏度。它是工程实际中经常用到的物理量。

在我国法定计量单位制及 SI 制中,运动黏度 v 的单位是 m^2/s。

在 CGS 制中,v 的单位是 cm^2/s,通常称为 St(斯)。而在实际应用中,油的黏度常用 mm^2/s(cSt,厘斯)表示,所以:

$$1m^2/s = 10^4 St = 10^6 cSt$$

工程中常用运动黏度来标示液体的黏度。国际标准化组织(International Organization for Standardization, ISO)规定,统一采用运动黏度来表示油的黏度等级。我国生产的液压油和全损耗系统用油采用温度为 40℃ 的运动黏度平均值(mm^2/s,cSt)为其黏度等级标号。如 HM-32 液压油,就是指这种液压油在 40℃ 时的运动黏度平均值为 32cSt,即 $32mm^2/s$,或 $32 \times 10^{-6} m^2/s$。

(3)相对黏度。动力黏度和运动黏度是理论分析和计算时经常使用的黏度单位,但它们都难以直接测量,因此,在工程上常使用相对黏度。

相对黏度是采用特定的黏度计在规定的条件下测量出来的液体黏度,所以又称为条件黏度。用相对黏度计测量油的相对黏度后,再根据相应的关系式换算出运动黏度或动力黏度,以便于使用。

根据测量条件的不同,各国采用相对黏度的单位也不同。我国和德国等国家采用恩氏黏度($°E_t$),美国采用国际赛氏秒(SSU),英国采用雷氏黏度(R)。

恩氏黏度是用恩氏黏度计测定的相对黏度。如图 2-2 所示,将 200mL 的被测液体装入底部有 $\Phi 2.8mm$ 小孔的恩氏黏度计容器中,在某一特定温度 t℃ 时,测定该液体在自重作用下流尽所需的时间 t_1 和同样体积的蒸馏水在 20℃ 时流过同一小孔所需的时间 t_2,两者之比值,便是该液体在 t℃ 时的恩氏黏度°E_t。即:

$$°E_t = \frac{t_1}{t_2} \tag{2-8}$$

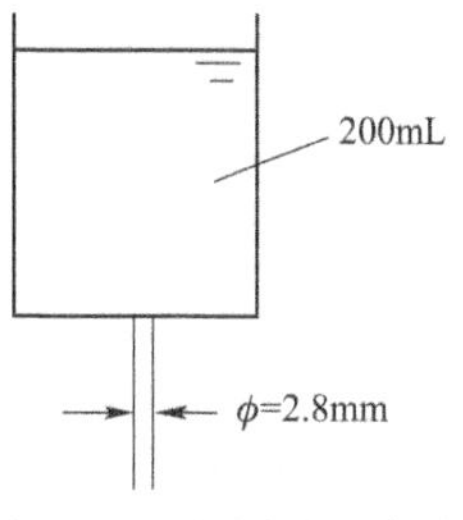

工程中,一般采用 20℃、40℃ 和 100℃ 作为测定恩氏黏度的标

图 2-2　恩氏黏度计示意图

准温度,其相应的标记符号为$°E_{20}$、$°E_{40}$、$°E_{100}$。

恩氏黏度与运动黏度间的换算关系式为:

$$v = \left(7.31°E - \frac{6.31}{°E}\right) \times 10^{-6} \qquad (2-9)$$

4)黏度和温度的关系

温度对油液黏度影响很大,当油液温度升高时,其黏度显著下降。油液的黏度与温度之间的这种关系,称为油液的黏温特性。油液黏度的变化直接影响液压系统的性能和泄漏量,因此,希望黏度随温度的变化越小越好。

不同的油液有不同的黏度温度变化关系,图 2-3 所示为几种常用的国产油液的黏温图,温度为 t℃时的黏度可从该图直接查出。

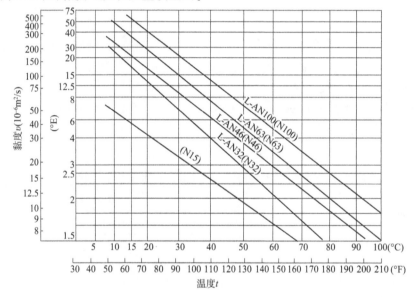

图 2-3　几种国产油液黏温图

5)黏度与压力的关系

压力对油液的黏度也有一定的影响。压力愈高,分子间的距离愈小,因此,黏度变大,这种关系叫油液的黏压特性。不同的油液有不同的黏度压力变化关系,但在一般液压系统使用的压力范围内,黏度压力变化数值可以忽略不计。

6)其他特性

液压油还有其他一些物理化学性质,如抗燃性、抗氧化性、抗凝性、抗泡沫性、抗乳化性、防锈性、润滑性、导热性、稳定性以及相容性(主要指对密封材料、软管等不侵蚀、不溶胀的性质)等,这些性质对液压系统的工作性能有重要影响。对于不同品种的液压油,这些性质的指标是不同的,具体应用时可查油类产品手册。

2.1.3　液压油的选用

1)液压系统对液压油的要求

液压系统中的工作油液具有多重作用,油液的性能会直接影响液压传动的性能,如工作的可靠性、灵敏性、工况的稳定性、系统的效率及零件的寿命等。一般在选择油液时应满足下列几项要求。

(1)黏温特性好,即在使用温度范围内,油液黏度随温度的变化愈小愈好。

(2)具有良好的润滑性,即油液润滑时产生的油膜强度高,以免产生干摩擦。

(3)成分要纯净,不应含有腐蚀性物质,以免侵蚀机件和密封元件。

(4)具有良好的化学稳定性,即油液不易氧化,不易变质,以防产生黏质沉淀物影响系统工作,防止氧化后油液变为酸性,对金属表面起腐蚀作用。

(5)抗泡沫性好,抗乳化性好,对金属和密封件有良好的相容性。

(6)体积膨胀系数低,比热容和传热系数高;流动点和凝固点低,闪点和燃点高。

(7)无毒性,价格便宜。

2)液压油的选用

选择液压油,首先应选择油液的品种,可根据工作压力、环境温度和有无防火要求等因素进行考虑。然后,选择油液的黏度。黏度等级选择得恰当与否,对液压系统工作的稳定性、可靠性、效率、温升都会产生显著的影响。在一定条件下,选用的油液黏度太高或太低,都会影响系统的正常工作。黏度高的油液流动时产生的阻力较大,克服阻力所消耗的功率较大,同时,此功率损耗又将转换成热量使油温上升。黏度太低,会使泄漏量加大,使系统的容积效率下降。选择黏度时应考虑以下几个方面。

(1)工作压力。工作压力较高的液压系统宜选用黏度较大的液压油,以减少系统泄漏;反之,可选用黏度较小的油。

(2)环境温度。环境温度高,会使液压油黏度下降。所以,环境温度较高时,宜选用黏度较大(牌号较高)的液压油。

(3)运动速度。液压系统执行元件运动速度较高时,为减小液流的摩擦损失,宜选用黏度较低的液压油。

(4)液压泵的类型。在液压系统的所有元件中,以液压泵对液压油的性能最为敏感,因泵内零件的运动速度很高,承受压力较大,润滑要求苛刻,温升高。因此,常根据液压泵的类型及要求选择液压油的黏度。各类液压泵适用的黏度范围见表2-2。

各类液压泵适用的黏度范围(mm²/s,40℃) 表2-2

液压泵类型		黏度范围(mm²/s)	
		液压系统温度(℃)	
		5~40	40~80
叶片泵	$p<7MPa$	30~50	40~75
	$p≥7MPa$	50~70	55~90
齿轮泵		30~70	95~165
轴向柱塞泵		40~75	70~150
径向柱塞泵		30~80	65~240

2.1.4 液压污染控制

液压污染是液压系统发生故障的主要原因。液压污染严重影响液压元件和液压系统

的可靠性及使用寿命,因此,进行科学严格液压污染管理和液压污染控制是至关重要的。

1)液压污染及其危害

液压污染是指液压油或液压系统中具有系统工作不需要的、对系统工作可靠性和元件寿命有害的物质和能量。

污染物质主要是指液压油(系统)中含有水分和其他油品、空气、固体颗粒以及胶状生成物等杂质。污染物质对液压系统造成的危害主要包括三个方面。

(1)固体颗粒和胶状生成物堵塞滤油器,使液压泵吸油困难,产生噪声;堵塞或卡滞阀类元件的小孔或缝隙,使其动作失灵甚至错误动作。

(2)微小颗粒会加速零件磨损,影响液压元件的正常工作;同时,也会划伤密封件,导致泄漏加剧。

(3)水分和其他种类的油品以及空气的混入会降低液压油的润滑能力,并使其氧化变质;产生气蚀,加速液压元件的损坏;使液压系统产生振动、爬行等现象。

污染能量主要包括静电、磁场、热能以及放射线等。这些能量可能对液压系统造成非常有害的影响,例如,静电可以导致电腐蚀,并且可能引起从矿物质基液压油中挥发出来的碳氢化合物燃烧而引起火灾;磁场的吸引力可使铁磁性磨屑吸附于零件的表面和间隙,引起元件磨损、堵塞或卡紧等;系统中过多的热能使油温升高,导致液压油黏度下降、润滑性变差和泄漏增加,并导致密封件快速老化失效、油液加速变质。

在上述各类污染中,污染物质是主体,其中固体颗粒又是液压系统中最普通、危害最大的污染物。据统计,由固体污染物引起的液压系统故障占总故障的60%~70%。

2)液压污染的原因

概括起来,液压污染的原因主要有以下三个方面。

(1)残留污染。残留污染主要是指在液压元件和液压系统制造、存贮、运输、装配、安装、维护、修理过程中带入的砂粒、切屑、焊渣、磨料、磨屑、漆片、棉纱、灰尘和油垢等,未经清洗(冲洗),或虽经清洗但未清洗干净而残留下来,导致液压系统被污染。

(2)侵入污染。侵入污染主要是指液压系统所处环境中的污染物(如尘埃、水分、空气等)通过一切可能的侵入部位,如液压缸往复运动的外露活塞杆、油箱的通气孔和加油口等侵入液压系统,造成系统污染。

实际工作中还需要注意,虽然液压油是在比较清洁的条件下炼制和调合的,但在运输和储存过程中不可避免地受到管道、油桶、储油罐或环境的污染,所以,在为液压系统油箱注入新油时,必须经过过滤。同时注意,不同类型的油品禁止混用。

(3)生成污染。生成污染主要是指液压系统在工作过程中系统内部产生的金属微粒、密封材料磨损颗粒、涂料剥离片、水分、气泡和油液氧化变质后产生的胶状生成物等造成的系统污染。

3)液压污染的控制

液压油污染的原因很复杂,液压油自身又在不断产生污染物,因此,要完全消除液压污染是很困难的。研究和实践证明,为了延长液压元件的使用寿命,保证液压系统正常可靠工作,必须将液压污染程度控制在某一限度内。在实际生产中,常采取以下措施来控制液压污染。

（1）消除残留污染。液压装置组装前后,必须对其零件、元件进行严格清洗。

（2）减少侵入污染。油箱盖上的空气滤清器和活塞杆端防尘密封必须保持完好,向油箱注油必须通过滤油器,维修拆装液压元件应在无尘区域进行。

（3）滤除生成杂质。根据需要,在液压系统相关部位设置适当精度的滤油器,并定期检查、清洗或更换滤芯。具体内容详见本书第 6 章。

（4）控制液压油的温度。工程装备液压系统的油温一般应控制在30℃ ~80℃之间。

（5）定期检查和更换液压油。应根据液压设备使用说明书的要求和维护规程的规定,定期对液压油进行抽样检查,发现油已不符合要求时,必须立即更换。更换新的液压油时,要清洗油箱,冲洗系统管道及元件。

2.2　静止液体的力学基本规律

液体静力学基础的主要内容是研究液体处于静止状态下的力学规律以及这些规律的应用。这里所说的“静止”,是指液体内部质点之间没有宏观的相对运动,至于液体整体（盛装液体的容器）,完全可以像刚体一样做各种运动。

2.2.1　液体的静压力及其特性

1)液体的静压力

作用在液体上的力有两种类型:质量力和表面力。前者作用在液体的所有质点上,如重力、惯性力等;后者作用在液体的表面上,如切向力和法向力。表面力可能是容器作用在液体上的外力,也可能是来自另一部分液体的内力。

静止液体在单位面积上所受的法向力称为静压力,即物理学中的压强,在液压与液力传动中习惯称之为压力。压力通常以 p 表示。

如果在液体内某点处微小面积 ΔA 上作用有法向力 ΔF,则该点处的静压力 p 为:

$$p = \lim_{\Delta A \to 0} \frac{\Delta F}{\Delta A} \tag{2-10}$$

若在液体的面积 A 上,所受的为均匀分布的作用力 F 时,则静压力 p 可表示为:

$$p = \frac{F}{A} \tag{2-11}$$

2)液体静压力的特性

（1）液体静压力垂直于其承压面,其方向和该面的内法线方向一致。如果压力不垂直于其作用面,则液体就要沿着该作用表面的某个方向产生相对运动;如果压力的方向不是指向作用表面的内部,则由于液体不能承受拉力,液体就要离开该表面产生运动,破坏了液体的静止条件。

（2）静止液体内任一点所受到的静压力在各个方向上都相等。如果液体内某点受到的各个方向的压力不等,那么,液体必然产生运动,破坏了静止的条件。

2.2.2　静压力基本方程式

在重力作用下的静止液体所受的力,除了液体重力外,还有液面上的压力和容器壁面作用在液体上的压力。其受力情况如图 2-4a)所示。

若计算离液面深度为 h 的某一点压力,可以取出底面包含该点的一个微小垂直液柱作为研究对象,如图 2-4b)所示,设液柱底面积为 ΔA,高为 h,其体积为 $h\Delta A$,则液柱的重力为 $\rho g h \Delta A$,并作用于液柱的重心上,由于液柱处于平衡状态,所以液柱所受各力存在如下关系:

$$p\Delta A = p_0 \Delta A + \rho g h \Delta A \tag{2-12}$$

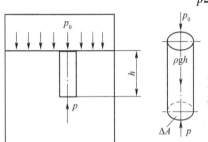

等式两边同除以 ΔA,得:

$$p = p_0 + \rho g h \tag{2-13}$$

式(2-13)即为静压力基本方程式,由该式可知,重力作用下的静止液体,其压力分布有如下特征。

(1)静止液体内任意一点处的压力由两部分组成:一部分是液面上的压力 p_0,另一部分是该点以上液体自重所形成的压力,即 ρg 与该点离液面深度 h

图 2-4 静止液体内压力分布规律

的乘积。当液面上只受大气压 p_a 作用时,则液体内任意一点处的压力为:

$$p = p_a + \rho g h \tag{2-14}$$

(2)静止液体内的压力随液体深度增加呈直线规律递增。

(3)离液面深度相同处各点的压力均相等,而压力相等的所有点组成的面称为等压面。在重力作用下静止液体中的等压面为一水平面。当然,与大气接触的自由表面也是等压面。

2.2.3 帕斯卡原理

图 2-4 及式(2-12)均表明,密闭容器内的液体,当外加压力 p_0 发生变化时,只要液体仍保持原来的静止状态不变,则液体内任一点的压力将发生同样大小的变化。这就是说,在密闭容器内,施加在静止液体上的压力可以等值地传递到液体各点,这就是静压传递原理,即帕斯卡原理。

在液压系统中,由于外力产生的压力往往远大于液体自重引起的压力,所以,可以忽略式(2-12)中的 $\rho g h$ 项,而认为液体中的压力处处相等。

图 2-5 所示是应用帕斯卡原理的实例。图中大小两个液压缸由连通管相连构成密闭容积。其中大缸活塞面积为 A_1,作用在活塞上的负载为 F_1,液体所形成的压力 $p = F_1/A_1$。由帕斯卡原理可知:小活塞处的压力亦为 p,设小活塞面积为 A_2,则为防止大活塞下降,在小活塞上应施加的力为:

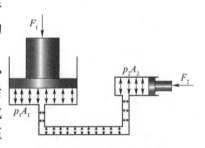

图 2-5 帕斯卡原理应用实例

$$F_2 = pA_2 = \frac{A_2}{A_1}F_1 \tag{2-15}$$

由式(2-15)可知,由于 $A_2/A_1 < 1$,所以,用一个很小的推力 F_2,就可以推动一个比较大的负载 F_1。液压千斤顶就是依据这一原理制成的。

从负载与压力的关系还可以发现,当大活塞上的负载 $F_1 = 0$ 时,不考虑活塞自重和其他阻力,则不论怎样推动小液压缸的活塞,液体中的压力均保持 $p = 0$,这说明液体内的压力是由外负载作用所形成的,即系统的压力大小取决于负载。如前所述,这是液压传动中一个非常重要的基本概念。

2.2.4 压力的单位及表示方法

1) 压力的单位

压力的单位除法定计量单位 Pa(帕,N/m^2)外,工程中有时还使用 kgf/cm^2、bar(巴)和其他一些单位,如 at(工程大气压)、mmHg(汞柱高)或水柱高等。各种压力单位之间的换算关系如下:

$$1N/m^2 = 1Pa(帕) = 1 \times 10^{-3}kPa(千帕) = 1 \times 10^{-6}MPa(兆帕)$$

$$1bar(巴) = 100kPa = 1 \times 10^5 N/m^2$$

$$1at(工程大气压) = 1kgf/cm^2 = 9.8 \times 10^4 N/m^2$$

$$1mmHg(毫米汞柱) = 1.33 \times 10^2 N/m^2$$

2) 压力的表示方法

根据度量基准不同,液体压力有绝对压力和相对压力两种表示方法,二者与真空度的关系如图2-6所示。

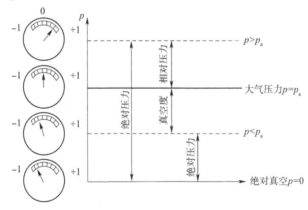

图2-6 绝对压力、相对压力和真空度的关系

(1)绝对压力。以绝对真空状态(绝对零压力)为基准进行度量的压力即为绝对压力,式(2-14)表示的压力就是绝对压力,显然 $p > 0$。

(2)相对压力。以工程大气压为基准来进行度量的压力,即超过大气压力 p_a 的那部分压力 $p - p_a = \rho gh$,称为相对压力。其值可正、可负,也可为零。

实际工作中,压力表几乎都是在大气压作用下检测压力的,所以,压力表所指示的压力即为相对压力,因此,相对压力又称"表压力"。在液压技术中所提到的压力,如不特别说明,均指相对压力。

(3)真空度。如果液体中某点的绝对压力小于大气压力 p_a,则把小于大气压力的那部分压力值称为真空度。

由图2-6可知,以大气压力为基准计算压力时,基准(大气压力)以上的正值是相对压力;基准以下的负值部分是真空度,为此状况下相对压力的绝对值。

2.2.5　静压力对固体壁面的作用力

静止液体和固体壁面接触时,固体壁面将受到液体静压力的作用,壁面上各点在某一方向上所受静压作用力的总和,便是液体在该方向上作用于固体壁面上的力。

当固体壁面为平面时,液体静压力在该平面上的总作用力 F 等于液体静压力 p 和该平面面积 A 的乘积,即:

$$F = pA \tag{2-16}$$

当固体壁面为一曲面时,液体静压力在该曲面某 x 方向上的总作用力 F_x 等于液体静压力 p 与曲面在该方向投影面积 A_x 的乘积,即:

$$F_x = pA_x \tag{2-17}$$

2.3　流动液体的力学基本规律

液体动力学的主要内容是研究液体流动时流速和压力的变化规律。流动液体的连续性方程、伯努利方程、动量方程是描述流动液体力学规律的三个基本方程式。前两个方程式反映压力、流速与流量之间的关系,动量方程用来解决流动液体与固体壁面间的作用力问题。这些内容是液压技术中分析、解决问题的理论依据。

2.3.1　基本概念

1)理想液体和实际液体

由于液体具有黏性,而且黏性只是在液体运动时才呈现出来,因此,在研究流动液体时必须考虑黏性的影响。液体中的黏性问题非常复杂,为了分析和计算的方便,开始分析时可先假设液体没有黏性,然后再考虑黏性的影响,并通过试验验证等办法对已得出的结果进行补充或修正。对于液体的可压缩性问题,也可采用同样方法来处理。

(1)理想液体:既无黏性又不可压缩的假想液体。

(2)实际液体:既有黏性又可压缩的真实液体。

2)恒定流动和非恒定流动

恒定流动、非恒定流动如图2-7所示。

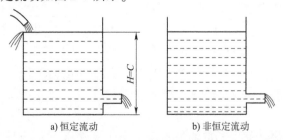

图2-7　恒定流动和非恒定流动

(1)恒定流动。当液体流动时,如果液体中任一点处的压力、速度和密度都不随时间而变化,则液体的这种流动称为恒定流动(或称稳定流动、定常流动、非时变流动)。

(2)非恒定流动。当液体流动时,若液体中任一点处的压力、速度和密度中有一个随时间而变化时,就称为非恒定流动(或称非稳定流动、非定常流动、时变流动)。

3)通流截面、流量和平均流速

(1)通流截面。液体在管道中流动时,其垂直于液体流动方向的截面为通流截面(或过流截面)。

(2)流量。单位时间内流过某一通流截面的液体体积称为体积流量(除特别说明外,液压技术中的流量均指体积流量),用符号 q 表示。若在时间 t 内,流过管道或液压缸某一截面的油液体积为 V,则油液的流量为:

$$q = \frac{V}{t} \tag{2-18}$$

流量的单位为 $\mathrm{m^3/s}$ 或 $\mathrm{L/min}$,换算关系为:$1\mathrm{m^3/s} = 6 \times 10^4 \mathrm{L/min}$。

(3)平均流速。由于流动液体黏性的作用,通流截面上液体各点的流速一般是不相等的,因此,计算流量比较困难。为了方便起见,引入平均流速的概念,即假设通流截面上各点的流速均匀分布,液体以此流速流过通流截面的流量等于以实际流速流过的流量。若以 u 表示平均流速、A 表示通流截面的面积,则流量 q 为:

$$q = uA \tag{2-19}$$

由此得出,通流截面上的平均流速 u 为:

$$u = \frac{q}{A} \tag{2-20}$$

在实际的工程计算中,平均流速才具有应用价值。例如,液压缸工作时,活塞的运动速度就等于缸内液体的平均流速,当液压缸有效作用面积一定时,活塞运动速度由输入液压缸的流量决定。

4)层流、湍流和雷诺数

19 世纪末,英国物理学家雷诺(Osbome Reynolds)通过大量实验,发现了液体在管道中流动时存在两种流动状态,即层流和湍流。两种流动状态可通过实验来观察,即雷诺实验。实验装置如图 2-8a)所示。

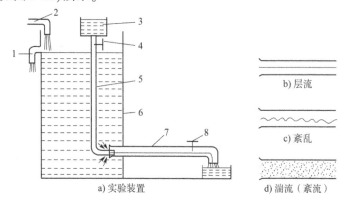

b) 层流

c) 紊乱

a) 实验装置　　　　　　d) 湍流(紊流)

图 2-8　雷诺实验

1-溢流管;2-供水管;3、6-容器;4、8-阀门;5-细导管;7-玻璃管容器 6 和容器 3 中分别装满了水和密度与水相同的红色液体,容器 6 由供水管 2 供水,并由溢流管 1 保持容器 6 中液面高度不变。打开阀门 8 让水从玻璃管 7 中流出,这时打开阀门 4,红色液体也经细导管 5 流入水平玻璃管 7 中。调节阀门 8 使玻璃管 7 中的流速较小时,红色液体在玻璃管 7 中呈一条明显的直线,将细导管 5 的出口上下移动,则红色液体形成的直线也上下移动,而且,这条直线和清水层次分明不相混杂,如图 2-8b) 所示。液体的这种流动状态称为层流。

调整阀门 8,使玻璃管 7 中的流速逐渐增大至某一值时,可以看到红线开始出现抖动而呈波纹状,如图 2-8c) 所示,这表明层流状态被破坏,液流开始出现紊乱。若玻璃管 7 中流速继续增大,红色直线逐渐消失,红色液体和清水完全混杂在一起,如图 2-8d) 所示,表明管中液流完全紊乱,这时的流动状态称为湍流(或称紊流)。

如果将阀门 8 逐渐关小,当流速减小至一定值时,水流又重新恢复为层流。

通过实验可以发现,层流与湍流是两种不同性质的流动状态。

液体的流动状态,可用雷诺数 Re 来判别。实验证明,液体在圆管中的流动状态不仅与管内的平均流速 u 有关,还和管道内径 d、液体的运动黏度 v 有关。而决定流动状态的,是这三个参数所组成的一个称为雷诺数 Re 的无纲量数,即:

$$Re = \frac{ud}{v} \tag{2-21}$$

对于非圆形管道,雷诺数 Re 为:

$$Re = \frac{ud_H}{v} \tag{2-22}$$

式中:d_H——通流截面的水力直径。

$d_H = 4\frac{A}{x}$,A 为管道的有效截面积,x 为管道的湿周(有效截面的周界长度)。

水力直径 d_H 的大小对通流能力的影响很大。通流面积一定,水力直径大,意味着液体和管道的接触周长短,管壁对液体的阻力小,通流能力大。

液体的雷诺数相同,其流动状态就相同。液流由层流转变为湍流时的雷诺数和由湍流转变为层流时的雷诺数是不相同的,后者的数值小,所以,一般都用后者作为判别液流状态的依据,称为临界雷诺数,记为 Re_{cr}。当液流的实际雷诺数 Re 小于临界雷诺数 Re_{cr} 时为层流;反之,为湍流。

常见液流管道的临界雷诺数由实验求得,见表 2-3。

常见液流管道的临界雷诺数 表 2-3

管　　道	Re_{cr}	管　　道	Re_{cr}
光滑金属圆管	2320	带环槽的同心环状缝隙	700
橡胶软管	1600 ~ 2000	带环槽的偏心环状缝隙	400
光滑的同心环状缝隙	1100	圆柱形滑阀阀口	260
光滑的偏心环状缝隙	1000	锥阀阀口	20 ~ 100

因此,雷诺数的物理意义是:雷诺数是液流的惯性力对黏性力的量纲为 1(旧称无量纲)的比值。当雷诺数较大时,液体的惯性力起主导作用,液体处于湍流状态;当雷诺数较

小时,黏性力起主导作用,液体处于层流状态。

2.3.2　连续性方程

连续性方程是质量守恒定律在液压流体力学中的一种表达形式。理想液体在管内做恒定流动时,由质量守恒定律可知,液体在管内既不会增多,也不会减少,因此,在单位时间内流过任一截面的液体质量相等。

图 2-9 所示为一不等截面管,液体在管内做恒定流动,任取 1、2 两个通流截面,设其面积分别为 A_1 和 A_2,两个截面中液体的平均流速和密度分别为 u_1、ρ_1 和 u_2、ρ_2,根据质量守恒定律,在单位时间内流过两个截面的液体质量相等,即:

$$\rho_1 u_1 A_1 = \rho_2 u_2 A_2$$

不考虑液体的可压缩性,则有 $\rho_1 = \rho_2$,则得:

$$u_1 A_1 = u_2 A_2 \tag{2-23}$$

或写为:

$$q = uA = 常量$$

这就是液体流动的连续性方程。结论:在密闭管道内作恒定流动的理想液体,不论平均流速和通流截面沿流程怎样变化,流过各个截面的流量是不变的。

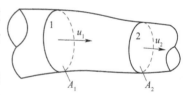

图 2-9　液流连续性原理简图

连续性方程表明,液体流经同一管路中任一截面的平均流速与该通流截面的面积成反比。管路截面积小的地方平均流速大,管路截面积大的地方平均流速小。

2.3.3　伯努利方程

伯努利方程是能量守恒定律在液压流体力学中的一种表达形式。

1)理想液体的伯努利方程

理想液体在如图 2-10 所示的密闭管道中作恒定流动时,因为它既没有黏性,又不可压缩,因此,没有能量损失。根据能量守恒定律,理想液体在同一管道每一截面上的总能量都是相等的。在图 2-10 的管道中任取两个截面 A_1 和 A_2,它们距离基准水平面的高度分别为 z_1 和 z_2,断面平均流速分别为 u_1 和 u_2,压力分别为 p_1 和 p_2。

理想液体在管内作恒定流动时,具有三种形式的能量,即压力能、动能和势能。对单位质量的流动液体而言,其压力能为 $p/\rho g$,动能为 $u^2/2g$,势能为 z。

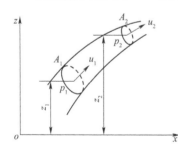

图 2-10　伯努利方程示意图

对于截面 A_1 和 A_2,根据能量守恒定律有:

$$\frac{p_1}{\rho g} + z_1 + \frac{u_1^2}{2g} = \frac{p_2}{\rho g} + z_2 + \frac{u_2^2}{2g} \tag{2-24}$$

因两个截面是任意取的,因此,式(2-24)可改写为:

$$\frac{p}{\rho g} + z + \frac{u^2}{2g} = 常量 \quad 或 \quad p + \rho g z + \frac{1}{2}\rho u^2 = 常量$$

以上公式即为理想液体的伯努利方程,它们的物理意义是:在密闭管道内作恒定流动的理想液体,具有三种形式的能量,即压力能、势能和动能,它们之间可以相互转化,但在管道内的任一截面上这三种能量的总和是一个常数。

对于水平设置的管道,$z_1 = z_2$,则式(2-24)两边的势能项 z_1 和 z_2 就可以消去,于是可以发现,液体在管道某截面上的流速越高,则其动能就越大,那么,它在该截面上的压力能就越小,压力就越低。

在液压传动中,系统克服负载时压力管道内液流的压力能与其所具有的动能和势能相比要大得多,故其主要的能量形式为压力能。

2)实际液体伯努利方程

实际液体在管道内流动时,由于液体存在黏性,会产生内摩擦力,消耗能量;由于管道形状和尺寸的变化,液流会产生扰动,消耗能量。因此,实际液体流动时存在能量损失,设单位质量液体在两截面之间流动的能量损失为 Δp_w。

另外,实际流速 u 在管道通流截面上的分布是不均匀的,为方便计算,一般用平均流速替代实际流速计算动能。显然,这将产生计算误差。为修正这一误差,便引进了动能修正系数 α,即:

$$p_1 + \rho g z_1 + \frac{\alpha}{2}\rho u_1^2 = p_2 + \rho g z_2 + \frac{\alpha}{2}\rho u_2^2 + \Delta p_w \tag{2-25}$$

式中:α——动能修正系数,湍流时取 $\alpha = 1.1$,在层流时取 $\alpha = 2$。

在利用上式进行计算时必须注意的是:

(1)截面1、2应顺流向选取,且选在流动平稳的通流截面上。

(2)z 和 p 应为通流截面的同一点上的两个参数,为方便起见,一般将这两个参数定在通流截面的轴心处。

2.3.4 动量方程

动量方程是动量定理在液压流体力学中的具体应用。液压传动中,当计算液流作用在固定壁面上的力时,应用动量方程可以比较方便地进行求解。

刚体力学动量定理指出,作用在物体上的外力等于该物体在力的作用方向上单位时间内的动量变化率,即:

$$\vec{F} = \frac{\overrightarrow{mu_2} - \overrightarrow{mu_1}}{\Delta t} \tag{2-26}$$

对于作恒定流动的液体,忽略其压缩性,可将 $m = \rho q \Delta t$ 代入上式,经过一定的理论推导,并考虑以平均流速代替实际流速会产生误差,因而引入动量修正系数 β,则可得到如下形式的动量方程:

$$\vec{F} = \rho q(\beta_2 \vec{u_2} - \beta_1 \vec{u_1}) \tag{2-27}$$

式中:$\vec{F}$——作用在液体上所有外力矢量和;

β——动量修正系数,β 值常取1;

$\vec{u}_2$——流出控制表面的平均流速；

$\vec{u}_1$——流入控制表面的平均流速。

动量方程的左边 $\vec{F}$ 为作用在液体上的外力总和,而等式右边为单位时间内流出控制表面与流入控制表面的液体的动量之差。应用该方程时,要根据具体情况,求出 $\vec{F}$、$\vec{u}_1$、$\vec{u}_2$ 在指定方向上的投影值,然后列出动量方程。

需要指出的是,流动液体对固体壁面的作用力 $\vec{F'}$ 与液体所受外力 $\vec{F}$ 大小相等,方向相反。

对于图 2-11 所示的滑阀,可以运用动量方程求出当液流通过滑阀时,液流对阀芯的轴向力。取进、出油口之间的液体为控制体积,根据式(2-27),作用在液体上的轴向力为:

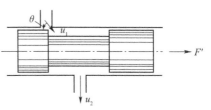

$$F = \rho q(u_2\cos90° - u_1\cos\theta) = -\rho q u_1\cos\theta$$

液体对阀芯的轴向力 $F' = -F = \rho q u_1\cos\theta$,方向向右,即液流总是有一个使阀口趋于关闭的稳态液动力。

图 2-11   阀芯上的轴向液动力

当液流反方向通过该滑阀时,同理可得相同的结果,液流对阀芯的作用力仍然使阀口趋于关闭。

2.4   液体流动中的压力损失

实际液体具有黏性,液体流动时必然会产生阻力;液体流动过程中管道突然转弯和通过阀口时,会产生相互撞击和出现漩涡等,也会产生阻力。为了克服这些阻力,液体流动时需要损耗一部分能量,这就是能量损失,可用液体的压力损失来表示,即伯努利方程式(2-25)中的 Δp_w 项。

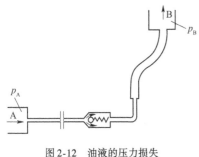

如图 2-12 所示,油液从 A 处流到 B 处,中间经过较长的直管路、弯曲管路、各种阀孔和管路截面的突变等。由于液阻的影响,油液在 A 处的压力 p_A 与在 B 处的压力 p_B 不相等,显然,$p_A > p_B$,引起的压力损失为 Δp,即:

图 2-12   油液的压力损失

$$\Delta p = p_A - p_B \tag{2-28}$$

压力损失 Δp 包括沿程压力损失和局部压力损失。

2.4.1   沿程压力损失

液体在等直径管中流动时因黏性摩擦而产生的损失,称为沿程压力损失。

如前所述,液体流动存在着层流与湍流两种不同性质的流动状态。液体的沿程压力损失也因液体的流动状态的不同而有所区别。

1)层流时的沿程压力损失

液流在做层流流动时,液体质点是做有规则的运动,因此,可以方便地用数学工具来分析液流的速度、流量和压力损失。圆管层流运动如图2-13所示。

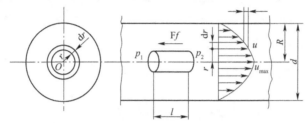

图2-13　圆管层流运动

在图2-13中,液体在等径水平圆管中做层流运动,设其直径为d,长度为l,作用在两端面的压力为p_1和p_2。

$$\Delta p_\lambda = \Delta p = p_1 - p_2 = \frac{32\mu l u}{d^2} \tag{2-29}$$

由式(2-29)可知,液流在直管中做层流流动时,其沿程压力损失与管长、流速、黏度成正比,而与管径的平方成反比。适当变换式(2-29),可写成如下形式:

$$\Delta p_\lambda = \frac{64}{Re} \frac{l}{d} \frac{\rho u^2}{2} = \lambda \frac{l}{d} \frac{\rho u^2}{2} \tag{2-30}$$

式(2-30)中,λ为沿程阻力系数,理论值$\lambda = 64/Re$。考虑实际流动中的油温变化不匀等情况,因而,在实际计算时,对金属管取$\lambda = 75/Re$,橡胶软管取$\lambda = 80/Re$。

在液压传动中,因为液体自重和位置变化对压力的影响很小可以忽略,所以,在水平管的条件下推导的公式(2-30)同样适用于非水平管。

2)湍流时的沿程压力损失

湍流时计算沿程压力损失的公式与层流时的相同,即:

$$\Delta p_\lambda = \lambda \frac{l}{d} \frac{\rho u^2}{2} \tag{2-31}$$

式(2-31)中,沿程阻力系数λ除与雷诺数有关外,还与管壁的粗糙度有关,$\lambda = f(Re, \Delta/d)$,这里$\Delta$为管壁的绝对粗糙度,$\dfrac{\Delta}{d}$称为相对粗糙度。计算中,有关参数可查阅设计手册。

2.4.2　局部压力损失

液体流经管道的弯头、接头、突然变化的截面以及阀口等处时,液体流速的大小和方向将发生急剧变化,因而会产生漩涡并发生强烈的紊动现象,于是产生流动阻力,由此造成的压力损失称为局部压力损失。

液流流过上述局部装置时的流动状态很复杂,影响的因素也很多,局部压力损失值除少数情况能从理论上分析和计算外,一般都依靠实验测得各类局部障碍的阻力系数,然后进行计算。

局部压力损失 Δp_ξ 一般按式(2-32)计算:

$$\Delta p_\xi = \xi \frac{\rho u^2}{2}$$ (2-32)

式中:ξ——局部阻力系数(具体数值可查阅有关液压手册);

ρ——液体密度(kg/m^3);

u——液体的平均流速(m/s)。

液体流过各种阀的局部压力损失,因阀芯结构较复杂,故按式(2-32)计算也比较困难,这时,可由产品目录中查出阀在额定流量 q_s 下的压力损失 Δp_s。

当流经阀的实际流量不等于额定流量时,通过该阀的压力损失 Δp_ξ 可用式(2-33)计算:

$$\Delta p_\xi = \Delta p_s \left(\frac{q}{q_s}\right)^2$$ (2-33)

式中:q——流过阀的实际流量;

q_s——阀在额定流量;

Δp_s——阀在额定流量下的压力损失 Δp_s。

2.4.3 总压力损失

在求出液压系统中各段管路的沿程压力损失和各局部压力损失后,整个液压系统的总压力损失应为所有沿程压力损失和所有局部压力损失之和,即:

$$\sum \Delta p = \sum \Delta p_\lambda + \sum \Delta p_\xi$$

或

$$\sum \Delta p = \sum \lambda \frac{1}{d} \frac{u^2}{2} + \sum \xi \rho \frac{u^2}{2} + \Delta p_\xi = \Delta p_s \left(\frac{q}{q_s}\right)^2$$ (2-34)

通过以上分析,可以总结出减少管路系统压力损失的主要措施如下:

(1)尽量缩短管道长度,减少管道弯曲和截面的突变;

(2)提高管道内壁的光滑程度;

(3)管道应有足够大的通流截面面积,并把液流的速度限制在适当的范围内;

(4)液压油的黏度选择要适当;

(5)通过液压元件的实际流量不应超过其额定流量。

2.5 孔口出流及缝隙流动

在液压传动中,通常利用液体流经阀的小孔和缝隙来控制流量和压力,以达到调速和调压的目的。另外,液压元件的泄漏也属于缝隙流动。因此,研究小孔和缝隙的流量特性,了解其影响因素,对于正确分析液压元件和系统的工作性能,合理设计、使用、维护、修理液压系统,是非常必要的。

2.5.1 孔口出流

液体在通流面积突然缩小处的流动称为节流。

在液压传动技术中,需要用小孔(通常称为节流孔)来控制流体的流量。小孔分为三种:当小孔的长径比$\frac{l}{d} \leq 0.5$时,称为薄壁孔;当$\frac{l}{d} > 4$时,称为细长孔;当$0.5 < \frac{l}{d} \leq 4$时,称为短孔。

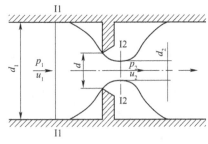

图2-14　通过薄壁小孔的液流

1)液流流经薄壁小孔的流量

一般薄壁小孔的孔口边缘都做成刃口形式,如图2-14所示。

图2-14中,液流在惯性作用下,流线不能突然转折,在薄壁小孔上游I1-I1处开始从四周收缩、加速并流向小孔,通过小孔时要发生收缩现象,在靠近孔口的后方形成收缩程度最大的截面I2-I2,然后再扩散,这一收缩和扩散过程会产生很大的能量损失。

通过薄壁小孔的流量q由伯努利方程推导得出:

$$q = C_q A_0 \sqrt{\frac{2\Delta p}{\rho}} \tag{2-35}$$

式中:Δp——小孔前后的压力差;

　　A_0——小孔截面积;

　　C_q——流量系数,一般由实验确定,当$\frac{d_1}{d} \geq 7$时,可取$C_q = 0.6 \sim 0.62$;当$\frac{d_1}{d} < 7$时,取$C_q = 0.7 \sim 0.8$。

薄壁小孔因其沿程压力损失很小,能量损失只涉及局部压力损失,所以通过薄壁孔口的流量与黏度无关,即流量对油温的变化不敏感,因此,薄壁小孔适合作节流元件。

2)液流流经短孔的流量

短孔的流量公式仍为式(2-35),但流量系数不同,一般可取$C_q = 0.82$。短孔的工艺性好,通常用做固定节流器。

3)液流流经细长孔的流量

流经细长孔的液流,由于黏性的影响,流动状态一般为层流,所以细长孔的流量可用液流流经圆管的压力损失公式(2-29)导出,得:

$$q = \frac{\pi d^4}{128 \mu l} \Delta p \tag{2-36}$$

从式(2-36)可看出,液流经过细长孔的流量与孔前后压差Δp成正比,而与液体黏度μ成反比,因此,流量受液体温度影响较大,这与薄壁小孔的流量特性大不相同。

综合上述各类小孔的流量公式,可归纳成一个通用公式:

$$q = C A_T \Delta p^m \tag{2-37}$$

式中:C——由孔的形状、尺寸和液体性质决定的系数,对于薄壁小孔和短孔,$C = C_q \sqrt{2/\rho}$,对于细长孔,$C = d^2/(32\mu l)$;

m——由孔的长径比决定的指数,对于薄壁孔,$m=0.5$,对于细长孔,$m=1$,对于短孔
    $0.5<m<1$;

A_{T}、Δp——小孔通流截面的面积及其两端的压差。

2.5.2 缝隙流动

液压元件内各零件之间,特别是有相对运动的零件之间,一般要有适当的间隙(液压传动中称为缝隙)。油液流过缝隙就会产生泄漏,即缝隙流量。由于缝隙通道狭窄,液流受壁面的影响较大,因而缝隙液流的流态均为层流。

缝隙流动有两种情况:一种是由缝隙两端的压差造成的流动,称为压差流动;另一种是由缝隙的两壁面作相对运动造成的流动,称为剪切流动。

1)平行平板的缝隙流动

平行平板缝隙既可以由两个固定的平行平板形成,也可以由两个作相对运动的平行平板形成。

当两平行平板缝隙间充满液体时,如果液体使缝隙两端受到压差 $\Delta p=p_1-p_2$ 的作用,液体就会产生流动,这就是压差流动。在没有压差 Δp 的作用下,如果两平行平板之间以速度差 u_0 做相对运动(可看作一平板固定、另一平板以速度 u_0 运动),由于液体存在黏性,液体亦会被带着移动,这就是剪切作用所引起的流动。

很多情况下,液体通过平行平板缝隙的流动,既受压差 Δp 的作用,又受平行平板相对运动的作用,如图2-15所示。

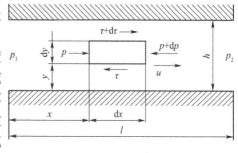

图 2-15 平行平板缝隙的液流

在图 2-15 中,下平板固定、上平板以速度 u_0 向右运动,设 h 为缝隙高度,b 和 l 为缝隙宽度和长度,一般情况下 $b>>h$,$l>>h$,液体不可压缩,质量力忽略不计,黏度不变。液体通过缝隙的流动为层流,通过平行平板缝隙的流量为:

$$q=\frac{bh^3\Delta p}{12\mu l}\pm\frac{u_0}{2}bh \qquad (2-38)$$

式(2-38)中的正负号是这样确定的:当上平板相对于下平板的运动方向和压差流动方向一致时取"+"号;反之,取"-"号。

当平行平板间没有相对运动,通过的液流纯由压差引起时,称为压差流动,其流量为:

$$q=\frac{bh^3\Delta p}{12\mu l} \qquad (2-39)$$

当平行平板两端不存在压差时,通过的液流由平板运动引起,称为剪切流动,流量为:

$$q=\frac{u_0}{2}bh \qquad (2-40)$$

由式(2-38)和式(2-39)可以看出,在压差作用下,流过平行平板缝隙的流量与间隙 h 的三次方成正比。如果将该流量理解为经液压元件缝隙的泄漏量,那么间隙 h 越小,泄漏

也越小。因此,液压元件内缝隙的大小对其泄漏量的影响非常大,必须严格控制间隙量,以减小泄漏。但是过分减小 h 会使液压元件中的机械摩擦功率损失增大,且元件制造、维修成本增加,因而,间隙 h 并不是越小越好,应该有一个使这两种功率损失之和达到最小的最佳值。

2)环形缝隙流动

在液压元件中,许多有装配关系或运动关系的零件,如柱塞与柱塞孔之间、圆柱滑阀阀芯与阀体孔之间的间隙为圆柱环形缝隙。根据二者是否同心,可分为同心圆柱环形缝隙和偏心环形缝隙。

(1)同心环形缝隙流动。图 2-16 所示为液体在同心环形缝隙中的流动。设圆柱体直径为 d,缝隙值为 h,缝隙长度为 l。

通常 $\frac{2h}{d} < <1$(相当于液压元件内配合间隙的情况),可以将环形缝隙沿圆周方向展开,近似地视为一个平行平板缝隙。因此,只要将 $b = \pi d$ 代入式(2-38),就可得同心环形缝隙的流量公式为:

$$q = \frac{\pi dh^3}{12\mu l}\Delta p \pm \frac{\pi dhu_0}{2} \tag{2-41}$$

(2)偏心环形缝隙流动。实际上,圆柱体与孔的配合很难保持同心(或同轴),即液压元件中经常出现偏心环形缝隙(例如活塞与缸体之间不同轴、阀杆与阀套不同心等),如图 2-17 所示。因此,存在一定的偏心距 e,偏心环形缝隙的流量表达式为:

$$q = \frac{\pi dh_0^3 \Delta p}{12\mu l}(1 + 1.5\varepsilon^2) \pm \frac{\pi dh_0 u_0}{2} \tag{2-42}$$

式中:h_0——内外圆柱体同心时半径方向的缝隙值;

ε——相对偏心率,$\varepsilon = e/h_0$。

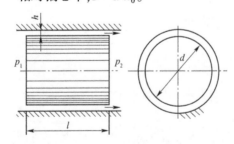
图 2-16　同心环形缝隙流动

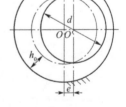
图 2-17　偏心环形缝隙流动

当内外圆柱体之间没有轴向相对移动,即 $u_0 = 0$ 时,其流量为:

$$q = \frac{\pi dh_0^3 \Delta p}{12\mu l}(1 + 1.5\varepsilon^2) \tag{2-43}$$

由式(2-43)可以看出,当偏心量 $e = h_0$,即 $\varepsilon = 1$ 时(最大偏心状态),其通过的流量是同心环形缝隙流量的 2.5 倍。因此,在液压元件中,应使相互配合的圆柱形零件尽量保持同心(同轴),以减小缝隙泄漏量。

2.6 液压冲击和气穴现象

在液压传动中,液压冲击和气穴现象都会给液压系统的正常工作带来不利影响,因此需要了解这些现象产生的原因,并采取相应的措施以减小其危害。

2.6.1 液压冲击

在液压传动系统工作过程中,常常由于某种原因,液体压力在一瞬间会突然急剧上升,形成很高的压力峰值,这种现象叫作液压冲击。

产生液压冲击时,系统的压力峰值往往比正常工作压力高几倍。如此高的压力峰值,不仅会引起设备振动和噪声,影响工作质量,而且还会损坏液压元件、密封装置和管道,有时还会使系统中的某些液压元件(如顺序阀、压力继电器等)产生误动作,导致设备事故。

1)液压冲击产生的原因

(1)当液流通道被迅速关闭或液流迅速换向使液流速度或方向发生突然变化时,因液流的惯性引起液压冲击。例如,迅速关闭阀门,液体的流速突然降为零,此时液体受到挤压,液体的动能转化为液体的压力能,引起液体压力急剧升高,产生液压冲击。

(2)当高速运动的工作部件突然制动或换向时,因工作部件的惯性引起液压冲击。如液压缸运动部件制动时,常在液压缸的排油管路上由控制阀突然关闭油路,此时油液被封闭,不能再从油缸中排出。由于运动部件的惯性,活塞将继续运动一段距离后才停止,使液压缸排油管路上的油液受到压缩,从而引起油压急剧增高,形成液压冲击。

(3)某些液压元件动作不灵敏,使系统压力升高引起液压冲击。例如,溢流阀在系统压力超过其开启压力时不能迅速打开,形成压力的超调量;限压式变量泵在油压升高时不能及时减小输油量等,都会形成液压冲击。

2)减小和避免液压冲击应采取的措施

(1)延长阀门关闭和运动部件制动、换向的时间。

(2)限制管中油液的流速及运动部件的速度。

(3)用橡胶软管或在冲击源处设置蓄能器,以吸收液压冲击的能量。

(4)在容易出现液压冲击的地方设置缓冲装置或安装限制压力峰值的安全阀。

2.6.2 气穴现象

在液压传动系统中,如果某点的压力低于油液所在温度下的空气分离压,那么溶解于油液中的空气就会分离出来,形成气泡。这些气泡混杂在油液中,使原来充满管道和液压元件中的油液成为不连续状态。这种现象称为气穴现象,又称为空穴现象。当油液中的压力进一步降低并至饱和蒸汽压时,液体将迅速汽化,气穴现象就更加严重。

1)气穴现象产生的原因与危害

气穴现象多发生在节流口下游部位和液压泵的吸油口处。在节流口下游部位,由于通流截面较小而油液流速很高,根据伯努利方程,此处的压力会很低,容易产生气穴现象。液压泵吸油时,吸油口的绝对压力低于大气压,若泵的安装高度太大,吸油管直径太小,滤网堵塞或泵的转速太高等,都容易产生气穴现象。

气穴现象发生时,液流的流动特性变坏,造成压力和流量的不稳定。特别是当带有气泡的油液进入高压区时,周围的高压会使气泡迅速破裂,从而使局部产生非常高的温度和冲击压力。这样的高温和冲击压力,一方面使金属表面疲劳,另一方面又使液压油氧化变质,对金属产生化学腐蚀作用,造成金属表面的侵蚀、剥落,甚至出现海绵状的小洞穴。这种因气穴现象造成的对金属表面材料的侵蚀、剥落称为气蚀。气蚀会大大降低元件的使用寿命,严重时会造成设备故障。

2)防止和减少气穴现象的措施

为防止和减少气穴现象,应防止液压传动系统中的压力过度降低,使之不低于油液的空气分离压,一般应采取如下措施。

(1)减小阀孔前后的压力差,一般使压力比值$\frac{p_1}{p_2}<3.5$。

(2)正确选择和使用液压泵,如降低泵的吸油高度,限制吸油管的油液流速;采用较大的吸油管直径并少用弯头;滤油器通油能力足够,纳垢容量要大并及时清洗;对自吸能力较差的泵采用辅助泵供油。

(3)各元件的连接处密封可靠,防止空气进入。

(4)增加零件表面材料的强度,采用抗腐蚀能力强的金属材料,降低零件表面粗糙度,以提高零件的抗气蚀能力。

练 习 题

1.什么是油液的黏性?油液黏度有哪几种表示方法?它们各用什么符号和单位表示?油液黏度有哪些特点?国家标准中液压油液牌号是如何针对黏度进行命名的?

2.什么是油液污染?其对液压系统的工作有何影响?油液污染有哪些类型?颗粒污染物的主要来源有哪些?怎样控制油液污染?

3.什么是压力?压力有哪几种表示方法?液压系统的工作压力与外界负载有什么关系?

4.静止液体的压力有何特性?写出液体静力学基本方程的常用表达式,并说明其物理意义。

5.什么是帕斯卡原理?试运用帕斯卡原理解释液压千斤顶施以很小的力就能举起很重物体的道理。

6.解释以下概念:理想流体、稳定流动、流量、平均流速、层流、湍流和雷诺数。

7.连续性方程的本质是什么?写出其表达式,说明它的物理意义。

8.写出理想液体恒定流动的伯努利方程,说明其物理意义。理想液体伯努利方程和实际液体伯努利方程有什么区别?在液压传动中为什么只考虑油液的压力能?

9.若与液压泵吸油口连通的油箱完全封闭不与大气相通,液压泵能正常工作吗?

10.什么是液体流动的压力损失?压力损失分哪两种形式?各受哪些因素影响?

11.液体流经薄壁小孔的流量与孔口面积和小孔前后压力差呈现什么样的关系?流

经固定平行平板缝隙的流量与缝隙值和缝隙前后压力差呈现什么样的关系？流经环形缝隙的流量与缝隙值、偏心情况和缝隙前后压力差呈现什么样的关系？

12. 压力损失对液压系统有什么危害？怎样减少液压系统中的压力损失？

13. 什么是气穴现象？什么是气蚀？气穴有何危害？怎样防止气穴产生？

14. 什么是液压冲击？液压冲击产生的原因是什么？液压冲击对液压系统有何危害？减少和防止它发生应采取哪些措施？

15. 图 2-18 中，设油液为理想液体且作恒定流动，应用伯努利方程求液压泵吸油口 2-2 截面处的真空度。

16. 图 2-19 中，设液压缸活塞直径 $D=0.1\mathrm{m}$，活塞杆直径 $d=0.07\mathrm{m}$，输入液压缸流量 $q_V = 8.33 \times 10^{-4}\mathrm{m}^3/\mathrm{s}$。试求活塞带动工作台运动的速度 v。

17. 图 2-20 中，油管水平放置，截面 1-1、2-2 处的内径分别为 $d_1 = 10\mathrm{mm}$，$d_2 = 36\mathrm{mm}$，管内油液密度 $\rho = 900\mathrm{kg/m}^3$，运动黏度 $v = 18\mathrm{mm}^2/\mathrm{s}$。不计油液流动的能量损失。

(1) 截面 1-1 和 2-2 中，哪一处压力较高？为什么？

(2) 若管内油液流量 $q = 30\mathrm{L/min}$，求两截面间的压力差 Δp。

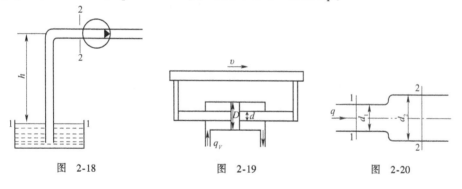

图 2-18　　　　　图 2-19　　　　　图 2-20

第3章 液压动力元件

液压泵、液压马达和液压缸是液压系统中的能量转换装置,是液压传动系统的重要组成部分。液压泵为液压系统的动力元件,其作用是将原动机(柴油机、电动机等)输入的机械能(转矩和角速度)转换为油液的压力能(压力和流量)输出,为系统提供一定压力和流量的油液。

3.1 液压泵概述

3.1.1 液压泵的基本工作原理

液压泵都是依靠密封容积变化的原理来进行工作的,故一般称为容积式液压泵。图 3-1 所示的是一单柱塞液压泵的工作原理图。图 3-1a)中,柱塞 2 装在缸体 3 中形成一个密封容积 a,柱塞 2 在弹簧 4 的作用下始终压紧在偏心轮 1 上。

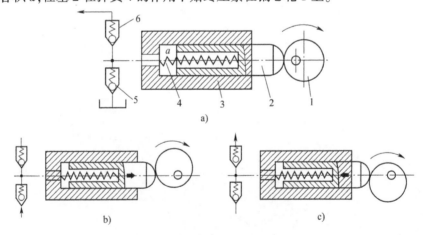

图 3-1　单柱塞液压泵工作原理图
1-偏心轮;2-柱塞;3-缸体;4-弹簧;5、6-单向阀

原动机驱动偏心轮 1 旋转使柱塞 2 做往复运动,使密封容积 a 的大小发生周期性的变化。图 3-1b)中,当 a 由小变大时就形成部分真空,使油箱中的油液在大气压作用下,经吸油管顶开单向阀 5 进入油腔 a 而实现吸油;反之,如图 3-1c)所示,当 a 由大变小时,a 腔中吸满的油液将顶开单向阀 6 流入系统而实现压油。原动机驱动偏心轮不断旋转,液压泵就不断地吸油和压油。这样液压泵就将原动机输入的机械能转换成液体的压力能。

由上述分析可知,液压泵要实现吸油、压油的工作过程,必须具备下列条件。

(1)具备密封容积,且密封容积的大小能交替变化。图 3-1 中的液压泵具有一个由运动件(柱塞)和非运动件(缸体)所构成的密闭容积 a,该容积的大小随运动件的运动发生周期性变化。容积增大时形成真空,油箱中的油液在大气压作用下进入密封容积(吸油);容积减小时油液受挤压克服流动阻力排出(排油)。密封容积的变化是液压泵实现吸、排液的根本原因,因此,液压泵也称容积式泵。显然,液压泵所产生的流量与其密封容积的变化量和单位时间内容积变化的次数成比例。

(2)具有配流(油)装置。图 3-1 中,为了保证密封容积变小时只与排油管相连,密封容积变大时只与吸油管相连,特设置了单向阀 5、单向阀 6 以分配液流,称为配流装置。液压泵的结构形式不同,其配流装置的结构形式也不同,但所起的作用是相同的。

(3)为保证液压泵吸油充分,油箱必须和大气相通。为了防止气蚀,液压泵吸油口的真空度不宜高于 0.05MPa,因此,应对吸油管路的液流速度及油液提升高度有一定的限制。泵的吸油腔容积能自动增大的泵称为自吸泵,图 3-1 中的液压泵,柱塞底部有弹簧,则具有自吸能力。

3.1.2　液压泵的主要性能参数

1)压力

如前所述,压力的国际单位为 Pa,为了表示方便也常用 kPa、MPa,工程上常用 kgf/cm^2。

(1)工作压力 p。工作压力是液压泵实际工作时输出油液所达到的压力,即油液为了克服负载阻力所必须建立起来的压力,其值主要取决于外界负载,与液压泵的流量无关。

(2)额定压力 p_s。额定压力是根据试验标准规定,在正常工作条件下,允许液压泵连续运转的最高工作压力。一般情况下,额定压力就是泵的公称压力。液压元件和液压系统的公称压力已经实现标准化。

通常在液压泵的铭牌上标出其额定压力,是根据泵的材料强度、工作寿命、容积效率等条件而规定的正常工作的压力上限,工作压力超过此值就是超载(或过载)。因此,为防止液压泵因超载造成不良后果,需要在液压泵出口设置安全阀。

(3)最高允许压力 p_{max}。最高允许压力是指按试验标准规定,超过额定压力允许短暂运行的最高压力,其值主要取决于零件及相对摩擦副的极限强度。

2)排量 V

液压泵主轴每转一转理论上应排出油液的体积,即由其密封容腔几何尺寸变化计算而得到的排出油液的体积,称为泵的排量或几何排量,常用单位为 mL/r。

排量的大小只取决于液压泵的工作原理和结构尺寸,而与其工况无关(不考虑泄漏),是液压泵的一个特征参数。

排量可调节的液压泵称为变量泵;排量为常量的液压泵则称为定量泵。液压泵的排量也已经标准化。

3)转速 n

液压泵的转速有额定转速、最高转速和最低转速三种,常用单位是 r/min。在技术规格中,有时给出其中两种,有时给出一种。

（1）额定转速 n_s。额定转速指液压泵在额定压力下，连续长时间运转的最大转速。

（2）最高转速 n_{max}。最高转速指液压泵在额定压力下，允许短暂运行的最大转速。当泵的转速超过最高转速时，吸油腔会因流速过大而产生吸空或气穴现象，工作性能变差且使用寿命降低。

（3）最低转速 n_{min}。最低转速指允许泵正常运行的最小转速。液压泵的转速低于最低转速时，吸油腔不能形成足够的真空度，故无法正常工作。

因此，液压泵应在高于最低转速并低于额定转速下运转。在一般情况下，要求液压齿轮泵转速为 300～3000r/min，叶片泵转速为 600～2800r/min，轴向柱塞泵转速为 600～7500r/min。

4）流量 q

液压泵单位时间输出的液体体积称为液压泵的流量。液压泵的流量可分为理论流量、实际流量和额定流量。

（1）理论流量 q_t。理论流量指在不考虑液压泵的泄漏流量的理想条件下，单位时间内所排出液体的体积，常用单位为 L/min 和 m^3/s。若液压泵的排量为 V，主轴转速为 n，则液压泵的理论流量为：

$$q_t = nV \tag{3-1}$$

（2）实际流量 q。实际流量指在考虑液压泵泄漏损失时，液压泵在单位时间内实际输出液体的体积。因为液压泵存在泄漏流量 Δq，所以，实际流量 q 小于理论流量 q_t，即：

$$q = q_t - \Delta q \tag{3-2}$$

在此需要指出，泄漏流量 Δq 即通过液压泵中各个运动副的间隙所泄漏液体流量。这一部分液体不传递有用功，也称液压泵的容积损失。

泄漏流量 Δq 分内部泄漏和外部泄漏两部分。内部泄漏是指从液压泵的压油腔向吸油腔的泄漏，这一部分泄漏流量很难直接测量；外部泄漏则是指从液压泵的吸、压油腔向其他自由空间的泄漏，其泄漏流量可以方便地测量出来。

液压泵的泄漏流量之大小取决于泵的密封性、工作压力和油液黏度等因素，而与液压泵的运动速度关系不大。

工业生产中，当泵的出口压力等于零或进出口压力差等于零时，泵的泄漏 $\Delta q = 0$，即 $q = q_t$，可将此时的流量等同于理论流量。

（3）额定流量 q_s。额定流量指液压泵在正常工作条件下，按试验标准规定（额定压力和额定转速）必须保证的流量，即在产品样本上或铭牌上标出的流量。

5）功率

（1）输入功率 P_i。驱动液压泵轴的机械功率为泵的输入功率，若记液压泵的输入转矩为 T_i、泵轴的转速为 n，则：

$$P_i = 2\pi n T_i \tag{3-3}$$

（2）输出功率 P_o。液压泵输出的液压功率为其实际流量 q 和工作压力 p 的乘积：

$$P_o = pq \tag{3-4}$$

液压泵工作时，由于存在泄漏和机械摩擦，必然有能量损失，故其功率有理论功率和实际功率之分，并且输出功率 P_o 小于输入功率 P_i。如果忽略能量损失，则液压泵的输入功率等于输出功率，$2\pi n T_t = p q_t = pnV$，则：

$$T_t = \frac{pV}{2\pi} \qquad (3\text{-}5)$$

式中：T_t——液压泵的理论驱动转矩。

6）效率

（1）容积效率 η_V。液压泵的实际流量 q 与理论流量 q_t 的比值称为容积效率，即：

$$\eta_V = \frac{q}{q_t} = \frac{q_t - \Delta q}{q_t} \qquad (3\text{-}6)$$

（2）机械效率 η_m。液压泵工作时相对运动的零件间存在机械摩擦，因此，驱动泵所需的实际转矩 T_i 必然大于理论转矩 T_t。理论转矩与实际转矩的比值称为机械效率，即：

$$\eta_m = \frac{T_t}{T_i} = \frac{T_i - \Delta T}{T_i} \qquad (3\text{-}7)$$

式中：ΔT——液压泵的机械摩擦损耗转矩。

（3）总效率 η。液压泵的输出功率与输入功率的比值称为总效率，即：

$$\eta = \frac{P_o}{P_i} = \frac{pq}{2\pi n T_i} = \frac{pq_t \eta_V}{2\pi n (T_i/\eta_m)} = \frac{pq_t}{2\pi n T_t} \eta_v \eta_m \qquad (3\text{-}8)$$

将式（3-1）和式（3-5）代入式（3-8），得：

$$\eta = \eta_v \eta_m \qquad (3\text{-}9)$$

因此，如果希望一台液压泵的总效率达到最高，它的容积效率和机械效率就必须都保持最高。

3.1.3　液压泵的类型和图形符号

1）液压泵的类型

液压泵的种类很多，按其结构（主要运动构件的形状和运动方式）不同，可分为齿轮泵、叶片泵、柱塞泵等；按其输油方向能否改变，可分为单向泵和双向泵；按其排量能否调节，可分为定量泵和变量泵；按其额定压力的高低，可分为低压泵、中压泵、高压泵等。

液压传动系统的用途不同，系统需要液压泵提供的工作压力也各不相同，液压泵的压力分级参见表3-1。

液压泵的压力分级　　　　　　　　　　　　　　表3-1

液压泵类型	低压泵	中压泵	中高压泵	高压泵	超高压泵
压力 p 范围（MPa）	≤2.5	2.5～8	8～16	16～32	>32

2）液压泵的图形符号

液压泵的图形符号如图3-2所示。

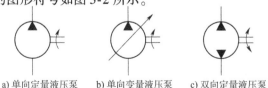

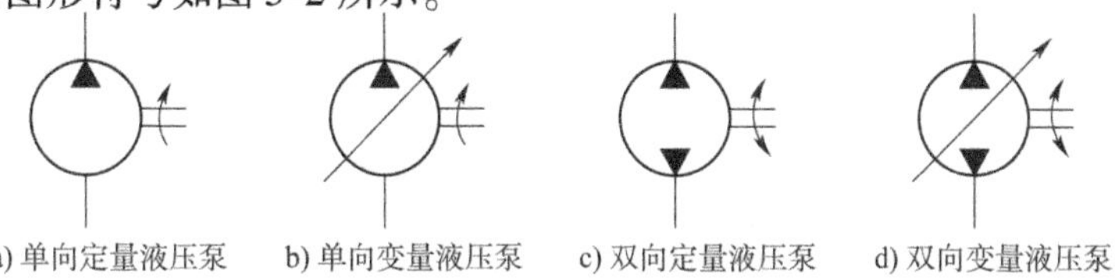

a）单向定量液压泵　　　b）单向变量液压泵　　　c）双向定量液压泵　　　d）双向变量液压泵

图3-2　液压泵的图形符号

3.2 齿 轮 泵

齿轮泵是各种液压机械上应用比较广泛的一种液压泵。它的主要优点是结构简单、工作可靠、自吸能力强、对油液的污染不敏感,制造容易,体积小,价格便宜。其主要缺点是不能变量,齿轮所承受的径向液压力不易平衡,容积效率较低,因此,使用范围受到一定的限制。

齿轮泵是通过成对齿轮的啮合运动完成吸压油过程而进行工作的,因为齿轮是对称的旋转体,所以,齿轮泵的允许转速较高,最高转速一般可达 3000r/min。

根据齿轮的啮合形式不同,齿轮泵可分为外啮合齿轮泵和内啮合齿轮泵两种。由于外啮合齿轮泵制造工艺简单,加工方便,因而应用最广。

3.2.1 外啮合齿轮泵

1)工作原理

外啮合齿轮泵主要构造和工作原理如图 3-3 所示。在密闭的泵体 5 中装有一对相互啮合、参数完全相同的齿轮(主动齿轮 2 和从动齿轮 4),壳体和齿轮的各个齿槽组成了许多密封工作腔,齿轮啮合点两侧的壳体上各开有一个窗口分别作为齿轮泵的吸油口和压油口,齿轮的齿顶和壳体内孔表面间隙很小,齿轮端面和泵盖间隙也很小,因而齿轮啮合点(线)把齿面、泵体、端盖形成的密封空间分为吸油腔和压油腔,即齿轮泵的密封工作容积。

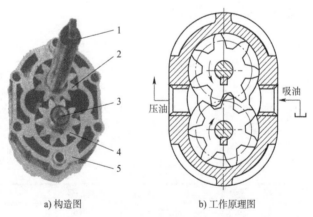

a) 构造图   b) 工作原理图

图 3-3　外啮合齿轮泵构造和工作原理图

1-长轴(驱动轴);2-主动齿轮;3-短轴;4-从动齿轮;5-泵体

当传动轴带动主动齿轮使两齿轮按图 3-3b)所示方向旋转时,以下两个方面的动作同时进行:①啮合点右侧啮合着的轮齿逐渐退出啮合,同时,齿槽内的油液由吸油腔带往压油腔,使得吸油腔空间增大,形成局部真空,油箱中的油液在外界大气压作用下进入吸油腔;②齿槽内油液由吸油腔带入压油腔的同时,啮合点左侧的轮齿逐渐进入啮合,把齿槽中的油液挤压出来,从压油口强迫排出,输送到压力管路中去。这就是齿轮泵的吸油和压油过程。随着齿轮的不断运转,齿轮泵就连续地吸、排油液。

在齿轮泵的工作过程中,只要两齿轮的旋转方向不变,其吸、压油腔的位置也就确定不变。这里啮合点处的齿面接触线一直分隔高、低压两腔,起着配流作用,因此,在齿轮泵中不需要设置专门的配流装置。

2)典型结构

图 3-4 所示为国产 CB 型外啮合齿轮泵结构图。

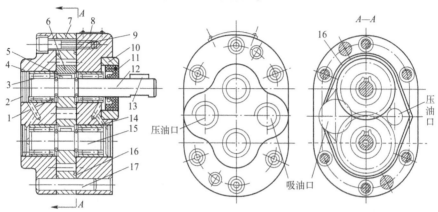

图 3-4 国产 CB 型外啮合齿轮泵结构图

1-弹簧挡圈;2-压盖;3-滚针轴承;4-后盖;5、13-键;6-齿轮;7-泵体;8-前盖;9-螺钉;10-密封座;11-密封环;12-主动轴(长轴);14-泄油通道;15-从动轴(短轴);16-卸荷沟;17-圆柱销

此泵为分离三片式结构,三片是指后盖 4、前盖 8 和泵体 7,它们用两个圆柱销 17 定位,用六个螺钉 9 紧固。泵体内装有一对几何参数完全相同的齿轮 6,这对齿轮与泵体和前后盖板形成的密闭容积被两啮合的轮齿分成两部分,即吸油腔和压油腔。两齿轮分别用键 5 和键 13 固定在由滚针轴承 3 支撑的主动轴(长轴)12 和从动轴(短轴)15 上。主动轴(长轴)12 由电动机带动旋转,齿轮泵的吸、压油口开在后盖 4 上。

3)结构分析

齿轮泵的困油、泄漏和径向液压力不平衡是影响齿轮泵性能指标和使用寿命的三大问题。各种齿轮泵的结构特点不同,解决这些问题所采用的结构措施也不同。

(1)困油现象及卸荷槽。

齿轮泵的困油现象及消除方法如图 3-5 所示。

根据《机械原理》中关于齿轮传动的分析,为了使齿轮转动平稳,必须使齿轮的重合度 $\varepsilon > 1$(一般取 $\varepsilon = 1.05 \sim 1.1$),即前一对轮齿尚未脱离啮合,后一对轮齿已进入啮合。在前后两对轮齿同时啮合时,它们之间就形成一个与吸、压油腔均不相通(仅通过配合间隙相通)的闭死容积(图 3-5 所示的阴影部分),此闭死容积随着齿轮的旋转,先由大变小,再由小变大。

图 3-5a)为前一对轮未脱开啮合,后一对轮齿进入啮合形成了闭死容积(阴影部分),此时闭死容积最大。随着齿轮的转动闭死容积逐渐减小,当齿轮转至两啮合点对称于节点位置时,如图 3-5b)所示,闭死容积最小。随后,闭死容积逐渐增大,直至前一对轮齿即将脱开啮合时,闭死容积又达到最大值,如图 3-5c)所示。

由于油液的可压缩性很小,在闭死容积减小时,闭死容积中压力急剧升高,油液从缝隙挤出,造成油液发热,并使机体受到额外负荷;在闭死容积增大时,因无油液补充而造成闭死容积中形成局部真空,产生气穴。闭死容积大小发生周期性变化,引起剧烈的压力冲击、振动、气蚀和噪声的现象,称为困油现象。

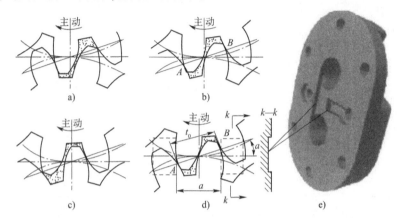

图 3-5 齿轮泵的困油现象及消除方法

困油现象严重影响齿轮泵的工作平稳性和使用寿命,必须予以消除。

消除困油现象的方法通常是在两侧盖板(或侧板)上铣两个卸荷槽,如图 3-5d)中虚线和图 3-5e)中凹槽所示。当闭死容积由大减小时,通过右边的卸荷槽与压油腔相通;闭死容积由小增大时,通过左边的卸荷槽与吸油腔相通。当采用标准齿轮时,两槽间的距离 a 应使闭死容积最小时既不与压油腔相通,也不与吸油腔相通。

对于齿侧间隙较小的齿轮泵,将卸荷槽在 a 值不变的条件下,向吸油腔一侧偏移一段距离,使两槽并非对称于齿轮中心线分布,可使卸压效果更好。偏移尺寸可由试验确定,以齿轮泵工作时振动与噪声最小为准。当偏移尺寸达到一定数值时,可形成"单卸荷槽"结构。所以,除了图 3-5d)中虚线和图 3-5e)中凹槽所示的双卸荷槽之外,还有开设单个卸荷槽的齿轮泵。在困油期间,闭死容积始终与压油腔(或吸油腔)相通,而在任何时候,高、低压腔皆不互相连通。国产 CB-G_2 齿轮泵就采用了单个卸荷槽消除困油现象的方式,其闭死容积始终与压油腔相通。

(2)泄漏与间隙补偿措施。

在形成齿轮泵密闭容积的零件中,齿轮为运动件,泵体和前后盖为固定件。运动件与固定件之间存在两处间隙:齿轮端面与前后盖板之间的端面间隙、齿顶圆与泵体内圆之间的径向间隙。此外,在轮齿啮合处由于啮合接触不好(如齿形误差造成沿齿宽方向的啮合不好),使高压腔与低压腔之间密封不好而形成啮合间隙。因为存在间隙,而且齿轮泵的吸、压油腔之间存在压力差,因此,必然存在缝隙流动,即泄漏。根据本书 2.5.2 缝隙流动规律,泄漏量的大小与间隙的三次方成正比,与压力差的一次方成正比,与封油长度的一次方成反比。所以,齿轮泵的泄漏途径主要有三条,如图 3-6 所示。

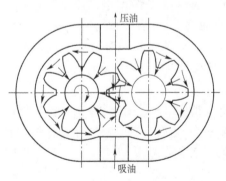

图 3-6 齿轮泵间隙泄漏的途径

①通过齿轮端面和盖板间的端面泄漏，由于端面间隙泄漏的途径广、封油长度短，因此，泄漏量很大，占总泄漏量的75%~80%。

②通过齿顶与泵体内孔的径向泄漏，因通道较长，间隙较小，工作油液又有一定的黏度，所以，泄漏量相对较小，占总泄漏量的15%~20%。

③通过齿轮啮合处的泄漏，但在齿轮啮合情况正常时，通过齿面接触处的泄漏是很少的，一般占5%左右，可不用考虑。

所以，提高齿轮泵工作压力的关键在于减少其端面泄漏。

某些齿轮泵，通过在设计和制造中严格控制精密的端面间隙来减小端面泄漏，但齿轮泵的端面间隙不能自动补偿，使用一段时间后因磨损而导致间隙越来越大，故在使用这类液压泵时控制油液污染非常重要。

某些齿轮泵采取了端面间隙自动补偿措施，即在齿轮与前后盖板间增加一个零件，如浮动轴套或弹性侧板。

图3-7为采用浮动轴套的中高压齿轮泵。轴套1、轴套2背面均与泵的压油腔相通，让作用在轴套背面的液压力稍大于轴套与齿轮配合面处的液压力，其差值由一层很薄的油膜承受。当泵工作时，轴套受压力油作用右移，使它们与齿轮端面配合以构成尽可能小的间隙，从而自动补偿了端面磨损。

（3）径向作用力不平衡。

在齿轮泵中，油液作用在齿轮外缘（齿顶圆）的压力是不均匀的。如图3-8所示，齿轮泵的右侧为吸油腔，左侧为压油腔，压油腔有液压力作用在齿轮上。与此同时，压油腔的油液经过径向间隙逐渐渗漏到吸油腔，其压力逐渐减小。这些力的合力，就是齿轮和轴承受到的径向不平衡力。工作压力越高，径向不平衡力越大，其结果是加速了轴承的磨损，严重时会使轴变形，导致齿顶与泵体内孔发生摩擦（俗称扫膛）。

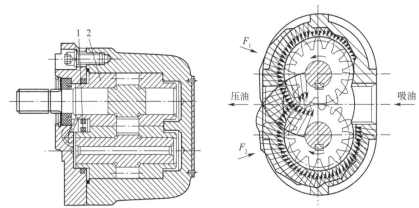

图3-7 采用浮动轴套的中高压齿轮泵　　图3-8 齿轮和轴承径向液压力分布
1、2-浮动轴套

为了减小径向不平衡力的影响，通常采取缩小压油口的办法，使压油腔的压力油仅作用在一个到两个轮齿的范围内；同时，适当增大径向间隙，使齿顶不和泵体接触。

3.2.2 内啮合齿轮泵

内啮合齿轮泵包括渐开线式齿形和摆线式齿形两大类。工程装备液压传动系统通常采用摆线式内啮合齿轮泵,又称摆线转子泵。

摆线转子泵是一种特殊形式的内啮合齿轮泵,它由一对互相啮合的内、外齿轮所组成,如图3-9所示。外转子2制有内齿,故称内齿轮;内转子3制有外齿,故称外齿轮;且外转子2的内齿数量比内转子1的外齿数量多1;内外转子偏心安装。

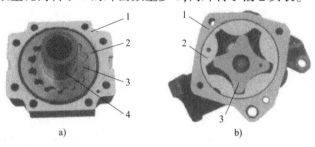

图 3-9　摆线转子泵结构图
1-泵体;2-外转子(内齿轮);3-内转子(外齿轮);4-驱动轴

图3-10为摆线转子泵工作原理简图,内转子1为主动轮,其齿形是一种特殊曲线(短幅外摆线的等距曲线);与其相啮合的外转子2是从动齿轮,齿形为圆弧曲线;摆线转子泵后盖上设有月牙形配流窗口 a 和 b(图中虚线所示油槽)。

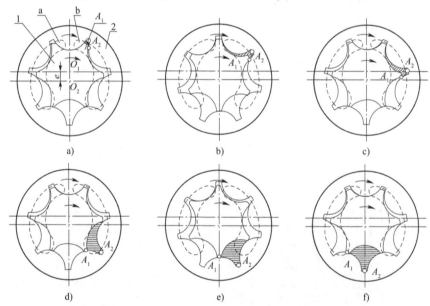

图 3-10　摆线转子泵工作原理简图
1-内转子;2-外转子;a、b-配流窗口;A_1-内转子齿顶;A_2-外转子齿谷

外转子的内齿数 z_2 比内转子外齿数 z_1 多1个。两齿轮安装成偏心,因此啮合时,在两个齿轮的轮齿之间形成 z_2 个互相独立的密封工作容积。当内转子绕 O_1 轴顺时针方向旋转时,带动外转子绕 O_2 轴作同方向旋转。这时,在连心线 O_1O_2 右侧,在内转子齿顶 A_1 和外转子齿谷 A_2 间形成的密封容积(图中斜线部分),在由图3-10b) ~ e)的过程中,随着转子的回转逐渐增大,形成局部真空,通过盖板上的配流窗口 b 吸油;至图3-10f)时密闭容积达到最大值并与吸油槽断开,吸油过程结束。当该密闭容积运转到连心线 O_1O_2 的左侧

时,密封容积转子继续回转而逐渐缩小,油液受压,通过配流窗口 a 排出,此为液压泵的排油过程。

由图 3-10 可知,内转子转过一圈,z_1 个密封容积分别依次完成一次吸油和排油。随着内转子的不断旋转,油泵就连续地吸排油液。改变内转子 1 的旋转方向,即当内转子 1 绕 O_1 轴逆时针方向旋转时,配流窗口 a 变为吸油口、配流窗口 b 变为压油口。

3.2.3　齿轮泵的使用要点

齿轮泵具有结构简单、工作可靠和价格便宜等优点,所以应用很普遍。但由于它的泄漏量较大,效率较低(在额定工作压力下的总效率为 60% ~ 80%),因此,只适用于精度要求不高的一般机床和压力不高、负载不太大的简单液压系统中。在安装使用齿轮泵时应注意以下几个方面。

(1)一般情况下,若吸油口和排油口的口径一样,吸排油口可以通用;若吸油口和排油口的口径不同,则口径大者为吸油口,口径小者为排油口,二者不能通用,将排油口与系统相连接,吸油口与油箱连接。

(2)齿轮泵的转向视结构而定。国产 CB 系列齿轮泵的吸油口和排油口不能互换,因此,泵的旋转方向有明确的规定,吸油口(大口)吸油,排油口(小口)压油,安装时不能搞错。

(3)齿轮泵的吸油高度过高时,不容易吸油或根本吸不上来油,比较合适的吸油高度应不大于 0.5m。

(4)齿轮泵的传动轴与电动机(或其他原动机)驱动轴的同轴度偏差应小于 0.1mm。一般采用挠性联轴节连接,不允许用 V 带直接带动泵轴转动。

(5)齿轮泵的吸油管不得漏气并应设置吸油滤油器。

(6)拆卸和装配齿轮泵时,必须严格地按出厂使用说明书进行。必须拧紧齿轮泵进油、出油口管接头的螺钉,密封装置要可靠,以免引起吸空和漏油,影响齿轮泵的工作性能。

(7)应避免齿轮泵带负载启动和有负载情况下停车。

(8)对于新齿轮泵或检修后的液压泵,启动前必须检查系统中的溢流阀(安全阀)是否在调定的许可压力;在工作前应进行空负载运行和短时间的超负载运行;然后检查齿轮泵的工作状况,不允许有渗漏、冲击声、过度发热和噪声等。

3.3　叶　片　泵

叶片泵分为单作用叶片泵和双作用叶片泵两大类。单作用叶片泵是指转子转动一周,任意相邻两叶片间所形成的密封工作容腔吸油和排油各一次;双作用叶片泵是指转子转动一周,任意相邻两叶片间所形成的密封工作容腔吸油和排油各两次。

叶片泵具有体积小、质量轻、噪声低、流量均匀的优点,但是其结构较复杂,对油液的污染较敏感,在工程装备液压系统中应用较少。为拓宽知识面,仅介绍其工作原理和基本特点。

3.3.1 单作用叶片泵

1）工作原理

图 3-11 所示为单作用叶片泵的工作原理图。单作用叶片泵由转子 2、定子 3、叶片 4、配油盘和端盖等零件组成。

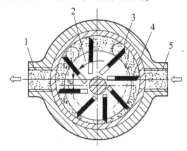

图 3-11 单作用叶片泵工作原理图

1-压油口；2-转子；3-定子；4-叶片；5-吸油口

定子的内表面为圆柱形孔，转子上有均匀分布的窄槽，叶片安装在槽内，并可在槽内滑动。叶片数多为奇数，以使流量均匀。转子和定子之间存在着偏心，偏心距为 e。单作用叶片泵在工作时可通过改变偏心距 e 来改变排量，从而成为变量泵。

转子、定子、配油盘形成了密封空间，当传动轴带动转子旋转时，叶片在离心力以及通入叶片根部压力油的推动下，其顶部贴紧在定子内表面上滑动，于是叶片把密封空间分割为许多密封工作容腔。当转子按照图示方向旋转时，图 3-11 中右侧的叶片向外伸出，相邻两叶片所形成的密封工作容腔增大，产生真空，油液便在大气压力的推动之下通过吸油口 5 和配油盘的吸油窗口进入吸油腔，完成了泵的吸油过程。图 3-11 中左侧，在定子的强制作用下，叶片向叶片槽内缩回，密封工作容腔收缩，油液通过配油盘上的排油窗口和排油口被强迫排出，完成了泵的压油过程。当转子连续旋转时，在排油区和吸油区均有叶片形成的密封工作容腔存在，所以，吸油和排油是连续的。

该泵的转子每转动一周，则每个工作容积完成一次吸油、压油过程，故称为单作用叶片泵。由于该泵的吸油腔和压油腔各占一侧，转子上承受着单方向的径向不平衡力，故又称为非平衡式叶片泵或非卸荷式叶片泵，轴承负荷较大。

2）结构特点

（1）单作用叶片泵可以通过改变定子和转子间的偏心距 e 调节泵的排量。若增大偏心距 e，则排量增加；反之，则排量减小。当偏心距 e 为零时，排量也为零。偏心反向时，吸油、压油方向也相反。因此，单作用叶片泵通常为变量泵。

（2）单作用叶片泵叶片槽根部分别通油。压油腔一侧的叶片底部要通过特殊的沟槽和压油腔相通，吸油腔一侧的叶片底部要和吸油腔相通。

（3）为使叶片能顺利地向外运动并始终紧贴定子，必须使叶片所受的惯性力和叶片的离心力等的合力尽量与转子中叶片槽的方向一致，以免侧向分力使叶片与定子间产生摩擦力而影响叶片伸出，为此，转子中叶片槽需向后倾斜一定的角度（一般后倾 20°～30°），如图 3-11 所示。

（4）转子及其支撑轴承受径向不平衡力的作用。

3.3.2 双作用叶片泵

1）工作原理

图 3-12 所示为双作用叶片泵工作原理图。其工作原理同单作用叶片泵相似，不同之处是：定子 1 内表面由两段长半径圆弧、两段短半径圆弧和四段过渡曲线所组成，定子 1

和转子2同心,壳体端盖上开有对称于转轴分布的两个吸油腔和两个压油腔。

当转子按图3-12所示方向旋转时,密封工作腔的容积在左上角和右下角处逐渐增大,为吸油区;在右上角和左下角处逐渐减小,为压油区;吸油区和压油区之间有一段封油区把它们隔开。转子每转一转,每个密封工作腔吸油、压油各完成两次,故称为双作用叶片泵。双作用叶片泵的两吸油口和两压油口对称于转轴分布,压力油作用在轴承上的径向力是平衡的,故又被称为平衡式叶片泵或卸荷式叶片泵。

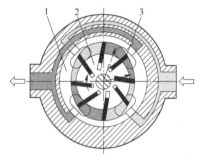

图3-12　双作用叶片泵工作原理
1-定子;2-转子;3-叶片

2)结构特点

(1)因配油盘的两个吸油窗口和两个压油窗口对称布置,因此,作用在转子和定子上的液压径向力平衡,轴承承受的径向力小,寿命长。

(2)为保证叶片在转子叶片槽内自由滑动并始终紧贴定子内环,双作用叶片泵一般采用叶片槽根部全部通压油腔的办法。

(3)基于定子内表面曲线对叶片受力的影响,双作用叶片泵的叶片也不能径向安装,而要向前倾斜一个角度(一般为10°~14°),如图3-12所示。

3.3.3　叶片泵的使用要点

(1)为了保证叶片泵可靠地吸油,其转子转速不能太低,亦不能过高,一般取600~1500r/min比较适宜。转速太低,叶片不能压紧在定子内表面上,吸油不良;转速过高,则易造成泵的"吸空"现象,使泵不能正常工作。

(2)对于工作压力小于10MPa的叶片泵,可使用32号液压油,而工作压力在16MPa以上的叶片泵,应选用46号或63号液压油或抗磨液压油。黏度太大,吸油阻力增大,影响泵的流量;黏度太小,因间隙影响,真空度不够,给吸油造成不良影响。

(3)叶片泵对油液中的污物很敏感,工作可靠性较差,油液不清洁会使叶片卡死,因此必须注意油液的过滤和环境的清洁。

(4)因叶片泵的叶片有安装倾角,故转子只允许单向旋转且转向应与泵体上标定的方向一致,不能反转。

3.4　柱　塞　泵

柱塞泵的吸油和压油过程,是靠柱塞在缸体柱塞孔中做往复运动时所形成密封工作容积的周期性变化来实现的。柱塞和柱塞孔均为圆柱形表面,加工方便,精度容易保证,可以获得高精度的滑动配合间隙,因而油液泄漏小,容积效率高,可以在高压下工作,能达到的工作压力一般是20~40MPa,最高可达100MPa。柱塞泵主要零件均受压,使材料强度得以充分利用,寿命长,单位功率质量小。

适当地加大柱塞直径或增加柱塞数目,泵的排量便可增大;改变柱塞的作用行程就能改变排量,容易制成各种变量泵。

根据柱塞和柱塞缸排列方式不同,柱塞泵有各种结构形式,按其柱塞运动方向与泵的传动轴的方向平行、成一定锐角或是垂直,柱塞泵又分为斜盘式、斜轴式和径向柱塞泵。其中,斜盘式柱塞泵和斜轴式柱塞泵又通称轴向柱塞泵。本节主要以目前常用的轴向柱塞泵为例说明其工作原理和结构特点。

3.4.1 斜盘式轴向柱塞泵

1)工作原理

斜盘式轴向柱塞泵的柱塞沿轴向均匀分布在缸体的柱塞孔中,图 3-13 所示为其工作原理图。

如图 3-13 所示,斜盘式轴向柱塞泵的主要零件包括传动轴 1 及由它带动的柱塞缸体 2、固定不动的配油盘 3、柱塞 4、滑靴 5、斜盘 6 和弹簧 7 等。斜盘法线与缸体轴线夹角为斜盘倾角 γ,斜盘倾角是可以调节的。缸体上沿圆周均匀分布有平行于其轴线的若干个(一般为 7 ~ 11 个)柱塞孔,孔内装有柱塞 4,柱塞右端部与柱塞孔和配油盘形成密封空间;缸体 2 和配油盘 3 紧密接触,起密封作用。柱塞在弹簧的作用下通过其头部的滑靴压向斜盘。

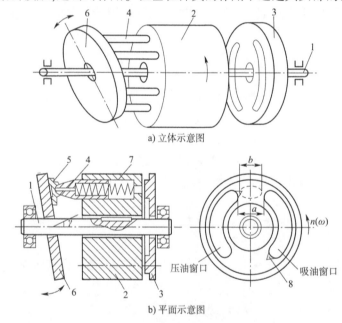

a) 立体示意图

b) 平面示意图

图 3-13 斜盘式轴向柱塞泵的工作原理

1-传动轴;2-缸体;3-配油盘;4-柱塞;5-滑靴;6-斜盘;7-弹簧;8-卸荷槽

传动轴驱动缸体按图 3-13 所示方向旋转时,处在最下位置(下止点)的柱塞将随着缸体旋转的同时向外伸出,使柱塞底腔的密封容积增大,从而经底部窗口和配油盘腰形吸油窗口吸入油液,直至柱塞随缸体转到最高位置(上止点);当柱塞随缸体继续从最高位置向最低位置运动时,斜盘就迫使柱塞向缸孔回缩,使密封容积减小,油液压力升高,经配油盘另一腰形排油窗口挤出。缸体旋转一周,每一个柱塞都经历此过程。当柱塞位于上、下止点时,为防止缸底窗口连通配油盘的吸油、排油窗口,配油盘两腰形窗口的间隔 a 略大于缸底窗口的宽度 b。由此存在困油与压力冲击问题,所采取的措施是在配油盘吸、排油腰形窗口的边缘开设三角形卸荷槽8,如图3-13b)所示。

显然,改变斜盘6的倾角γ就可改变柱塞的作用行程,从而改变泵的排量。当斜盘倾角γ=0时,柱塞在缸体中不再往复运动,柱塞的作用行程为零,泵的流量为零。若使斜盘倾角由+γ变到-γ,在缸体旋向不变的情况下,就改变了泵的排油方向,所以,调节斜盘倾角γ的大小和方向,即可改变泵的流量和液流流向。故轴向柱塞泵可以做成单向变量泵、双向变量泵和定量泵。

2)结构特点

斜盘式轴向柱塞泵在工作过程中,由三对运动副构成了吸油、压油腔密封工作容积,即滑靴与斜盘之间、缸体与配油盘之间以及柱塞和缸体孔之间所构成的移动副。

(1)滑靴与斜盘。

滑靴与斜盘之间采用静压支撑结构。如图3-14所示,当柱塞底部受高压油作用时,液压力通过柱塞将滑靴紧压在斜盘上,若此压力太大,将加重滑靴的磨损,甚至使其烧损而不能正常工作。

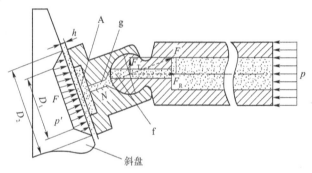

图3-14　滑靴与斜盘的静压支撑

液压泵工作时,油压p作用在柱塞上,对滑靴产生一个法向压紧力N,使滑靴压向斜盘表面,而油腔A中的油压p'及滑靴与斜盘间内的液压力给滑靴一个反推力F,当F=N时,滑靴与斜盘间为液体润滑。液体润滑的形成过程是:泵开始工作时,滑靴贴紧斜盘,油腔A中的油不流动而处于静止状态,此时p'=p。设计应使此状态下的反推力F稍大于压紧力N,滑靴被逐渐推开,产生间隙h,A腔中的油液通过间隙h漏出从而形成油膜。这时压力为p的油液经阻尼孔f和g流到A腔,由于阻尼作用,使p'<p,致使反推力F与压紧力N相等为止,这时滑靴和斜盘之间处于新的平衡状态,并保持一定的油膜厚度,从而形成液体润滑。

(2)缸体与配油盘。

图3-13中的斜盘式轴向柱塞泵,缸体2与配油盘3之间的端面间隙能够实现自动补偿。图3-13中缸体2紧压配油盘3端面的作用力除弹簧7外,还有柱塞孔底部台阶面上所承受的液压力,由于缸体始终受力紧贴配油盘,使得端面间隙得以补偿,提高了泵的容积效率。

如图3-13b)所示,配油盘设置减振槽(即卸荷槽8)。为了防止柱塞底部的密闭容积在吸、压油腔转换时因压力突变而引起的压力冲击,一般在配油盘吸、压窗口的前端开减振槽。开减振槽的配油盘可使柱塞底部的密闭容积在离开吸油区(压油区)后先通过减振槽与压油区(吸油区)缓慢沟通,压力逐渐上升(下降)后再接通压油区(吸油区),使密闭容积内的压力平稳过渡,从而减小了振动,降低了噪声。

(3)柱塞与缸体。

如图3-14所示,斜盘对柱塞的反作用力 F' 可以分解为轴向力 $F_R = F'\cos\alpha$ 和径向力 $F_T = F'\sin\alpha$。轴向力 F_R 与柱塞底部的液压力平衡;径向力 F_T 通过柱塞传递给缸体,它使缸体倾斜,造成缸体和配流盘之间出现楔形间隙,使泄漏增大,而且使密封表面产生局部接触,导致缸体与配流盘之间的表面烧伤,同时也导致柱塞与缸体之间的磨损。为了减小径向力,需要控制斜盘倾角 γ,γ 一般不大于 $20°$。

(4)变量机构。

图3-15所示为CY形斜盘式轴向柱塞泵结构图,由主体部分和手动变量机构两部分组成,其额定工作压力为32MPa。

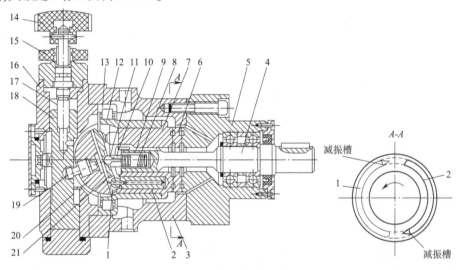

图3-15 CY形斜盘式轴向柱塞泵

1-滑靴;2-柱塞;3-泵体;4-传动轴;5-前泵体;6-配油盘;7-缸体;8-弹簧;9-外套;10-内套;11-钢球;12-钢套;13-轴承;14-手轮;15-锁紧螺母;16-变量机构壳体;17-螺杆;18-变量活塞;19-轴销;20-斜盘;21-压盘

图3-15中,手动变量机构在泵的左侧,转动手轮14,螺杆17随之转动,变量活塞18便上下移动,通过销轴19使斜盘20绕其中心转动,从而改变了斜盘倾角。手动变量机构需要的操纵力较大,通常只能在停机或泵压较低时实现变量,要实现自动变量或在较高泵压时变量,可采用伺服变量机构。

(5)通轴与非通轴结构。

图3-15所示的CY形斜盘式轴向柱塞泵为一种非通轴式轴向柱塞泵,其缺点之一是要采用大型滚柱轴承(轴承13)来承受斜盘施加于缸体的径向力,轴承寿命较短,且噪声大,成本高。

图3-16所示为一种通轴式轴向柱塞泵,其传动轴两端均有轴承支承,变量斜盘装在传动轴的前端,斜盘产生的径向力由主轴承受,取消了缸体外缘的大轴承。泵的外伸端可以安装一个小型辅助油泵,供闭式系统补油之用,因而可以简化油路系统和管道连接,有利于液压系统的集成化。

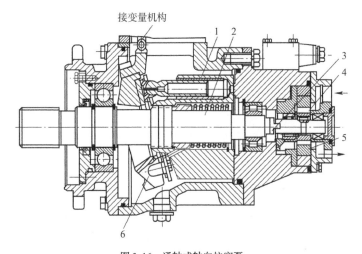

图 3-16　通轴式轴向柱塞泵

1-缸体;2-传动轴;3-联结轴器;4、5-辅助泵内、外转子;6-斜盘

（6）泄漏油口。

柱塞泵压油腔中的高压油,会通过三对形成密封工作容腔的运动摩擦副的配合间隙泄漏到缸体与泵体之间的空间,这部分泄漏油液对柱塞泵内部其他运动副有润滑、清洗和冷却作用;同时,该部分油液需要经泵体上方的泄漏油口直接引回油箱,这不仅可保证泵体内的油液保持零压避免破坏密封,而且可随时带走热量防止过热。

3.4.2　斜轴式轴向柱塞泵

图 3-17 所示为一种斜轴式轴向柱塞泵的结构。当传动轴 1 转动时,连杆 2 的侧面带动柱塞 3,进而使缸体 4 绕自身轴线旋转,从而使柱塞在缸体中作往复运动,通过配流盘 5 上的配流窗口完成吸油和压油过程。改变缸体倾角 7 便可改变其排量。当缸体具有一定倾角 γ 时,随着传动轴的旋转,柱塞被迫在缸孔中往复运动,使密封工作容腔发生变化,通过配流盘实现吸油和排油。排量随着缸体倾斜角度 γ 的增大而增大,反之,则减小。当缸体中心线与传动轴中心重合,即缸体倾角 γ 为零时,柱塞在缸孔中不发生相对的往复运动,泵处于空转状态。

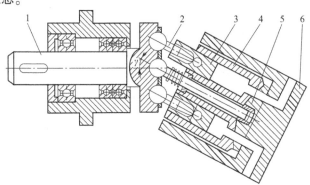

图 3-17　斜轴式轴向柱塞泵结构

1-传动轴;2-连杆;3-柱塞;4-缸体;5-配流盘;6-摆动缸体

斜轴式轴向柱塞泵与斜盘式轴向柱塞泵相比,由于不存在斜盘泵的阻尼小孔,对油液的污染不如斜盘泵敏感;由于柱塞受侧向力很小,泵能承受较高的压力与冲击,其转速可以较高。另外,连杆与传动轴端面连接比较牢固,因此,斜轴式轴向柱塞泵比斜盘式轴向柱塞泵具有更好的自吸能力。

斜轴泵靠缸体摆动实现变量,新型锥形柱塞的斜轴式轴向柱塞泵的倾角 γ 最大可高达 40°,而斜盘式轴向柱塞泵的倾角 γ 角最大值一般只有 20°,故斜轴式轴向柱塞泵的变量范围大。但是缸体摆动需要占有较大的空间,所以变量斜轴泵的外形尺寸和质量较大,结构较为复杂。

3.4.3 柱塞泵的使用要点

(1)轴向柱塞泵有两个泄油口,安装时必须将高处的泄油口连接通往油箱的油管,使其无压漏油,而低处的泄油口(通常称为放油口)必须严格堵死。

(2)检修液压系统时,一般不得拆解柱塞泵。若确认泵有问题必须拆装维修时,必须注意保持清洁,避免零件碰撞、拉毛和划伤,严防将细小杂物留在泵内。柱塞与缸孔为配对装配的偶件,各个缸孔配合要用柱塞逐个试装,不能用力打入。装配柱塞泵传动轴的键轴时,不应用力过猛。

(3)经拆洗重新安装的泵,在使用前要检查轴的回转方向和排油管的联结是否正确可靠;并且从高处的泄油口往泵体内注满工作油,先用手盘转 3~4 周再启动,以免把泵烧坏。泵启动前,应将排油路上的溢流阀调至最低压力,待泵运转正常后逐渐调高到所需压力;且调整变量机构要先将排量调到最小值,再逐渐调到所需流量。

(4)若系统中装有辅助液压泵,应先启动辅助液压泵,调整控制辅助泵的溢流阀,使其达到规定的供油压力,再启动主泵。若发现异常现象,应先停主泵,待主泵停稳后再停辅助泵。

练 习 题

1.液压系统中,液压泵的功用是什么?常用液压泵分为哪些类型?

2.什么是液压泵的工作压力、最高压力和额定压力?三者有何关系?

3.什么是液压泵的排量、流量、理论流量、实际流量和额定流量?它们之间有什么关系?何种因素导致液压泵实际流量与理论流量不相等?

4.在实验中或工业生产中,常把液压泵在零压差下的流量(即负载为零时泵的流量)视为其理论流量,为什么?

5.外啮合齿轮泵的困油现象是什么?何种原因导致的?采取何种措施予以消除?其内部油液的泄漏途径主要有哪些?哪一条对泵的容积效率影响最大?

6.为什么轴向柱塞泵适用于高压系统?其泄漏油管应该怎样连接油箱?斜盘式轴向柱塞泵的吸、压油密闭工作腔由哪三对运动摩擦副构成?

7.某液压泵输出压力 $p=5\text{MPa}$,排量 $V=30\text{mL/r}$,转速 $n=1200\text{r/min}$,容积效率 $\eta_v=0.95$,总效率 $\eta=0.9$,求泵的输出功率和电动机的驱动功率。

8. 某液压泵在输出压力为7MPa时的流量为53L/min，输入功率为7.4kW。若该泵在空载时的流量为56L/min，求泵的容积效率和总效率。

9. 某液压泵的额定流量为100L/min，额定压力为2.5MPa，当转速为1450 r/min 时，机械效率为 $\eta_m = 0.9$。由实验测得，当液压泵的出口压力为零时，流量为 106 L/min；压力为 2.5MPa 时，流量为 100.7 L/min，试求：

(1) 液压泵的容积效率 η_v 是多少？

(2) 如果液压泵的转速下降到500r/min，在额定压力下工作时，估算液压泵的流量是多少？

(3) 在上述两种转速下液压泵的驱动功率是多少？

第4章 液压执行元件

液压执行元件是将液压能转换成机械能的装置,它包括液压马达与液压缸。本章重点介绍工程装备液压马达、液压缸的类型、性能参数、典型结构及工作原理。

4.1 液 压 马 达

液压泵和液压马达都是液压传动系统中的能量转换装置,不同的是液压泵把原动机的机械能转换成油液的压力能,是系统中的动力元件;而液压马达是把油液的压力能转换成机械能,并以旋转运动形式向外输出,是系统中的执行元件。

4.1.1 液压马达的基本工作原理

液压传动系统中常用的液压泵和液压马达都是容积式的,其工作原理都是利用密封工作腔容积的变化进行吸油和压油的,从工作原理上来说,大部分液压泵和液压马达是互逆的,即只要输入压力油,液压泵就成为液压马达,可输出转速和转矩;但是实际上,由于在液压系统中的功用不同,液压马达和液压泵在结构上有较大差异,不能通用。

4.1.2 液压马达的分类

液压马达按照工作速度特点可分为两大类:额定转速在 500r/min 以上为高速液压马达;额定转速在 500r/min 以下为低速液压马达。

高速液压马达主要包括齿轮液压马达、叶片液压马达、轴向柱塞液压马达等。

低速液压马达主要包括单作用连杆型径向柱塞液压马达和多作用内曲线径向柱塞液压马达等。

4.1.3 液压马达的主要性能参数

1)工作压力与额定压力

液压马达的工作压力 p 是指输入液压马达工作油液的实际压力,其大小取决液压马达的负载。液压马达进口压力与出口压力的差值,称为液压马达的压差。

液压马达的额定压力 p_s 是指按实验标准规定,能使液压马达连续正常运转的最高压力,亦即液压马达在使用中允许达到的最高工作压力,超过此值就是过载。

2)排量、流量和转速

(1)排量。

液压马达的排量是指在没有泄漏的情况下,液压马达轴转过一周所需输入的油液体积,用 V 表示。液压马达的排量取决于其密封工作腔的几何尺寸,与转速无关。

排量不可以调节的液压马达称为定量液压马达,排量可以调节的液压马达称为变量液压马达。

(2)流量。

液压马达的流量是指液压马达达到某一要求转速时,单位时间内输入的油液体积。由于有泄漏存在,故液压马达的流量又分为理论流量和实际流量。

理论流量是指液压马达在没有泄漏的情况下,达到某一要求转速时,单位时间内需输入的油液体积,用 q_{M_t} 表示。实际流量是指液压马达达到该要求转速时,单位时间内实际输入的油液体积,用 q_M 表示。

由于液压马达内部零件之间存在间隙,导致高低压腔之间产生流量泄漏 Δq,故实际流量 q_M 与理论流量 q_{M_t} 之间存在如下关系:

$$q_M = q_{M_t} + \Delta q \tag{4-1}$$

(3)转速。

根据上述分析,液压马达的转速 n 与理论流量、排量有如下关系:

$$n = \frac{q_{M_t}}{V} \tag{4-2}$$

液压马达处于过高转速时,回油路中会产生有较高的背压,而且还会对系统造成压力脉动;在液压马达处于过低转速时,转矩和转速不仅会有显著的不均匀,严重时会产生"爬行"现象,因此,液压马达常规定有最高转速和最低稳定转速。

液压马达的最高转速(n_{max})为制造商规定的最高使用转速,主要受使用寿命和机械效率的限制。

最低稳定转速(n_{min})是指液压马达在额定负载下,不出现爬行现象的最低转速。实际工作中,一般希望液压马达的最低稳定转速越小越好,这样可保证液压马达有足够的变速范围。

3)功率和效率

(1)功率。

液压马达的输入量是液体的压力和流量,输出量是转矩和转速(角速度)。因此,液压马达的输入功率和输出功率分别为:

$$P_{M_i} = \Delta p q_M \tag{4-3}$$

$$P_{M_o} = T_M \omega_M = T_M 2\pi n \tag{4-4}$$

式中:P_{M_i}——液压马达输入功率;

P_{M_o}——液压马达输出功率;

Δp——液压马达进出口压差;

T_M——液压马达实际输出转矩;

ω_M、n——液压马达输出角速度和转速。

(2)效率。

由于液压马达在进行能量转换时总是有能量损耗,因此,其输出功率总小于其输入功率。输出功率和输入功率之比值,称为液压马达的效率 η_M。

$$\eta_M = \frac{P_{M_o}}{P_{M_i}} = \frac{T_M \omega_M}{\Delta p q_M} \tag{4-5}$$

液压马达的能量损耗可以分为两部分:一部分是由于泄漏等原因引起的流量损耗,另一部分是由于流动液体的黏性摩擦和机械相对运动表面之间机械摩擦而引起的转矩损耗。

由于液压马达有泄漏量 Δq 的存在,其实际输入流量 q_M 总大于其理论流量 q_{M_t},则有式(4-1)的存在。液压马达的理论流量与实际流量之比称为液压马达的容积效率,用 η_{M_V} 表示。

$$\eta_{M_V} = \frac{q_{M_t}}{q_M} = \frac{q_M - \Delta q}{q_M} = 1 - \frac{\Delta q}{q_M} \tag{4-6}$$

泄漏量 Δq 与压力有关,它随着压力的增高而增大,因此,液压马达的容积效率随工作压力升高而降低。

由于液压马达有转矩损耗 ΔT,故其实际输出转矩 T_M 比理论输出转矩 T_{M_t} 要小,即:

$$T_M = T_{M_t} - \Delta T \tag{4-7}$$

液压马达的实际转矩与理论转矩之比,称为液压马达的机械效率,用 η_{M_m} 表示,即:

$$\eta_{M_m} = \frac{T_M}{T_{M_t}} \tag{4-8}$$

由黏性摩擦和机械摩擦而产生的转矩损失,其大小与油液的黏度、工作压力以及液压马达的转速有关。当油液黏度越大、转速越高、工作压力越高时,转矩损失就越大,机械效率就越低。

由式(4-5)、式(4-6)、式(4-8)可得:

$$\eta_M = \frac{T_M \omega_M}{\Delta p q_M} = \frac{T_{M_t} \eta_{M_m} \omega_M}{\Delta p \dfrac{q_{M_t}}{\eta_{M_V}}} = \frac{T_{M_t} \omega_M}{\Delta p q_{M_t}} \eta_{M_m} \eta_{M_V}$$

根据在理想状态下的能量守恒定律:

$$\frac{T_{M_t} \omega_M}{\Delta p q_{M_t}} = 1$$

因此,有:

$$\eta_M = \eta_{M_m} \eta_{M_V} \tag{4-9}$$

由式(4-9)可知,液压马达的总效率等于其容积效率和机械效率的乘积。

4.1.4 液压马达的图形符号

液压马达的图形符号如图4-1所示。

a) 单向定量液压马达　　b) 单向变量液压马达　　c) 双向定量液压马达　　d) 双向变量液压马达

图4-1　液压马达的图形符号

4.1.5 常用液压马达

本节主要介绍工程装备常用的外啮合齿轮液压马达、摆线转子液压马达和轴向柱塞液压马达。

1) 外啮合齿轮液压马达

外啮合齿轮液压马达的工作原理如图 4-2 所示。动力输出轴为 O_1。由轮齿 1、2、3 和 $1'$、$2'$、$3'$、$4'$的表面及壳体和端盖的内表面形成进油腔。压力油进入进油腔,对齿轮 O_1 轴产生转矩 T_1,它等于作用在齿轮 O_1 上的液压作用力在圆周方向的投影乘这个力到 O_1 点的距离。同理,液压油对齿轮 O_2 也产生一个转矩 T_2,这个转矩经啮合点加到齿轮 O_1 上,与 T_1 共同来拖动外载荷按图示方向旋转,输出机械能。压力油

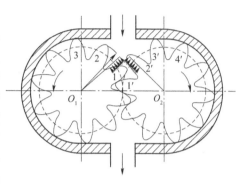

图 4-2 外啮合齿轮液压马达工作原理

连续不断地输入,O_1 和 O_2 齿轮就连续不断地旋转,在输出机械能的同时,压力油不断地被齿槽带到低压腔变为低压油送回油箱。当马达的排量 V 一定时,马达的转数只与输入流量有关,而输入油压和输出转矩则随外载荷的变化而变化。

外啮合齿轮液压马达与齿轮泵在结构上基本相同,不同点在于:

(1) 齿轮泵一般只沿一个方向旋转,其吸油口大、排油口小,而齿轮液压马达需沿两个方向旋转,其进、出油口通道对称,孔径相等,而且用来消除困油现象的卸荷槽亦对称布置。

(2) 齿轮泵内泄漏都流回吸油口,对外一般不设置泄漏油口,而齿轮液压马达则需要设置外部泄漏油口,以将内泄漏单独引出至油箱。

(3) 为了减小启动摩擦力矩,齿轮液压马达一般采用摩擦系数小的滚动轴承。为了减小转矩脉动,其齿数比齿轮泵的齿数要多。

外啮合齿轮液压马达体积小、质量轻、结构简单、工艺性好,对液压油的污染不敏感,耐冲击。但是,它的容积效率低,转矩脉动较大,低速稳定性差,仅适用于高速、低转矩的情况。

2) 摆线转子液压马达

如图 3-9 所示的摆线转子泵输入压力油,即为液压马达工况,成为摆线转子马达,但这时液压马达的内、外转子仍以同方向旋转,排量较小,因而输出的扭矩不大。若这种液压马达的内齿圈(即外转子)固定不动,同时相应地改变配流方式,则可大大增加其排量,从而成为一种输出扭矩较大的液压马达。

摆线转子马达分轴式配流和端面配流两种。图 4-3 所示是一种端面配流的小型低速大转矩摆线转子马达,在工程装备、汽车车辆等液压系统广泛应用。

由图 4-3 看出,摆线转子马达由内齿轮定子 13、摆线齿轮转子 14、花键联轴器 8、配油盘 10、输出轴(同时为配流轴)7、泵体 6、端盖 4 和 12 等组成。定子、配油盘及端盖用螺钉与泵体固定在一起,转子安装在定子内,输出轴(配流轴)通过两端为球面花键的联轴器

与转子相连。该马达与摆线转子泵的主要区别是内齿轮为定子,固定不动。由于配流轴兼作马达的输出轴,通过花键联轴器与转子连接,因此,与转子同步回转。

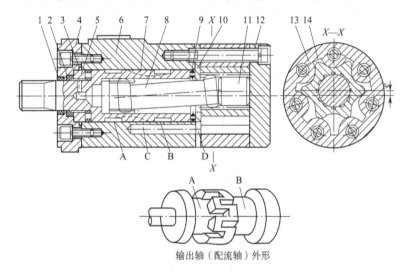

图 4-3　摆线转子液压马达的结构图与原理

1、2、3-密封;4-前端盖;5-推力环;6-泵体;7-输出轴(配流轴);8-花键联轴器;9-推力轴承;10-配油盘;11-限制块;12-后端盖;13-定子;14-转子

图 4-3 中,转子有 $6(z_1)$ 个外齿,定子有 $7(z_2 = z_1 + 1)$ 个内齿。转子与定子啮合时形成 z_2 个密封容腔,配流轴 7 上的环槽 A、B 与进出油口相通。在配流轴表面有相间并均匀分布的两组纵向油槽,一组(z_1 个)与 A 相通,另一组(z_2 个)与 B 相通。在马达壳体 6 中有 z_2 个孔 C,这些孔通过配流盘 10 上相应的 z_2 个孔 D 分别与定子的齿根(即密闭容腔)相通。在油压的作用下,转子向高压腔齿间容积增大的方向绕轴线自转,同时绕定子轴线作反向高速公转。所以马达工作时,转子作行星运动,既自转,同时以偏心距 e 为半径绕定子轴线公转;每个齿间的密闭容腔各完成一次进油和排油,转子即绕定子轴线公转一周,转子自身便反方向自转一个齿;转子绕定子轴线公转它的齿数次(z_1)后,才能反方向自转一周,因此其自转与公转的速比 $i = -1/z_1 = -1/6$。依靠输出轴(配流轴)和转子同步转动,并且配流槽和转子间保持严格的相位关系,转子在压力油作用下能够带动输出轴不断旋转,马达持续输出机械能。

图 4-4 所示为摆线转子液压马达的工作原理。

图 4-4 表示了转子扫过一个轮齿,即转过 1/7 转(周)的三个工作位置。图 4-4 中 a)是起始状态,这时 5、6、7 齿间进压力油,2、3、4 齿间排油,1 齿间处在从排油到进油的过渡状态。图 4-4 中 b)是转过 1/14 转的情形,这时配油状态变为 1、2、3 齿间进压力油,5、6、7齿间排油,4 齿间处在排油到进油的过渡状态。图 4-4 中 c)是转过 1/7 转的情形,这时 4、5、6 齿间进压力油,1、2、3 齿间排油,7 齿间处在过渡状态。当转子转过一个齿即转动 1/6时,如图 4-4 中 d)所示,各齿间都已完成一次进油和排油。转子自转一整圈(即绕定子轴线公转 6 周),转子每个齿又回到原来的起始啮合位置,这时 7 个齿间的密封工作空间各自进、排油 6 次。

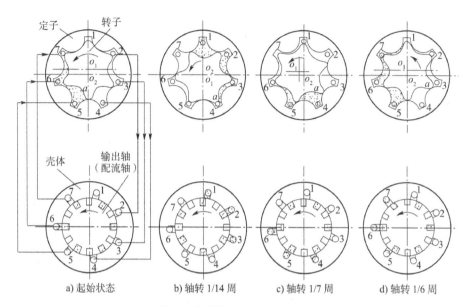

a) 起始状态　　b) 轴转 1/14 周　　c) 轴转 1/7 周　　d) 轴转 1/6 周

图 4-4　摆线转子液压马达工作原理

3) 轴向柱塞液压马达

轴向柱塞液压马达也有斜盘式和斜轴式两种类型,其基本结构与同类型的柱塞泵一样。但由于轴向柱塞液压马达常采用定量结构,即固定斜盘或固定倾斜缸体,所以其结构比同类型的变量泵简单得多。

轴向柱塞液压马达的工作原理如图 4-5 所示,配油盘 4 和斜盘 1 固定不动,马达轴 5 与缸体 2 相连接一起旋转。当压力油经配油盘 4 的窗口进入缸体 2 的柱塞孔时,柱塞 3 在压力油作用下外伸,紧贴斜盘 1,斜盘 1 对柱塞 3 产生一个法向反力 F,此力可分解为轴向分力 F_x 和垂直分力 F_y。F_x 与柱塞上液压力相平衡,而 F_y 则使柱塞对缸体中心产生一个转矩,带动马达轴逆时针方向旋转。

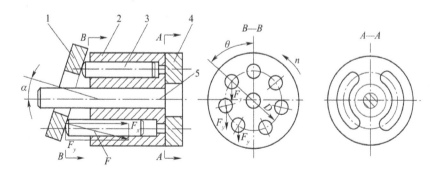

图 4-5　轴向柱塞液压马达的工作原理
1-斜盘;2-缸体;3-柱塞;4-配油盘;5-马达轴

若使进、回油路交换,即改变马达压力油输入方向,则马达轴 5 按顺时针方向旋转。液压马达的转速取决于输入液压马达的实际流量和斜盘倾角 α 的大小。改变斜盘倾角 α

的大小,即改变排量,就可调节液压马达的转速。在输入流量不变的情况下,斜盘倾角 α 越大,产生的转矩越大,转速越低。

图 4-6 所示为一种工程装备常用斜盘式轴向柱塞液压马达的结构简图。

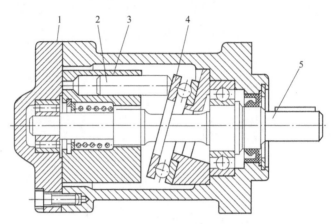

图 4-6 一种轴向柱塞液压马达的结构简图
1-马达盖(含配油盘);2-柱塞;3-缸体;4-斜盘(推力轴承);5-马达轴

斜轴式轴向柱塞液压马达的工作原理与此相似。

轴向柱塞液压马达适用于负载速度大,有变速要求,负载转矩较小,低速平稳性要求高的场合,如挖掘机、起重机、绞车等机械的液压传动系统。

4.1.6 液压马达的使用要点

液压马达的可靠性和寿命很大程度上取决于正确地使用和维护,为此使用时要注意以下几点。

1)工作压力

液压马达通常允许在短时间内以超过额定压力 20% ~ 50% 的压力下工作,但瞬时最高压力不得与最高转速同时出现。对液压马达的回油路背压有一定限制,且在背压较大时,必须为液压马达设置独立的泄漏油管。

2)转速要求

如前所述,一般情况下,不应使液压马达的最高转速和最大转矩同时出现。实际转速不应低于液压马达的最低稳定转速,否则,将出现爬行现象。当系统要求的转速较低,而低速液压马达在转速、转矩等性能参数不易满足工作要求时,可采用高速液压马达并增设减速机构的方案。

3)安装要求

安装液压马达的底座、支架必须具有足够的刚性。安装时要注意检查液压马达输出轴与工作机构传动轴的同轴度,否则,将加剧液压马达的磨损,增加泄漏,降低容积效率,并严重影响使用寿命。对于不能承受额外的轴向力和径向力的液压马达,以及液压马达虽然可以承受额外的轴向力和径向力,但负载的实际轴向力或径向力大于液压马达允许的轴向力或径向力时,应考虑采用弹性联轴器连接液压马达轴和工作机构。

4)工作介质

液压马达在使用中应注意油液的种类、黏度、工作温度,系统滤油精度等均应符合产品样本的规定。

5)运转注意事项

(1)液压马达使用之前必须确保壳体内灌满清洁液压油,使各运动副表面得到润滑,以防咬死或烧伤。

(2)油箱中有泡沫、系统噪声增大、液压马达出现滞进(颤动)等现象时,说明系统中混有空气,可在无负载状态下使马达以不同的转速运转一段时间(10～20min),进行排气。

(3)为提高液压马达的使用寿命,开始工作时通常先在低负载下运转一段时间,并检查系统的动作、噪声、外泄漏情况等,一切正常后可满负荷工作。

(4)机械使用过程中,建议定期给系统临时接入一个过滤精度较高的滤油器,在无负载状态下运行30min左右,以便清除系统中的污染物。

(5)定期检查油液污染程度,每1～2年换一次油;定期检查和清洗滤油器;定期检查油箱油面高度。

以上措施都能有效地提高液压马达的寿命。另外,液压马达在使用中若发现其进油口处有不正常的振动和冲击声,或外泄漏严重、系统压力突然升高,应及时停车检查,以免损坏液压马达。

4.2　液　压　缸

液压缸是液压系统中的另一类执行元件,它把油液的压力能转换成机械能,并以往复直线运动或摆动运动形式向外输出。

液压缸可以单个使用,也可以两个或多个组合起来或与其他机构组合起来使用。液压缸结构简单,工作可靠,在液压系统中得到了广泛应用。

4.2.1　液压缸的分类

液压缸用途广泛,种类繁多,分类方法各异。一般可根据液压缸的运动形式、结构特点、安装方式、额定工作压力大小及油压作用方式的不同来进行分类。最常使用的是按结构特点及运动形式分类。

按运动形式,分为往复直线运动式液压缸和摆动式液压缸。往复直线运动式液压缸按结构形式,又可分为活塞式、柱塞式两类;活塞式液压缸根据活塞杆数的不同,可分为单杆活塞缸和双杆活塞缸。

按作用方式,分为单作用液压缸和双作用液压缸。单作用液压缸只向缸的一侧输入压力油,实现活塞单向液压驱动,反向回程需要借助自重、弹簧力或其他外作用力来实现。双作用液压缸活塞两个方向的运动都靠液体压力来实现,即双向液压驱动。

按液压缸的特殊用途不同,可分为串联缸、增压缸、增速缸、步进缸等。这些缸的缸筒是几个缸筒的组合,因此又称为组合缸。

 液压与液力传动

按作用方式及结构形式划分,工程装备常用液压缸的分类、特点及职能符号见表4-1。

常用液压缸的分类及其职能符号　　　　　　　表4-1

类　型	名　称	职能符号	特　点
推力液压缸			
单作用液压缸	活塞式液压缸		活塞仅单向受液压力运动,反向运动依靠活塞自重或外力
	柱塞式液压缸		柱塞仅单向受液压力运动,反向运动依靠柱塞自重或外力
	伸缩式液压缸		有多个互相连动的活(柱)塞,可依次伸出,获得较大行程,由外力使活(柱)塞返回
双作用液压缸	单活塞杆式液压缸		活塞单侧有杆,可双向受液压力运动,但双向的推力和速度都不相等
	双活塞杆式液压缸		活塞两面有杆,可双向受液压力运动,往复运动的推力和速度均相等
	伸缩式液压缸		有多个相互连动的活塞,可依次伸出获得较大行程,活塞伸出和缩回都依靠油液压力
组合液压缸	弹簧复位液压缸		活塞单向受液压力运动,依靠弹簧力复位
	增压液压缸		由两个直径不同的压力室组成,大直径压力室输入压力油,可使小直径压力室的油液压力提高
	齿条传动液压缸		通过齿轮齿条机构,能将活塞的往复运动转变为齿轮轴的回转运动
摆动液压缸	单叶片式液压缸		能把油液的压力能转变为摆动轴摆动的机械能,摆动轴可作小于360°的摆动
	双叶片式液压缸		能把油液的压力能转变为摆动轴摆动的机械能,摆动轴可作小于180°的摆动

4.2.2　液压缸的工作原理

1)活塞式液压缸

活塞或液压缸根据使用要求的不同,可选用单杆活塞缸或双杆活塞缸。根据安装方式的不同,可分为缸体固定式和活塞杆固定式两种。

(1)单杆活塞缸。

单杆活塞缸的活塞只有一端带活塞杆。不管哪种安装方式,工作台移动范围都是活塞或缸体有效行程的两倍。缸体固定式安装形式时,如图4-7a)所示,左腔(无杆腔)输入压力油,当油的压力足以克服作用在活塞杆上的负载时,推动活塞向右运动,压力不再继续上升。反之,如图4-7b)所示,往右腔输入压力油时,活塞向左运动,完成一次往复运动。

活塞杆固定式安装形式下,活塞杆固定,左腔输入压力油时,缸体向左运动;当往右腔

·60·

输入压力油时,则缸体向右运动,完成一次往复运动。

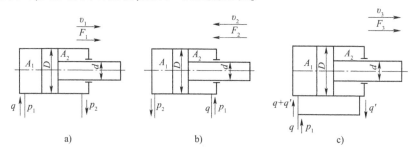

图4-7　单杆活塞缸

可见,液压缸将输入液体的压力能(压力和流量)转变为机械能,用来克服负载做功,输出一定的推力和运动速度。因此,缸的输入量(压力和流量)、缸的输出量(推力和速度)是液压缸的主要性能参数。

单杆活塞缸因左、右两腔有效面积 A_1 和 A_2 不等,$A_1 = \pi d^2/4$,$A_2 = \pi(D^2 - d^2)/4$。因此,当进油腔和回油腔压力分别为 p_1 和 p_2,输入左、右两腔的流量均为 q 时,液压缸左右两个方向的推力和速度不相同。不计损失和泄漏,具有下列特点:

①液压缸往复运动的速度不相同。当输入液压缸左、右两腔的油液流量均为 q 时,液压缸左、右两个方向的运动速度不相同。如图4-7a)所示,当无杆腔输入压力油时,活塞杆伸出速度 v_1 为:

$$v_1 = \frac{q}{A_1} = \frac{4q}{\pi D^2} \tag{4-10}$$

如图4-7b)所示,当有杆腔输入压力油时,活塞杆缩回速度 v_2 为:

$$v_2 = \frac{q}{A_2} = \frac{4q}{\pi(D^2 - d^2)} \tag{4-11}$$

②液压缸两方向上输出的推力不相同。当进油腔压力为 p_1,回油腔压力为 p_2 时,液压缸两方向上输出的推力不相同。如图4-7a)所示,当无杆腔输入压力油时,活塞上所产生的推力 F_1 为:

$$F_1 = p_1 A_1 - p_2 A_2 \tag{4-12}$$

如图4-7b)所示,当有杆腔输入压力油时,活塞上所产生的推力 F_2 为:

$$F_2 = p_1 A_2 - p_2 A_1 \tag{4-13}$$

③差动连接。如果单活塞杆液压缸的左、右两腔同时通压力油,则称之为差动连接,如图4-7c)所示。差动连接的单活塞杆液压缸称之为差动液压缸。差动液压缸虽然两腔的油液工作压力相等,但因两腔的有效作用面积不同,所以两侧的总作用力不能平衡,活塞向右的作用力大于向左的作用力,使活塞向右(即有杆腔)方向运动。因液压缸有杆腔排出的油液流量 q' 和泵输出的流量 q 汇合进入液压缸的左腔,所以活塞运动速度加快。对差动液压缸来说,作用在活塞上的推力 F_3 和活塞运动速度 v_3 分别为:

$$F_3 = p_1(A_1 - A_2) = \frac{\pi}{4} p_1 d^2 \tag{4-14}$$

$$v_3 = \frac{4q}{\pi d^2} \tag{4-15}$$

（2）双杆活塞缸。

双杆活塞缸是活塞两侧都带有活塞杆的液压缸,根据安装方式不同可分为活塞杆固定式和缸筒固定式两种。

如图 4-8a)所示为缸筒固定式双杆活塞缸,它的进、出油口位于缸筒两端。活塞通过活塞杆带动工作机构移动,工作机构移动范围等于活塞有效行程的三倍,占地面积大,因此,仅适用于小型设备。

图 4-8b)所示为活塞杆固定式双杆活塞缸。缸筒与工作机构相连,活塞杆通过支架固定在设备上。此种安装形式,工作机构的移动范围等于活塞有效行程的两倍,因此,占地面积小,常用于大、中型设备中。

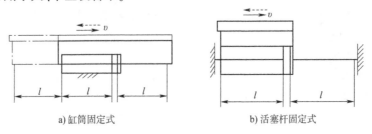

a)缸筒固定式   b)活塞杆固定式

图 4-8　双杆活塞缸

由于双杆活塞缸左、右两腔的有效面积相等,所以当分别向左、右腔输入相同压力和流量的油液时,不计损失和泄漏,液压缸左、右两个方向上输出的推力和速度是相等的,其表达式为:

$$F = A(p_1 - p_2) = \frac{\pi}{4}(D^2 - d^2)(p_1 - p_2) \tag{4-16}$$

$$v = \frac{q}{A} = \frac{4q}{\pi(D^2 - d^2)} \tag{4-17}$$

式中:F——液压缸的推力;

　　A——液压缸的有效面积;

　　p_1——进油腔压力;

　　p_2——回油腔压力;

　　D——活塞直径;

　　d——活塞杆直径;

　　v——液压缸的运动速度;

　　q——输入液压缸的油液流量。

2)柱塞式液压缸

活塞式液压缸的活塞与缸筒内孔之间要求较高的配合精度,在缸筒较长时,加工就很困难,而如图 4-9 所示的柱塞式液压缸就可以解决这个困难。

图 4-9a)所示柱塞只能实现一个方向的运动,反向运动要靠外力,如弹簧力等;如柱塞缸垂直放置,可依靠柱塞本身的自重回程。

若要求实现往复运动,可成对使用柱塞缸,使两个柱塞缸分别完成相反方向的运动,如图 4-9b)所示。

当柱塞直径为 d，输入油液的压力为 p，流量为 q 时，不计损失和泄漏，柱塞上所产生的推力 F 和速度 v 分别为：

$$F = pA \tag{4-18}$$

$$v = \frac{q}{A} \tag{4-19}$$

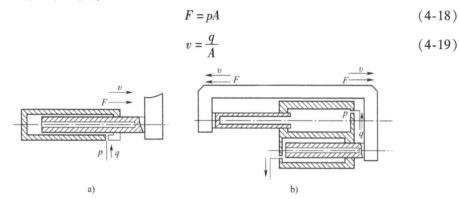

图4-9　柱塞式液压缸

柱塞式液压缸具有以下特点。

①柱塞端面是承受油压的工作面，动力通过柱塞本身传递。

②柱塞缸只能在压力油作用下作单方向运动，为实现双向运动，必须成对使用柱塞缸，也可依靠外力，如弹簧力、重力等来实现返程运动。

③缸体内壁加工精度要求不高，不需要精加工，因而简化了缸体的加工工艺。因加工较长的柱塞外圆柱表面比加工较长的缸体内圆柱表面容易，且可达到较高的精度，所以它特别适宜于工作行程较长的场合。

④柱塞常做成空心的，这样可以减小柱塞质量，减少柱塞的弯曲变形。

3）摆动式液压缸

摆动式液压缸（有时被称为摆动马达）主要用来驱动作间歇回转运动的工作机构，例如回转夹具、液压机械手、分度机械等装置。

根据结构特点，摆动式液压缸分单叶片式和双叶片式两种，如图4-10所示。

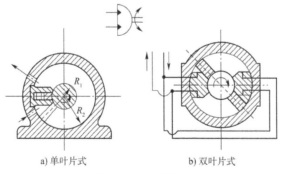

a) 单叶片式　　　b) 双叶片式

图4-10　摆动液压缸

图4-10a)为单叶片式摆动液压缸。当压力油从左下方油口进入缸筒时，叶片和叶片轴在压力油作用下作逆时针方向转动，摆动角度一般小于300°，回油从缸筒左上方的油口流出。

图4-10b)为双叶片式摆动液压缸。缸筒的左上方和右下方两个油口同时通入压力油，两个叶片在压力油的作用下使叶片轴作顺时针转动，摆动角度一般小于150°，回油从缸筒右上方和左下方两个油口流出。

双叶片式摆动液压缸与单叶片式相比,摆动角度小,但在同样大小结构尺寸下转矩增大一倍,且具有径向作用力平衡的优点。

4)其他形式液压缸

①伸缩液压缸。伸缩液压缸又称多套缸或伸缩套筒缸,它由两个或多个活塞式液压缸套装而成,前一级活塞缸的活塞是后一级活塞的缸筒。各级活塞依次伸出时可获得很长的行程,而当依次缩回时又能使液压缸保持很小轴向尺寸。

图4-11所示双作用伸缩液压缸结构图。当通入压力油时,活塞有效面积最大的缸筒以最低油压力开始伸出,当行至终点时,活塞有效面积次之的缸筒开始伸出。外伸缸筒有效面积越小,工作油液压力越高,伸出速度越快。

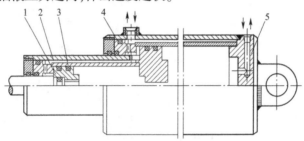

图4-11　双作用伸缩液压缸

1-活塞;2-套筒;3-O形密封圈;4-缸筒;5-缸盖

②齿条活塞液压缸。齿条活塞液压缸也称无杆液压缸,其工作原理如图4-12所示。压力油进入液压缸后,推动具有齿条的活塞直线运动,齿条带动齿轮旋转,从而带动进刀机构、回转工作台转位、液压机械手、装载机铲斗的回转等。

4.2.3　液压缸的典型结构

1)双作用单活塞杆液压缸

图4-13所示为一种简易的双作用式单活塞杆液压缸的结构图。主要由缸体4、带杆活塞5和端盖2、7等组成。进出油口设置在两端盖上,缸体固定不动。端盖与缸体间用垫圈3密封,活塞杆与端盖间、活塞与缸体之间用O形密封圈密封。

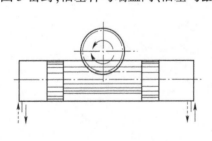

图4-12　齿条活塞液压缸

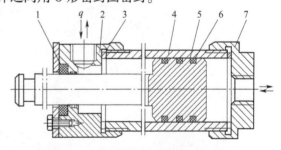

图4-13　双作用单活塞杆液压缸的结构图

1、6-O形密封圈;2、7-端盖;3-垫圈;4-缸体;5-带杆活塞

压力油从进出油口交替输入液压缸的左右油腔时,推动活塞并通过活塞杆带动负载(如工作台)实现往复直线运动。由于液压缸仅一端有活塞杆,所以活塞两端有效作用面积不等。

液压缸可以采用缸体固定,活塞杆运动;也可以是活塞杆固定,缸体运动。其往复运动的范围都约为有效行程 L 的 2 倍。

如图4-14所示是工程装备和车辆较常用的一种双作用单活塞杆式液压缸。

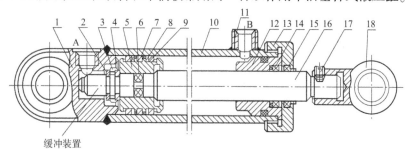

图 4-14　某常用单杆双作用液压缸结构示意图

1-缸底;2-弹簧挡圈;3-套环;4-卡环;5-活塞;6-O形密封圈;7-支承环;8-挡圈;9-Y形密封圈;10-缸筒;11-管接头;
12-导向套;13-缸盖;14-密封圈;15-防尘圈;16-活塞杆;17-定位螺钉;18-耳环

液压缸的左、右两腔通过油口 A 和 B 进出油液,以实现活塞杆的双向运动。活塞用卡环 4、套环 3 和弹簧挡圈 2 等定位。活塞上套有一个用聚四氟乙烯制成的支承环 7,密封则靠一对 Y 形密封圈 9 保证。O 形密封圈 6 用以防止活塞杆 16 与活塞内孔配合处产生泄漏。导向套 12 用于保证活塞杆不偏离中心,它的外径和内孔配合处都有密封圈 14。此外,缸盖 13 上还有防尘圈 15,活塞杆左端带有缓冲装置等。

2)单叶片摆动液压缸

图 4-15 所示为单叶片摆动液压缸的结构图。

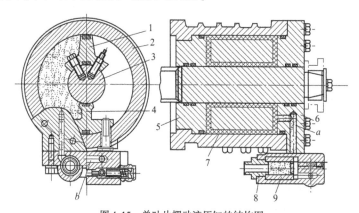

图 4-15　单叶片摆动液压缸的结构图

1-叶片;2-缸体;3-输出轴;4-隔板;5-左端盖;6-右端盖;7-密封件;8-管接头;9-滤油器

单叶片摆动液压缸主要由缸体组件(缸体 2、隔板 4、左端盖 5、右端盖 6)、叶片组件(回转叶片 1、轴 3)和密封装置等组成。由叶片和隔板外缘所嵌的框形密封件 7 来保证两个工作腔的密封。压力油从管接头 8 经滤油器 9 和右端盖 6 上的油道 a 进入缸体工作腔,叶片在液压力推动下带动输出轴 3 回转,另一工作腔的油液从右端盖 6 上的油道 b 排出。交换进、出油口,可使摆动缸换向反转。

有些摆动缸还在其叶片或隔板上做出一些能起缓冲作用的沟槽,防止叶片在回转终端处与隔板发生撞击。

4.2.4　液压缸的细部构造

从以上典型结构分析可以看到,液压缸在结构形式上可能有所不同,但基本上都是由缸体组件、活塞组件、密封装置、缓冲装置和排气装置几个部分组成。

1)缸体组件

缸体组件主要包括缸底、缸筒、缸头和缸盖等零件。

缸筒是液压缸的主体,其内孔一般采用镗削、绞孔、滚压或珩磨等精密加工工艺制造。缸盖和缸底装在缸筒两端,与缸筒形成封闭油腔,同样承受很大的液压力,因此,端盖及其连接件都应有足够的强度。导向套对活塞杆或柱塞起导向和支承作用,有些液压缸不设导向套,直接用端盖孔导向。

缸筒和缸盖(缸底)的连接有多种形式,在结构上需考虑的主要问题是:缸筒与缸底、缸盖的连接与密封,缸筒对活塞的导向和密封,缸盖对活塞杆的导向和密封与防尘等。如图 4-16 所示为缸筒和缸盖的常见结构形式。

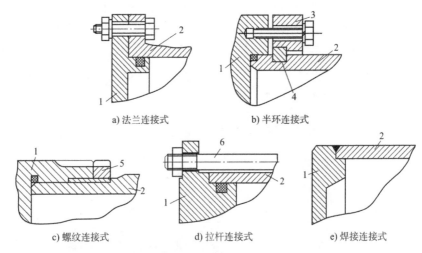

图 4-16　缸筒和缸盖结构
1-缸盖;2-缸筒;3-压板;4-半环;5-防松螺母;6-拉杆

如图 4-16a)所示为法兰连接式,结构简单,容易加工,也容易装拆,但外形尺寸和质量都较大,常用在铸铁制的缸筒上。

如图 4-16b)所示为半环连接式,它的缸筒壁部因开了环形槽而削弱了强度,为此有时要加厚缸壁,它容易加工和装拆,质量较轻,常用于无缝钢管或锻钢制的缸筒上。

如图 4-16c)所示为螺纹连接式,它的缸筒端部结构复杂,外径加工时要求保证内外径同心,装拆要使用专用工具,它的外形尺寸和质量都较小,常用于无缝钢管或铸钢制的缸筒上。

如图 4-16d)所示为拉杆连接式,结构的通用性大,容易加工和装拆,但外形尺寸较大,且较重。

如图 4-16e)所示为焊接连接式,结构简单,尺寸小,但缸底处内径不易加工,且可能引起变形。

图 4-13 中的液压缸,缸筒与缸盖之间均采用了螺纹连接。图 4-14 中的液压缸,缸筒与缸底采用了焊接方式,缸筒与缸盖之间采用了螺纹连接。

2) 活塞组件

活塞组件是液压缸传力的主要部件,必须保证液压缸适于各种不同的工作条件。

活塞组件包括活塞和活塞杆等主要零件。活塞和活塞杆的连接形式有很多种,有整体活塞和分体活塞。如图 4-13 所示,整体活塞即把活塞杆与活塞做成一体,对于短行程的液压缸这是最简单的形式。但当行程较长时,这种整体式活塞组件的加工较复杂,所以常把活塞与活塞杆分开制造,然后再连接成一体,如图 4-14 所示。

如图 4-17a)所示为活塞与活塞杆之间采用螺母连接,它适用于负载较小,无冲击受力的液压缸。螺纹连接虽然结构简单,安装方便可靠,但在活塞杆上加工螺纹将削弱其强度,且需备有螺母防松装置。

如图 4-17b)所示为半环式连接方式。活塞杆 7 上开有一个环形槽,槽内装有两个半圆环 4 以夹紧活塞 6,半环 4 由轴圈 2 套住,而轴圈 2 的轴向位置用弹簧卡圈 1 来固定。结构复杂,拆装不方便,但工作较可靠。

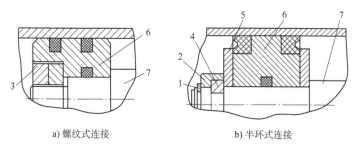

a) 螺纹式连接　　　　　　　　　　　b) 半环式连接

图 4-17　活塞组件的结构

1-弹簧卡圈;2-轴圈;3-螺母;4-半环;5-压板;6-活塞;7-活塞杆

活塞一般用耐磨铸铁制造,活塞杆则不论是空心的还是实心的,大多数是采用钢料制造的。

3) 液压缸的密封

液压缸作为液压系统的执行元件,其密封性能的好坏直接影响液压缸的工作性能和效率,因此要求液压缸所选用的密封元件应在一定的工作压力下具有良好的密封性能,使泄漏不致因压力升高而显著增加。

液压缸的密封包括固定件的密封(如缸体与端盖间的密封)和运动件的密封(如活塞与缸体、活塞杆与端盖间的密封)。液压缸常用的密封方法有间隙密封和密封元件密封,如图 4-18 所示。

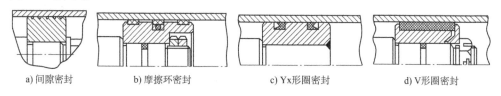

a) 间隙密封　　　b) 摩擦环密封　　　c) Yx形圈密封　　　d) V形圈密封

图 4-18　密封装置

如图 4-18a)所示为间隙密封,它依靠运动件间的微小间隙来防止泄漏。为了提高这种装置的密封能力,常在活塞的表面上制出几条细小的环形槽,以增大油液通过间隙时的阻力。它的结构简单,摩擦阻力小,可耐高温,但泄漏大,加工要求高,磨损后无法恢复原有密封能力,只有在尺寸较小、压力较低、相对运动速度较高的缸筒和活塞(柱塞)之间使用。

如图 4-18b)所示为摩擦环密封,它依靠套在活塞上的摩擦环(尼龙或其他高分子材料制成)在 O 形密封圈弹力作用下贴紧缸壁而防止泄漏。这种材料效果较好,摩擦阻力较小且稳定,可耐高温,磨损后有自动补偿能力,但加工要求高,装拆较不便,适用于缸筒和活塞之间的密封。

如图 4-18c)、图 4-18d)所示为密封圈(Yx 形圈、V 形圈等)密封,它利用橡胶或塑料的弹性使各种截面的环形圈贴紧在静、动配合面之间来防止泄漏。它结构简单,制造方便,磨损后有自动补偿能力,性能可靠,在缸筒和活塞之间、缸盖和活塞杆之间、活塞和活塞杆之间、缸筒和缸盖之间都能使用(具体结构见第 6 章)。

对于活塞杆外伸部分来说,由于它很容易把污物带入液压缸,使油液受污染、密封件被磨损,因此,常需在活塞杆密封处增添防尘圈,并放在向着活塞杆外伸的一端。

4)缓冲装置

液压缸的缓冲装置(或缓冲结构)是为了防止活塞在行程终了时,由于惯性力的作用而与端盖发生撞击,影响设备的使用寿命。特别是当液压缸驱动重负荷或运动速度较大时,液压缸的缓冲就显得更为必要。

缓冲装置的工作原理是:当活塞(或缸筒)运动至接近行程终了时,在活塞和缸盖(或缸底)之间封住一部分油液,并强迫该油液从小孔或细缝中挤出,以产生很大的阻力,使工作部件受到制动,逐渐减慢运动速度,避免活塞和缸盖(缸底)快速撞击。图 4-19 为几种常见缓冲装置的构造。

如图 4-19a)所示的间隙缓冲装置,当缓冲柱塞进入与其相配合(间隙为 δ)的缸盖上的内孔时,活塞与缸端之间形成密闭空间,孔中的液压油只能通过间隙 δ 排出,使活塞速度降低,起缓冲作用。结构简单,但缓冲压力不可调节,且实现减速所需行程较长,适用于移动部件惯性不大,移动速度不高的场合。

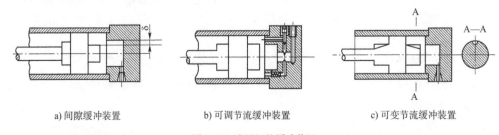

a) 间隙缓冲装置   b) 可调节流缓冲装置   c) 可变节流缓冲装置

图 4-19　液压缸的缓冲装置

如图 4-19b)所示的可调节流缓冲装置,不但有凸台和凹腔等结构,而且在端盖中装有针形节流阀和单向阀。可以根据负载情况调节节流阀开口大小,改变吸收能量的大小,因此,使用范围较广。由于节流阀是可调的,因此,缓冲作用也可调节,但仍不能解决速度减低后缓冲作用减弱的问题。

如图4-19c)所示为可变节流缓冲装置,它在活塞上开有横断面为三角形的轴向斜槽。在实现缓冲过程中能自动改变其节流口大小(随着活塞移动速度的降低而相应关小节流口),因而使缓冲作用均匀,冲击压力小,制动位置精度高。随着柱塞逐渐进入配合孔中,其节流面积越来越小,解决了在行程最后阶段缓冲作用过弱的问题。

5)排气装置

由于安装、停车或其他原因,液压传动系统的油液中常会混入空气。液压缸和管路中混入空气后,会影响执行元件运动的平稳性,使工作精度下降,活塞低速运动时产生爬行,甚至在开始运动时运动部件产生冲击现象。为了便于排除积留在液压缸内的空气,油液最好从液压缸的最高点进入和引出。对运动平稳性要求较高的液压缸,通常在液压缸设有排气装置,其结构如图4-20所示。

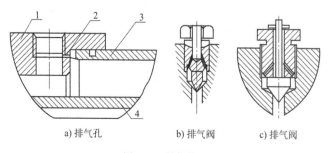

a)排气孔　　　　b)排气阀　　　　c)排气阀

图4-20　排气装置
1-缸盖;2-放气小孔;3-缸体;4-活塞杆

常见的排气装置有两种形式,一种如图4-20a)所示,在缸盖的最高部位处开排气孔,用长管道接向远处排气阀排气;另一种如图4-20b)、c)所示,在缸盖最高部位安放排气阀(塞)。两种排气装置都是在液压缸排气时打开,让活塞空行程往复运动数次,排气完毕后关闭。

一般地,双作用液压缸通常不设专用的排气装置,而是将液压油进出口布置在前后盖板的最高处。大型双作用液压缸则必须在前后端盖板设排气装置。对于单作用式液压缸,液压油进出口一般设在缸筒底部,而排气装置设在缸筒最高处。

4.2.5　液压缸的使用要点

液压缸的正确使用与精心维护对保证其正常工作有很大影响。正确的使用与维护,可防止机件过早磨损和遭受不应有的损坏,使其经常保持良好状态,发挥应有的效能。为此,要注意以下事项。

(1)安装液压缸时,应仔细检查活塞杆是否弯曲。对于销轴式或耳环式液压缸(图4-14),应使活塞杆顶端的连接头方向与耳轴方向一致,以保证活塞杆的稳定性;对于底座式或法兰式液压缸(图4-13),可通过在底座或法兰前设置挡块的方法,力求使安装螺栓不直接承受负载,以减小倾翻力矩。安装好的液压缸,各项安装精度应符合技术要求,活塞组件在缸内移动应灵活、无阻滞现象,缓冲机构不得失灵。

(2)注意液压缸对工作介质的要求。一般液压缸所适用的工作介质黏度为12～

28cSt;采用弹性密封件的液压缸工作油液过滤精度为 $20 \sim 25 \mu m$,伺服液压缸过滤精度要优于 $10 \mu m$,采用活塞环的液压缸过滤精度为 $200 \mu m$ 左右。当然对过滤精度的考虑不能局限于液压缸,还要从液压系统整体综合考虑。液压缸在污染严重的环境中工作时,要对活塞杆加设防尘措施。

（3）要按设计规定和工作要求,合理调节液压缸的工作压力和工作速度。

（4）定期维护。主要有以下几项:

①定期检查。检查液压缸各密封处及管接头处是否有泄漏,液压缸工作时是否正常平稳,防尘圈是否发挥防尘作用,液压缸紧固螺钉、压盖螺钉等受冲击较大的紧固件是否松动等。

②定期清洗。液压缸在使用过程中,由于零件之间互相摩擦产生的磨损物、密封件磨损物和碎片以及油液带来的污染物等会积聚在其内部,影响正常工作,因此,要按照使用维护说明书要求定期清洗。重要系统一般每年清洗一次。

③定期更换密封件。液压缸密封件的材料一般为耐油丁腈橡胶或聚氨酯橡胶,长期使用不仅会自然老化,而且长期在受压状态下工作会产生永久变形,降低甚至丧失密封性,其使用寿命一般为一年半到两年,因此应按要求定期更换。

练 习 题

1. 什么是液压执行元件？有哪些类型？

2. 液压马达和液压泵有何异同？能否直接互换使用？

3. 怎样改变液压马达的输出转速和转向？

4. 轴向柱塞液压马达输出轴上的转矩是如何产生的？其输出转矩的大小与哪些因素有关？

5. 常见的液压缸有哪些类型？结构上各有什么特点？各用于什么场合？

6. 简述液压缸的工作原理。

7. 试述柱塞式液压缸的特点。

8. 液压缸密封装置的功用及类型有哪些？

9. 液压缸缓冲装置的功用及类型有哪些？

10. 液压缸为什么要设置排气装置？

11. 有一径向柱塞液压马达,其平均输出转矩 $T=24.5 N \cdot m$,工作压力 $p=5MPa$,最小转速 $n_{min}=2r/min$,最大转速 $n_{max}=300r/min$,容积效率 $\eta_v=0.9$,求所需的最小流量和最大流量为多少？

12. 有一液压泵,当负载压力为 $p=80 \times 10^5 Pa$ 时,输出流量为 96L/min,而负载压力为 $100 \times 10^5 Pa$ 时,输出流量为 94L/min。用此泵带动一排量 $V=80cm^3/r$ 的液压马达,当负载转矩为 $120N \cdot m$ 时,液压马达机械效率为0.94,其转速为1100r/min。求此时液压马达的容积效率。

13. 图4-21中,活塞杆通过滑轮提升重物,设液压缸有杆腔的有效面积 $A=100cm^2$,溢流阀的调整压力 $p_y=2.5MPa$,液压泵输出流量 $q=10L/min$,重物 $W=50kN$,求液压泵输出压力和重物上升速度。

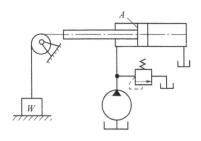

图 4-21

14. 如图 4-22a)所示,一单杆活塞缸,无杆腔的有效工作面积为 A_1,有杆腔的有效工作面积为 A_2,且 $A_1 = 2A_2$。当供油流量 $q = 100 \text{L/min}$ 时,回油流量是多少?若液压缸差动连接,如图 4-22b)所示,其他条件不变,则进入液压缸无杆腔的流量为多少?

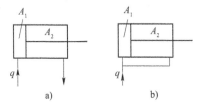

图 4-22

15. 分析单活塞杆液压缸,活塞杆固定式的安装方式,在有杆腔供油、无杆腔供油和差动连接时各缸产生的推力、速度大小及运动方向。已知活塞和活塞杆的直径分别为 D 和 d,进入液压缸的流量为 q,压力为 p(画图,并标出运动方向)。

16. 如图 4-23 所示,两个结构和尺寸均相同、相互串联的液压缸,无杆腔面积 $A_1 = 100 \text{cm}^2$,有杆腔面积 $A_2 = 80 \text{cm}^2$,输入压力 $p_1 = 2\text{MPa}$,输入流量 $q = 18 \text{L/min}$。不计损失和泄漏,试求:

(1)两缸承受相同负载时,可以克服的最大负载为多少?

(2)$F_1 = 0$ 时,缸 2 能承受的负载 F_2 为多少?

(3)$F_2 = 0$ 时,缸 1 能承受的负载 F_1 为多少?

(4)两缸的活塞运动速度各为多少?

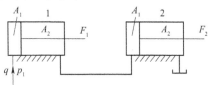

图 4-23

第5章 液压控制元件

在液压系统中,用于控制和调节工作液体压力高低、流量大小以及改变流动方向的元件称作液压控制元件,也称液压控制阀(简称控制阀、液压阀或阀)。液压控制阀通过对工作液体的压力、流量及液流方向的控制与调节,从而可以控制液压执行元件的开启、停止和换向,调节其运动速度和输出扭矩(或力),并对液压系统或液压元件进行安全保护等。

液压阀的品种繁多,即使同一种阀,因应用场合不同,用途也有差异。因此,理解各种液压控制阀的结构原理及其应用非常重要。

5.1 概　　述

各类液压控制阀虽然形式不同,控制的功能各有所异,但具有共性。首先,在结构上,所有的阀都由阀体、阀芯和驱使阀芯动作的零部件(如弹簧、电磁铁)等组成;其次,在工作原理上,所有阀的开口大小、阀的进出油口间的压差与通过阀的流量之间的关系都符合孔口流量公式(2-37),即 $q = CA_T\Delta p^m$,只是各种阀控制的参数不同而已,如压力阀主要控制压力,流量阀主要控制流量等。

5.1.1 液压控制阀的分类

液压控制阀已经有几百个品种上千个规格,通常可按控制元件的功用、结构形式、控制方式、安装连接形式等进行分类。

1)按功用分类

(1)方向控制阀。用来控制和改变液压系统中油液流动方向的阀类统称为方向控制阀,常简称为方向阀,如单向阀、换向阀等。

(2)压力控制阀。用来控制和调节液压系统中液流的压力或利用压力进行控制的阀类称为压力控制阀,常简称为压力阀,如溢流阀、顺序阀、减压阀、压力继电器等。

(3)流量控制阀。用来控制和调节液压系统中液流流量的阀类统称为流量控制阀,常简称为流量阀,如节流阀、调速阀、溢流节流阀、分流集流阀等。

除了以上三大类液压阀,还有复合控制阀和工程装备专用阀。

2)按控制方式分类

液压控制阀按照控制方式可分为手动控制阀、机动控制阀、液动控制阀、电动控制阀、电液控制阀等主要类型。

3)按控制信号形式分类

(1)开关或定值控制阀(普通液压阀)。这是最常见的一类液压控制阀,这种阀借助于手轮、手柄、凸轮、电磁铁、压力液体等来控制液体的通路,定值地控制液体的流动方向、压力和流量,它们统称为开关阀,多用于普通液压传动系统。

(2)比例控制阀。这种阀采用与输入输出成比例的电信号来控制液体的通路,使其实现按一定的规律成比例地控制系统中液体的流动方向、压力和流量,多用于开环程序控制系统,满足一般作业对控制性能的要求。与伺服控制阀相比,其具有结构简单、价格较低、抗污染能力强等优点,因而得到广泛应用。

(3)伺服控制阀。这种阀能将微小的电气信号转换成大的功率输出,以控制系统中液体的流动方向、压力和流量。伺服控制阀具有很高的动态响应和静态性能,但价格昂贵、抗污染能力差,多用于高精度、快速响应的闭环控制系统。

(4)数字控制阀。数字控制阀可直接与计算机连接,用数字信息直接控制系统中液体的流动方向、压力和流量。与电液伺服阀、电液比例阀相比,数字阀的突出特点是可直接与计算机接口相连,不需数/模转换,结构简单,价廉,抗污染能力强,工作稳定可靠,功耗小,操作维护简单,抗干扰能力强。

4)根据结构形式分类

(1)滑阀式控制阀。如图5-1a),阀芯为圆柱形、阀芯台肩的大小直径分别为 D 和 d;与进出油口对应的阀体上开有沉割槽,一般为全圆周。阀芯在阀体孔内做相对运动、开启或关闭阀口,图5-1a)中 x 为阀口开度。

因滑阀为间隙密封,因此为保证封闭油口的密封性,除阀芯与阀体孔的径向间隙(配合间隙)尽可能小外,还需要有一定的密封长度。这样,在开启阀口时阀芯需先位移一段距离(等于密封长度),即滑阀的动作存在一个"死区"。

(2)锥阀式控制阀。如图5-1b),锥阀阀芯半锥角 α 一般为12°~20°,有时为45°。阀口关闭时为线密封,不仅密封性能好,而且开启阀口时无"死区",阀芯稍有位移即开启、动作灵敏。锥阀只能有一个进油口和一个出油口,因此,又称为二通锥阀。

(3)球阀式控制阀。如图5-1c),球阀的性能与锥阀基本相同,主要特征同锥阀。

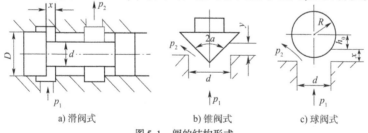

a)滑阀式   b)锥阀式   c)球阀式

图5-1 阀的结构形式

5)根据安装连接形式不同分类

(1)管式连接控制阀。阀体进出油口由螺纹或法兰直接与油管连接,安装方式简单,但元件分散布置,装卸维修不大方便。

(2)板式连接控制阀。阀体进出油口通过连接板与油管连接,或安装在集成块侧面由集成块沟通阀与阀之间的油路,并外接液压泵、液压缸、油箱。这种连接形式,元件集中布置,操纵、调整、维修都比较方便。

(3)插装阀。根据不同功能将阀芯和阀套单独做成组件(插入件),插入专门设计的阀块组成回路,不仅结构紧凑,而且具有一定的互换性。

(4)叠加阀。板式连接阀的一种发展形式,阀的上、下面为安装面,阀的进出油口分别在这两个面上。使用时,相同通径、功能各异的阀通过螺栓串联叠加安装在底板上,对外连接的进出油口由底板引出。

5.1.2 液压控制阀的性能参数

阀的性能参数是评定和选用液压阀的依据。它反映了阀的规格大小和工作特性。其主要性能参数有阀的规格、额定压力和额定流量。

1)公称通径(名义通径)

阀的规格用进出油口的公称通径表示,单位为 mm。与阀的进出口相连接管路的规格,应与阀的通径相一致。

我国中低压(压力小于6.3MPa)液压阀系列规格未采用公称通径表示,而是根据通过阀的流量表示。

2)额定压力

液压阀连续工作所允许的最高压力称为额定压力。对于压力控制阀,实际最高压力有时还与阀的调压范围有关;对于换向阀,实际最高压力还受其功率极限的限制。

3)额定流量

额定流量是指液压阀在额定工作状态下的名义流量。阀工作时的实际流量应不大于或等于它的额定流量,最大不超过额定流量的1.2倍。

我国对中低压液压阀,常用额定流量来表示阀的通流能力。

5.1.3 对液压控制阀的基本要求

(1)动作灵敏,使用可靠,工作时冲击和振动要小。

(2)阀口全开时,压力损失小;阀口关闭时,密封性能好。

(3)所控制的参量(压力或流量)稳定,受外界干扰时变化量要小。

(4)结构紧凑,安装、调试、维护方便,通用性好。

5.2 方向控制阀

方向控制阀主要用来通断油路或改变油液流动的方向,从而控制液压执行元件的启动或停止,改变其运动方向。方向控制阀主要包括单向阀和换向阀。

5.2.1 单向阀

单向阀控制液体只能向一个方向流动、反向截止或实现有控制条件下的反向流动。单向阀按其功能分为普通单向阀和液控单向阀

1)普通单向阀(单向阀)

普通单向阀通常简称单向阀,它只允许液体向一个方向流动,反向截止。对单向阀主要的性能要求是:正向流动时阻力损失小,反向截止时密封性能好,动作灵敏,工作过程中不应有撞击和噪声。

普通单向阀按进出液体流动方向的不同,可分为直通式和直角式两种结构。如图 5-2

所示为单向阀的结构图和图形符号。单向阀主要由阀芯3、阀体2和弹簧1等组成。压力油从 P_1 口流入时，克服弹簧力推动阀芯，使通道接通，油液从 P_2 口流出；当压力油从 P_2 口反向流入时，油液的压力和弹簧力将阀芯压紧在阀座上，使阀口关闭，通道截止，油液无法通过。图5-2a)所示为管式连接的直通式单向阀，它只有螺纹连接形式；图5-2b)所示为板式连接的直角式单向阀；图5-2c)所示为单向阀的图形符号。

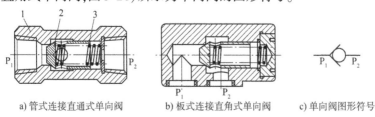

a) 管式连接直通式单向阀　　　b) 板式连接直角式单向阀　　　c) 单向阀图形符号

图 5-2　普通单向阀
1-弹簧；2-阀体；3-阀芯

普通单向阀中，弹簧的主要作用是克服阀芯的摩擦阻力和惯性力，使单向阀工作灵敏可靠，所以普通单向阀的弹簧刚度一般都选得较小，以免油液流动时产生较大的压力降。一般单向阀的开启压力在 $0.035 \sim 0.05$MPa 之间，当通过流量为额定流量时其压力损失不应超过 $0.1 \sim 0.3$MPa。

当将单向阀设置于回油路中作背压阀使用时，或安装在泵的卸荷回路使泵维持一定的控制压力时，单向阀中的弹簧应换成刚度相对较大的弹簧，此时背压阀的开启压力约为 $0.2 \sim 0.6$MPa。

需要注意，如果系统中采用了没有弹簧的单向阀，在安装单向阀时必须使其垂直安置，以使阀芯依靠自身的重量停止在阀座上。

单向阀通常安装在泵的出口处，一方面防止系统的压力冲击影响泵的正常工作，另一方面在泵不工作时防止系统的油液倒流经泵回油箱。单向阀也可用来分隔高、低压油路，防止管路间的压力相互干扰等。另外，单向阀可以与其他阀并联组成复合阀，如单向减压阀、单向节流阀等。

2）液控单向阀

液控单向阀在控制口未通压力油时职能等同于普通单向阀，只能实现正向流通、反向截止；当其控制口接通压力油时，则可以实现双向流通。

如图5-3所示，液控单向阀由单向阀和液控装置两部分组成，其主油口除进出油口 P_1、P_2 之外，还有一个控制油口 K。当控制油口 K 不通压力油，它的工作原理与普通单向阀完全一样：油液只能从油口 P_1 流到 P_2，反向截止。当控制油口 K 接通压力油时，因控制活塞1右侧 a 腔通过泄油口 L 回油箱，活塞1右移，推开阀芯2，使油口 P_1 和 P_2 接通，油液正、反向均可流动。所以，液控单向阀有时被称为"液压锁"。

需要指出的是，控制油口 K 不工作时，应使其接通油箱，否则，控制活塞难以复位，导致作为普通单向阀职能时不能反向截止液流。

液控单向阀既可以对反向液流起截止作用且密封性好，又可以在一定条件下允许正反向液流自由通过，因此，常用于保压、锁紧和平衡等回路，对液压缸或液压马达进行锁闭、保压，也用于防止立式液压缸停止时的自动下降。

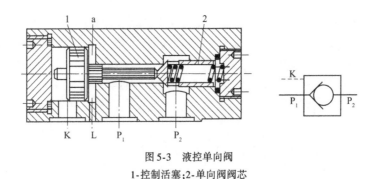

图 5-3 液控单向阀
1-控制活塞;2-单向阀阀芯

3)双向液压锁

如果将两个液控单向阀布置在同一个阀体内,就可以构成双液控单向阀,通常称为双向液压锁。图 5-4a)所示为轮式挖掘机和汽车式起重机支腿常用的双向液压锁结构原理简图。双向液压锁是两个液控单向阀的组合,其阀体 2 内装有两个单向阀芯 1 和 4,两单向阀芯之间又装有控制活塞 3 用来控制这两个单向阀的启闭。

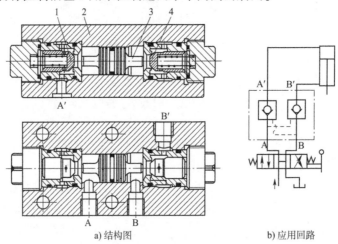

a)结构图   b)应用回路

图 5-4 双向液压锁及其应用
1、4-单向阀芯;2-阀体;3-控制活塞

下面将图 5-4a)的双向液压锁应用于图 5-4b)所示支腿液压缸锁紧油路,分析双向液压锁的工作原理和应用特点。当换向阀处于左位时,液压泵供给的压力油通过换向阀由 A 口进入液压锁后,顶开单向阀 1 从 A′口流出,进入液压缸上腔;同时,压力油又推动控制活塞 3 右移顶开单向阀 4,使其 B′口和 B 口相通,液压缸下腔回油得以通过 B′口和 B 口的通道,经换向阀流回油箱,液压缸活塞杆(支腿)伸出。当换向阀处于右位时,使压力油从 B 口进入双向液压锁,会产生类似的相反动作,液压缸活塞杆(支腿)缩回。当换向阀处于中间位置时,双向液压锁 A 口和 B 口都被换向阀连接油箱,控制活塞 3 两侧的压力为零,控制活塞 3 处于中间位置,液控单向阀 1 和 4 都处于关闭(截止)状态,将液压缸的上下腔的两条油路封闭,外载荷则不能推动活塞杆移动,可使活塞在任意位置停留并锁紧,避免支腿因重载的作用收缩而造成事故。

4)梭阀

梭阀相当于两只单向阀的组合,它由阀体和阀芯组成。由于阀芯在阀体内左右运动时如同梭子一样,因此称为"梭阀"。

图 5-5 所示为梭阀,其中,图 5-5a)为结构原理图,图 5-5b)为图形符号。梭阀的阀体上有三个油口,P_1、P_2 为进油口,A 为出油口。当油口 P_1 的压力大于油口 P_2 的压力时,钢球(阀芯)被推向右端,封闭 P_2 油口,油口 P_1 与油口 A 相通;当油口 P_2 的压力大于油口 P_1 的压力时,钢球被推向左端,封闭 P_1 油口,油口 P_2 与油口 A 相通。若两边同时通压力且压力相等时,则随压力油加入顺序的不同,钢球可停留在左边或者右边。

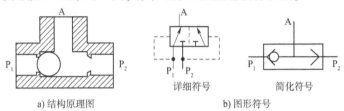

a) 结构原理图　　　　　详细符号　　　简化符号
b) 图形符号

图 5-5 梭阀及其图形符号

梭阀在某些特殊工程装备液压系统中有较广泛的应用,其作用相当于逻辑"或",可以将控制信号有次序地输入以控制执行元件。

5.2.2 换向阀

换向阀是借助于阀芯与阀体的相对运动,使油路接通、关断或变换油流的方向,从而实现液压执行元件及其驱动机构启动、停止或变换运动方向的阀类。

液压传动系统对换向阀性能的主要要求是:油液流经换向阀时压力损失要小,互不相通的油口之间泄漏要小,换向要平稳、迅速且可靠。

如表 5-1 所示,换向阀的种类很多,其分类方式也各有不同。换向阀已实现系列化和规格化,由专门的工厂生产。

换向阀的分类　　　　　表 5-1

分类方法	类型
按阀的结构形式分	滑阀式、转阀式、球阀式、锥阀式等换向阀
按阀的操纵方式分	手动、机动、电磁、液动、电液动、气动等换向阀
按阀的工作位置数分	二位、三位、四位等换向阀
按阀控制的通道数分	二通、三通、四通、五通等换向阀
按阀芯的定位方式分	钢球定位、弹簧复位换向阀

一般来说,在按其结构分类的滑阀式换向阀、转阀式换向阀和座阀式换向阀(锥阀式、球阀式)中,应用最广的是滑阀式换向阀。由于在阀芯和阀体之间有配合间隙,滑阀式换向阀泄漏是不可避免的;转阀式与滑阀式类似,仅是在阀芯和阀体之间的相对运动是移动还是转动的区别;座阀式换向阀泄漏少。

1)滑阀式换向阀

滑阀式换向阀又称换向滑阀,工程装备液压系统中使用最广泛,故平时所说的换向阀通常就是指换向滑阀。

(1)换向阀的工作原理。

阀体和滑动阀芯是滑阀式换向阀的主体。阀芯又称为阀杆,是一个具有多个台肩的圆柱体;在与之相配合的阀体中开有阀孔,阀孔的内表面加工有若干个沉割槽。换向阀就是靠阀芯在阀体内轴向移动到不同位置,使相应的油路接通或断开,从而切换油路中液流的方向。

图 5-6 给出了换向阀的主要结构和工作原理,阀芯 1 是一个具有多个台肩的圆柱体,与之相配合的阀体 2 有若干个沉割槽,每个沉割槽通过相应的孔道与外部油路相连。换向阀与系统供油路通过油口 P 连接,与系统回油路经油口 T 连通,与执行元件(此例为液压缸)连接的油口为 A 和 B。

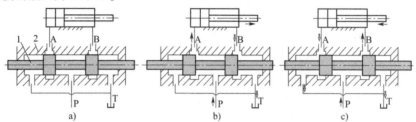

图 5-6　换向阀的工作原理
1-阀芯;2-阀体

阀芯与阀体处于图 5-6a)状态时,阀芯把阀体上 P、A、B 和 T 四个油口封闭,液压缸两腔均不通压力油,也不通油箱,液压缸处于停止状态。若使阀芯左移,如图 5-6b)所示,阀体上的油口 P 和 A 连通,B 和 T 连通。压力油经 P、A 进入液压缸左腔,活塞右移(活塞杆伸出),右腔油液经 B、T 回油箱。反之,使阀芯右移,如图 5-6c)所示,则 P 和 B 连通,A 和 T 连通,活塞便左移(活塞杆缩回)。

常用的滑阀式换向阀主体部分的结构形式和职能符号见表 5-2。

常用滑阀式换向阀主体部分的结构形式和职能符号　　　　　　　　　表 5-2

名称	结构原理图	职能符号	职能符号的含义
二位二通			位:阀芯相对于阀体的工作位置的个数。 通:阀体控制的与外界相通的主油口数量。 滑阀的职能符号中,通常: (1)用方框表示阀的工作位置,有几个方框就表示换向阀有几"位"; (2)方框内的箭头表示油路处于接通状态,但箭头方向不一定表示液流的实际方向; (3)方框内符号"T"或"⊥"表示该通路不通; (4)方框外部连接的油口数有几个,就表示换向阀有几"通"; (5)阀与系统供油路连接的进油口用字母 P 表示,阀与系统回油路连通的回油口用 T(有时用 O)表示,而阀与执行元件连接的油口用 A、B 等表示。有时在图形符号上用 L 表示泄漏油口; (6)换向阀都有两个或两个以上的工作位置,其中一个为常态位(中立位置),即阀芯未受到操纵力时所处的位置。三位阀图形符号中的中位是其常态位。利用弹簧复位的二位阀则以靠近弹簧的方框内的通断状态为其常态位。绘制系统图时,油路一般应连接在换向阀的常态位上
二位三通			
二位四通			
三位四通			
三位五通			

（2）滑阀中位机能。

三位四通和三位五通等换向阀,滑阀在中位(常态位,又称中间位置,或中立位置)时各油口的连通方式称为滑阀中位机能。

不同中位机能的三位换向阀,其阀体是通用件,而区别仅在于阀芯台肩结构、轴向尺寸及阀芯上径向通孔的个数。

不同的滑阀中位机能可满足系统的不同要求。表5-3中列出了三位四通换向阀常用的几种滑阀中位机能,其左位和右位时各油口的连通方式均为平行相通或交叉相通,所以只用一个字母来表示中位的形式。

三位四通滑阀的中位机能　　　　　　　　　　　　　　　表 5-3

机能代号	中立位置时的滑阀状态	中位机能符号	机能特点与作用
O			各油口全部关闭,液压缸两腔封闭,系统不卸荷(保持压力)。液压缸充满油液,启动平稳,换向和制动时会因运动惯性引起液压冲击
H			各油口全部连通,系统卸荷,液压缸活塞呈浮动状态。液压缸两腔接油箱,从静止到启动有冲击;制动时油口互通,制动较 O 型阀平稳,但换向位置变动大
P			压力油口 P 与液压缸两腔连通,可形成差动回路,回油口 T 封闭。启动和制动平稳,换向位置变动比 H 型阀的变动小
Y			压力油口 P 封闭,液压泵不卸荷;液压缸两腔连通油箱,处于浮动状态。因液压缸两腔接油箱,启动有冲击,制动性能介于 O 型和 H 型阀之间
K			P、A、T 连通,液压泵卸荷,液压缸 B 腔封闭。液压缸两个方向的换向性能不同;当需液压泵卸荷,且液压缸一边无压力时采用此种形式
M			P、T 连通,液压泵卸荷,液压缸两油口 A、B 都被封闭。液压缸启动较平稳,制动性能与 O 型阀相同。可用于液压泵卸荷液压缸短时锁紧的液压回路中
X			P、T、A、B 半开启接通,P 口尚能保持一定压力。换向性能介于 O 型和 H 型阀之间

（3）滑阀式换向阀的操纵方式。

①手动换向阀。图5-7a）所示为弹簧钢球定位式手动换向阀，它可以在三个工作位置定位。图5-7b）所示为弹簧自动复位式三位四通手动换向阀。用手操纵杠杆推动阀芯相对阀体移动从而改变工作位置。要想维持在极端位置，必须用手扳住手柄不放，一旦松开了手柄，阀芯会在弹簧力的作用下，自动弹回中位。

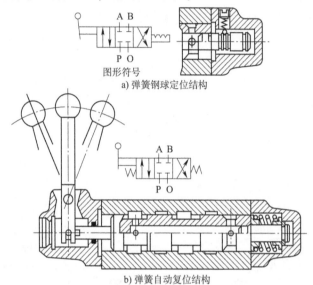

a) 弹簧钢球定位结构

b) 弹簧自动复位结构

图 5-7　三位四通手动换向阀

图5-8所示为旋转移动式手动换向阀，旋转手柄可通过螺杆推动阀芯改变工作位置。这种结构具有体积小、调节方便等优点。由于这种阀的手柄带有锁，不打开锁不能调节，因此使用安全。

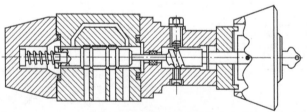

图 5-8　旋转移动式手动换向阀

②机动换向阀。机动换向阀通常用来控制机械运动部件的行程，故又称行程换向阀。它利用挡铁或凸轮推动阀芯实现换向。图5-9所示为常闭式行程阀。当挡铁（或凸轮）1运动速度 v 一定时，可通过改变挡铁斜面角度 α 来改变换向时阀芯移动速度，调节换向过程的快慢。机动换向阀通常是二位的，有二通、三通、四通、五通几种；其中二位二通机动换向阀又分常闭式和常开式两种。

③电磁换向阀。电磁换向阀利用电磁铁吸力推动阀芯来改变阀的工作位置。由于它可借助于按钮开关、行程开关、限位开关、压力继电器等发出的信号进行控制，所以易于实现动作转换的自动化。

电磁换向阀的品种很多，图5-10所示为三位四通电磁换向阀。当两边电磁铁都不通电时，阀芯2在两边对中弹簧4的作用下处于中位，P、T、A、B口互不相通；当右边电磁铁通电时,推杆6将阀芯2推向左端,P与A相通、B与T相通,当左边电磁铁通电时,推杆6将阀芯2推向右端,P与B相通、A与T相通。

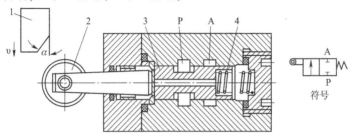

图 5-9 常闭式二位二通机动换向阀

1-挡铁;2-滚轮;3-阀芯;4-弹簧

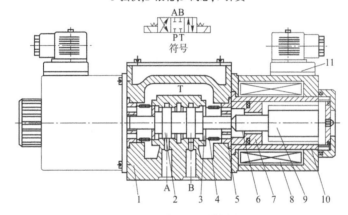

图 5-10 三位四通电磁换向阀

1-阀体;2-阀芯;3-定位套;4-对中弹簧;5-挡圈;6-推杆;7-环;8-线圈;9-衔铁;10-导套;11-插头组件

按照所用电源的不同,换向阀所用的电磁铁有交流型、直流型和本整型三种。

交流电磁铁可直接用交流电源,其使用电压有 110V、220V 和 380V 三种。电气线路配置简单,价格比较低廉。其特点是启动力较大,换向时间短(其吸合与释放的时间为10ms 左右)。但换向冲击大,工作时温升高(故其外壳设有散热筋)。当阀芯卡住或吸力不足而使铁芯吸不上时,电磁铁因电流过大易烧坏,可靠性较差,所以切换频率不许超过30 次/分;寿命较短,仅可工作几百万次到 1 千万次。

直流电磁铁的使用电压一般为 12V、24V 和 110V。其优点是不会因铁芯卡住而烧坏(故其圆筒形外壳上没有散热筋),体积小,工作可靠,允许切换频率为 120 次/min,甚至可达 300 次/min,换向冲击小,寿命高达 2 千万次以上。但启动力比交流电磁铁小,而且在无直流电源时,需整流设备。

本整型(即交流本机整流型)电磁铁本身带有半波整流器,可以在直接使用交流电源的同时,具有直流电磁铁的结构和特性。

按照铁芯和线圈是否浸油,电磁换向阀的电磁铁可分为干式、湿式和油浸式三种。

干式电磁铁的铁芯与轭铁的间隙介质为空气。电磁铁与阀连接时,在推杆的外周有密封圈,不仅能避免油液进入电磁铁,而且使装拆和更换电磁铁十分方便。

湿式电磁铁的推杆与阀芯连成一体,因取消了推杆处的动密封可减小阀芯运动时的摩擦阻力,提高效率和可靠性,铁芯腔室充满油液(但线圈是干的),不仅能改善散热条件,还可因油液的阻尼作用而减小切换时的冲击和噪声。所以,湿式电磁铁具有吸着声小、寿命长、散热快、温升低、可靠性好、效率高等优点。

油浸式电磁铁的铁芯和线圈都浸在油液中工作,具有散热快、工作效率高、寿命更长、工作更平稳可靠等特点,但造价较高。

必须指出,由于电磁铁的吸力有限(通常<120 N),因此,电磁换向阀只适用于流量不太大的场合。当流量较大时,需采用液动或电液控制。

④液动换向阀。液动换向阀是利用控制油路的压力油来改变阀芯位置的换向阀。

图 5-11 为三位四通液动换向阀的工作原理图。它是靠压力油液推动阀芯,改变工作位置实现换向的。当控制油路的压力油从阀右边控制油口 K_2 进入右控制油腔(K_1 接油箱)时,推动阀芯左移,使进油口 P 与油口 B 接通,油口 A 与回油口 T 接通;当压力油从阀左边控制油口 K_1 进入左控制油腔(K_2 接油箱)时,推动阀芯右移,使进油口 P 与油口 A 接通,油口 B 与回油口 T 接通,实现换向;当两控制油口 K_1 和 K_2 均不通控制压力油时,阀芯在两端弹簧作用下居中,恢复到中立位置。

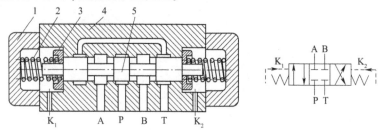

图 5-11 三位四通液动换向阀
1-阀盖;2-弹簧;3-弹簧座;4-阀体;5-阀芯

当对液动滑阀换向平稳性要求较高时,应采用可调阻尼式液动换向阀,即在滑阀两端 K_1 和 K_2 控制油路中加装阻尼调节器,如图 5-12a)所示。

每个阻尼调节器都由一个单向阀和一个节流阀并联组成,如图 5-12b)所示。1 是单向阀钢球,2 是节液阀阀芯(开有沟槽),单向阀用于保证滑阀两端面进油通畅,而节流阀用于滑阀两端面回油的节流,起到背压阀的作用,提高了换向过程中的运动平稳性。调节节流阀的开口 f 大小,可调整阀芯运动速度。

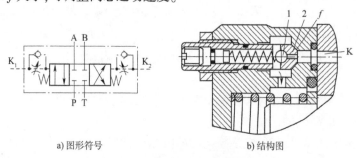

a)图形符号　　　　　b)结构图

图 5-12 三位四通液动换向阀的可调阻尼器
1-单向阀阀芯;2-节流阀阀芯

⑤电液动换向阀。电液动换向阀由电磁换向阀和液动换向阀组合而成。其中电磁换

向阀起先导作用,用来改变控制液流的方向,从而改变起主阀作用的液动换向阀的工作位置。由于操纵主阀的液压推力可以很大,所以主阀芯的尺寸可以做得很大,允许大流量通过。这样,用较小的电磁铁就能控制较大的流量。

如图5-13所示为三位四通电液动换向阀结构及符号。当电磁先导阀的电磁铁均不得电时,三位四通电磁先导阀处于中位,液动主阀芯两端油室同时通回油箱,阀芯在两端对中弹簧的作用下亦处于中位。若电磁先导阀右端电磁铁得电处于右位工作时,控制压力油由P'经过电磁先导阀右位至油口B',然后经单向阀I_1进入液动主阀芯的右端,而左端油室则经过阻尼R_2及电磁先导阀油口A'回油箱,于是液动主阀芯向左移,阀右位工作,主油路的P口与B口通、A口与T口通。反之,电磁先导阀左端电磁铁得电,液动主阀则在左位工作,主油路P口与A口通、B口与T口通。调节阻尼R_1、R_2,可调节主阀的换向速度。

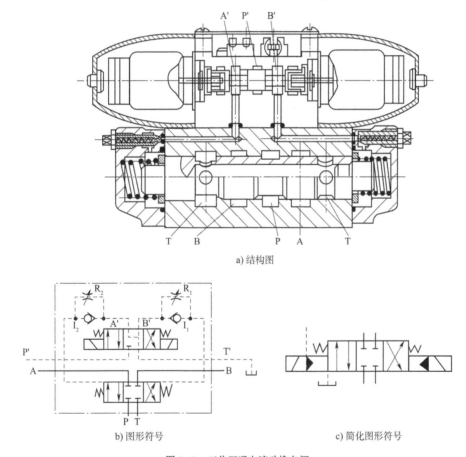

a) 结构图

b) 图形符号   c) 简化图形符号

图5-13 三位四通电液动换向阀

电液动换向阀的控制压力油P'可以取自主油路P口(内控),也可以另设独立油源(外控)。采用内控而主油路又需要卸载时,必须在主阀的P口安装一预控压力阀,以保证最低控制压力,预控压力阀可以是开启压力为0.4MPa的单向阀。采用外控时,独立油源的流量不得小于主阀最大流量的15%,以保证换向时间的要求。

电液动换向阀中,电磁换向阀的回油口T'可以单独引回油箱(外排),也可以在阀体内与主阀回油口T连通,一起排回油箱(内排)。

液压与液力传动

2）转阀式换向阀

转阀式换向阀又称转阀,靠转动阀芯改变阀芯与阀体的相对位置来改变液流方向。

图5-14a)所示的转阀为三位四通手动换向阀。转阀由阀体1、阀芯2和操纵手柄3组成。在图示位置,P口和A口相通、B口和T口相通;当操纵手柄转到"止"位置时,P、A、B和T四油口均不相通;当操纵手柄转换到"右"位置时,P口和B口相通,A口和T口相通。图形符号如图5-14b)所示。该转阀径向力不平衡,密封性较差,一般用于低压小流量的场合。

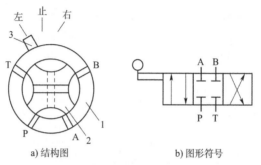

a)结构图　　　　　　　b)图形符号

图5-14　转阀的工作原理

1-阀体;2-阀芯;3-操纵手柄

5.3　压力控制阀

控制和调节液压系统中压力大小或利用压力作为信号来控制其他元件动作的阀统称为压力控制阀,简称压力阀。这类阀的共同点是利用作用在阀芯上的液压力和弹簧力相平衡的原理进行工作。

在液压系统中,压力控制阀的作用是控制液压系统的压力或以油液压力的变化来控制油路的通断。按照其功能,常用的压力控制阀可分为溢流阀、减压阀、顺序阀和压力继电器等。本节主要介绍常用压力阀的工作原理、典型构造、性能特点和主要用途。

5.3.1　溢流阀

溢流阀的功用是当系统压力达到其调定值时,开始溢流,将系统的压力基本稳定在某一数值上。溢流阀通常旁接在液压泵的出口,保证系统压力恒定或限制其最高压力;有时旁接在执行元件的进口,对执行元件起安全保护作用。几乎所有的液压系统都要用到溢流阀,其性能好坏对整个液压系统的正常工作有很大影响。

常用的溢流阀按其结构特征和基本动作方式,可分直动式和先导式两类。

1）直动式溢流阀

直动式溢流阀依靠系统中的压力油直接作用在阀芯上与弹簧力等相平衡,以控制阀芯的启闭动作。直动式溢流阀的阀芯有锥阀式、球阀式和滑阀式三种形式。

图5-15所示为滑阀式低压直动式溢流阀,由阀芯、阀体、调压弹簧、阀盖、调节杆、调节螺母等零件组成。

在图 5-15a)所示位置,阀芯在上端弹簧力 F_t 的作用下处于最下端位置,阀芯台肩的封油长度 L 将进、出油口隔断。滑阀式阀芯的下端有轴向孔,压力油由 P 口经阀芯下端的径向孔到轴向阻尼孔 a 进入滑阀的底部油室,油液受压形成一个向上的液压力 F。当进口压力较低时,阀芯在弹簧力的作用下被压在图示的最低位置。阀口(即进油口 P 和回油口 T 之间阀内通道)被阀芯封闭,阀不溢流。当液压力 F 等于或大于弹簧力 F_t 时,阀芯向上运动;上移行程 L 后阀口开启,进口压力油经阀口 T 溢流回油箱,此时系统的压力维持恒定。此时阀芯处于受力平衡状态,阀口开度为 x,通流量为 q,进口压力为 p。

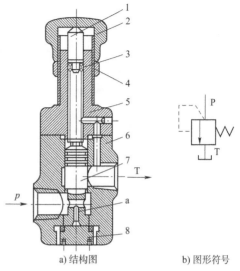

a)结构图　　　　b)图形符号

图 5-15　直动式溢流阀

1-调节杆;2-调节螺母;3-调压弹簧;4-锁紧螺母;
5-阀盖;6-阀体;7-阀芯;8-螺塞

当系统的压力小于溢流阀的调定压力时,阀芯在调压弹簧的作用下压在阀座上,阀口关闭。拧动调整螺母 2,可改变弹簧的预紧力,调整溢流阀的开启状态和调定压力。阀芯上的小孔 a 起阻尼作用,以防止阀芯振动,提高阀的工作平衡性。经溢流阀阀芯到弹簧腔的泄漏油液经内泄漏通道到回油口 T。

在常位状态下,溢流阀进、出油口之间是不相通的;作用在阀芯上的液压力是由进口油液压力产生的,即溢流阀阀芯动作由进口压力控制,同时控制对象也是进口压力。

不计阀芯重力、摩擦力和液动力,直动式溢流阀在阀口开度为 x 的稳态工况下,阀芯所受力的平衡方程为

$$pA = k_s(x_0 + x) \tag{5-1}$$

$$p = \frac{k_s(x_0 + x)}{A} \tag{5-2}$$

式中:p——液压系统的工作压力;

　A——阀芯截面积;

　k_s——弹簧刚度;

　x_0——弹簧预压缩量。

由此可见,直动式溢流阀所控制的压力,随阀口的开度而变化。只有当阀口开度 $x \ll x_0$ 时,系统压力才基本维持恒定。

直动式溢流阀结构简单,灵敏度高,但系统压力受阀口开度(溢流流量)的变化影响较大,调压偏差大,常用做安全阀或用于调压精度要求不高的场合。

2)先导式溢流阀

先导式溢流阀由主阀和先导阀两部分组成。先导阀用以控制主阀阀芯两端的压差,主阀阀芯用于控制主油路的溢流。目前广泛应用的先导式溢流阀按结构形式可分为三节同心式和二节同心式。

图 5-16 所示为三节同心式先导溢流阀的结构原理图和图形符号。先导阀主要由先导阀芯4、先导阀体5、先导阀弹簧2和调压螺钉3组成。主阀主要由主阀芯1、主阀弹簧6和主阀体7组成。主阀芯上部与先导阀体5配合,主阀芯大直径圆柱与主阀体7配合,主阀芯下端锥面与主阀体上的阀座配合,三处需"同心"装配。

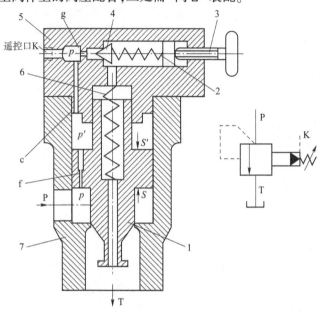

图 5-16　先导式溢流阀(三节同心式)

1-主阀芯;2-调压(先导阀)弹簧;3-调压螺钉;4-先导阀芯;5-先导阀体;6-主阀弹簧;7-主阀体

当系统压力油从进液腔 P 口进入主阀芯 1 下腔室,尔后经主阀芯上的阻尼孔 f(直径为 0.8 ~ 1.2mm)进入上腔室,再经通道 c 和缓冲小孔 g 进入先导阀芯 4 左腔。主阀上腔的有效承压面积 S' 略大于下腔的有效承压面积 S。当系统压力低于先导阀调定压力时,先导阀关闭,主阀的上、下腔室之间没有油液流动(即阻尼孔 f 中没有液体流动,不产生阻尼作用),因此先导阀左腔和主阀芯上、下腔的油液压力处处相等,主阀芯在液压力和弹簧力的共同作用下,被紧紧地压在阀座上。主阀芯 1 对阀座的作用力 F 为:

$$F = F_s + pS' - pS = F_s - p(S' - S) \tag{5-3}$$

式中:F_s——主阀弹簧 6 的预紧力;

S'——主阀阀芯上腔的有效作用面积;

S——主阀阀芯下腔的有效作用面积;

p——系统压力。

此时 $F_s > p(S' - S)$,阀口关闭,主阀无溢流。

当系统压力升高,超过先导阀开启压力时,压力油推动先导阀芯右移,先导阀开启溢流,溢出的油液经主阀芯中心孔、排油口 T 流回油箱。此时,主阀芯下腔的油液经主阀芯上的阻尼孔 f 向上腔补充并产生流动,由于阻尼孔的节流作用,主阀芯上、下腔将产生压力差 $\Delta p(\Delta p = p - p')$。此时主阀阀座所受的主阀芯压紧力 F 为:

$$F = F_s + p'S' - pS \tag{5-4}$$

取 $S' = S$,则:

$$F = F_s - \Delta pS$$

随着系统压力的升高,通过阻尼孔 f 的流量不断增加,所产生的压力差 Δp 也不断增大,压紧力 F 相继减小。当 F 变为负值时,主阀阀芯抬起,主阀开始溢流。此时,溢流阀进口的压力维持在某调定值 p 上。主阀阀口开度一定时,先导阀阀芯和主阀阀芯分别处于受力平衡状态,满足力平衡方程,先导阀阀口、主阀阀口和阻尼孔满足压力-流量方程,溢流阀进口压力为一确定值。

转动手轮,调节调压螺钉3,可改变先导阀弹簧2的预紧力,从而调整了溢流阀的调定压力,即进口压力 p。

图 5-16 中,远程控制口 K 用以调节主阀上腔和先导阀左腔的压力 p',将 K 口用油管接到另一个远程调压阀(结构和先导阀相似),就可以用远程调压阀调节溢流阀的进口压力 p。当远程控制口 K 接通油箱时,$p' = 0$,则 $\Delta p = p$;由于主阀弹簧刚度很小(仅起主阀芯复位作用,故其预紧力 F_s 也很小),溢流阀 P 口处压力 p 非常低就可以克服 F_s,使主阀阀芯开启,系统油液在低压下通过溢流阀流回油箱,实现卸荷。

图 5-17 所示为二节同心式先导溢流阀,该阀主阀芯1的结构大为简化,仅主阀芯外径与主阀阀体、主阀芯下端锥面与阀座有配合要求。当压力油阻尼孔2、控制油道和阻尼孔4顶开先导阀芯7时,在溢流阀进油口 P 和先导阀座5之间形成压差 Δp,此压差经油道和阻尼孔3作用在主阀芯1的上下两端,当压差达到一定值时,主阀芯被抬起,溢流阀开始溢流。遥控口 K 的作用与三节同心式先导溢流阀相同。

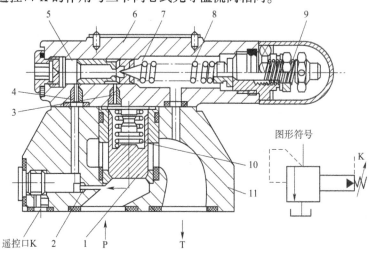

图 5-17　二节同心式先导溢流阀

1-主阀芯;2、3、4-阻尼孔;5-先导阀座;6-先导阀体;7-先导阀芯;8-调压弹簧;9-调节螺钉;10-复位弹簧;11-主阀体

3)溢流阀的应用

溢流阀应用十分广泛,每一个液压系统都使用溢流阀。溢流阀在液压系统中的应用主要有以下几个方面。

(1)调压溢流(稳压溢流)。

在液压系统中用来维持恒定压力是溢流阀的主要用途之一。溢流阀常用于定量泵节流调速系统中,与流量控制阀配合使用,调节进入系统的流量,并保持系统的压力基本

恒定。

如图 5-18a)所示,溢流阀 2 并联于定量泵系统中,进入液压缸 4 的流量由节流阀 3 控制。定量泵 1 的流量大于节流阀 3 允许通过的流量(即液压缸 4 所需的流量),溢流阀一直保持溢流(常开),使多余的油液经溢流阀 2 溢流回油箱,由此使系统保持压力恒定。此时,如果液压缸 4 的负载基本稳定,则节流阀 3 两端的压差就为一定值,从而使通过节流阀 3 进入液压缸 4 的流量保持稳定。

(2)安全保护。

用于限制系统的最高压力,防止系统过载,是溢流阀最主要的用途,此时的溢流阀一般称为安全阀。

如图 5-18b)所示的变量泵调速系统,正常工作过程中,溢流阀关闭,系统工作压力由负载决定;当系统过载,工作压力升至安全阀的调定值时,阀口打开溢流,使变量泵排出的油液经溢流阀溢流回油箱,以保证液压系统的安全。

(3)远程调压和使泵卸荷。

先导式溢流阀与直动式远程调压阀(一个小溢流量的直动式溢流阀)配合使用,如图 5-19 所示,二位二通电磁换向阀未加电,使其 P 口和 T 口处于断开状态时,系统可实现远程调压。液压系统中的液压泵、液压阀通常都组装在液压站上,为使操作人员方便就近调压,通常在控制台上安装一远程调压阀。

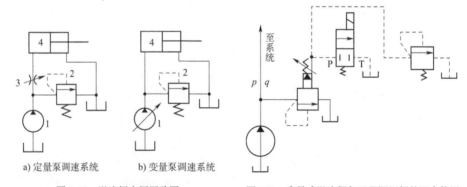

图 5-18 溢流阀应用回路图
a) 定量泵调速系统   b) 变量泵调速系统
1-定量泵;2-溢流阀;3-节流阀;4-液压缸

图5-19 先导式溢流阀与远程调压阀的配合使用

将先导式溢流阀的远程控制口直接与油箱相通或通过二位二通电磁换向阀与油箱相通,可使泵和系统卸荷。在图 5-19 中,当二位二通电磁换向阀的 P 口和 T 口处于接通状态时,系统中的油液在压力很小时便可从溢流阀的主阀芯流回油箱,使系统卸荷,液压泵空负荷运转。

(4)形成背压。

将溢流阀安装在系统的回油路上,对回油产生阻力,即形成执行元件的背压。回油路存在一定的背压,可以提高执行元件的运动稳定性,这种用途的阀也称背压阀。

5.3.2 减压阀

减压阀是一种利用液流流过缝隙产生压力损失,使其出口压力(又称二次压力)低于进口压力(又称一次压力),并使出口压力可调的压力控制阀。

按调节功能要求不同,减压阀可分为:用于保证出口压力为定值的定值减压阀,用于保证进出口压力差不变的定差减压阀,用于保证进出口压力成比例的定比减压阀。其中定值减压阀和定差减压阀应用最广。

1)定值减压阀

定值减压阀又称定压减压阀,可以获得比进口压力低而恒定的出口压力,且不随外部干扰而改变。与溢流阀一样,定值减压阀有直动式和先导式两种结构形式。本节介绍工程装备液压系统经常采用的直动式定值减压阀。

如图 5-20 所示为直动式定值减压阀的结构原理图和职能符号。P_1 口是进油口(一次油口),P_2 口是出油口(二次油口),经阀芯与阀体之间的缝隙泄漏至阀芯上腔的油液需经 L(泄漏油口)流回油箱。

压力为 p_1 的高压油(一次压力油)由进油口 P_1 进入,经阀体 1 和阀芯 2 之间的径向缝隙 H 所形成的减压口后从出油口 P_2 流出。因为油液流过减压口的缝隙 H 时会有压力损失,所以出油口压力 p_2(二次压力油)低于进油口压力 p_1。出口压力油 p_2 分为两路:一路送往执行元件,另一路经通道 a 到达阀芯 2 下端部,产生一个向上的与调压弹簧 3 相平衡的液压推力。当 p_2 较低时,所产生的液压推力小于调压弹簧的预紧力时,阀芯在弹簧作用下处于最下端位置,减压阀的进、出油口相通,因此,减压阀的阀口是常开的,开口大小为 H;此时,阀口处于非工作状态。若出口压力 p_2 增大,使作用在阀芯下端的压力大于弹簧预紧

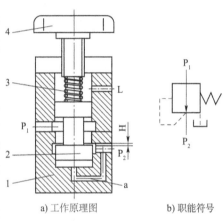

a) 工作原理图　　b) 职能符号

图 5-20　直动式减压阀
1-阀体;2-阀芯;3-调压弹簧;4-调压手轮

力时,阀芯上移,关小阀口 H,这时阀处于工作状态。忽略阀芯重力、摩擦力及液动力等,仅考虑作用在阀芯上的液压推力和弹簧力相平衡的条件,阀芯的受力平衡式为

$$p_2 A = k_s (x_0 + x) \tag{5-5}$$

式中:A——阀芯作用面积;

k_s——弹簧刚度;

x_0、x——弹簧的预压缩量、阀开口变化量。

一般情况下,阀开口变化量 x 变化较小,$x \ll x_0$,因此 $k_s(x_0 + x)/A$ 基本是一个变化不大的常数,所以阀的出口压力可看作保持不变。

概括起来,定值式减压阀的工作原理为:减压阀工作过程中,阀芯处于平衡状态,此时 $p_2 < p_1$(减压阀处于减压状态)。当阀进口压力 p_1 因某种原因升高时,出口压力 p_2 会立即随之升高,阀芯底部油压升高导致阀芯上移,减压阀口 H 关小(对应的阀开口量 x 变小),节流效应增强,压差增大,使出口压力 p_2 减小,直至与设定压力相等为止;反之,当阀进口压力 p_1 因某种原因下降时,出口压力 p_2 会立即随之下降,阀芯底部油压下降导致阀芯下移,减压阀口 H 增大(对应的阀开口量 x 变大),节流效应减弱,压差减小,使出口压力 p_2 增大,直至达到设定压力为止。由此可看出,定值减压阀就是靠阀芯端部的液压力和弹簧

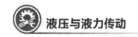

力的平衡来维持出口压力恒定的。

当阀的入口压力 p_1 未达到阀的调定压力时(此时出口压力 p_2 也小于其设定值),作用于阀芯上向下的弹簧力大于其向上的液压力,阀芯下移,减压阀口增大,此时减压阀口不起减压作用。调整弹簧 3 的预压缩量,即可调整出口压力。

需要强调的是,定值减压阀出口压力还与出口负载(连接减压阀后方的执行元件的负载)有关,若负载压力低于减压阀的调定压力,减压阀也不能工作。

2) 定差减压阀

定差减压阀的功用是使其进口压力与出口压力之差保持为恒定值。图 5-21 所示为定差减压阀的工作原理图和职能符号。

图 5-21 中,阀芯 2 的位置不仅受调压弹簧 3 和二次压力 p_2 的控制,还受一次压力 p_1 的控制。若弹簧刚度为 k,弹簧初压缩量为 x_0,阀体 1 和阀芯 2 间的开度为 x,阀芯工作截面积为 A,忽略阀芯自重、摩擦力和液动力等影响,则阀芯受力平衡方程式为:

$$p_1 A = k_s (x_0 + x) + p_2 A$$

由此得进、出口压力差为:

$$p_1 - p_2 = k_s (x_0 + x) / A \tag{5-6}$$

由于式(5-6)中 x_0 比 x 大得多,所以,可以把压力差 $\Delta p = p_1 - p_2$ 视为恒定值。

定差减压阀主要用来和其他阀构成组合阀,如在 5.4.3 节中,定差减压阀和节流阀串联组成调速阀。

3) 减压阀的应用

工程装备液压系统常采用定值减压阀来降低系统中某一分支油路的压力,使之低于液压泵的供油压力,以满足执行机构(如制动、离合油路,液力变矩器供油油路,系统控制油路等)的需要,并保持基本恒定。

如图 5-22 所示为最常见的减压阀应用回路,它是在所需低压的油路上串接定值减压阀 2,减压油路的压力由减压阀 2 的调定值决定。通常,在减压支路的减压阀后要设单向阀 3,以防止系统压力降低时油液倒流,并可短时保压。

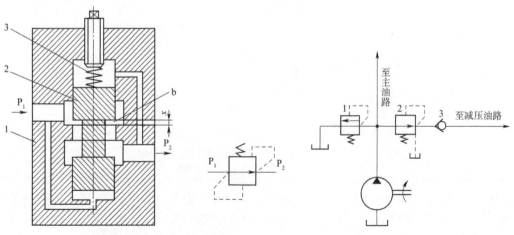

图 5-21　定差减压阀工作原理图和职能符号
1-阀体;2-阀芯;3-调压弹簧

图 5-22　减压阀应用回路
1-溢流阀;2-定值减压阀;3-单向阀

5.3.3 顺序阀

顺序阀在液压系统中类似于开关,是以压力为控制信号,在一定的控制压力作用下能自动接通或断开某一油路的压力阀。由于它可以用来控制液压系统中执行元件动作的先后顺序,因此称为顺序阀。

根据控制压力油来源的不同,顺序阀有内控式和外控式之分。内控式顺序阀直接利用阀的进口压力油控制阀的开启与关闭,一般称为顺序阀;外控顺序阀利用外来的压力油控制阀的开启和关闭,也称为液控顺序阀。顺序阀也有直动式和先导式两种,前者一般用于低压系统,后者用于中高压系统。

1）直动式顺序阀

图5-23所示为直动式顺序阀的基本结构和职能符号,从图中可以看出,其结构和工作原理都和直动式溢流阀相似。图5-23a)中,压力油由进油口 P_1 进入阀体,经阀体上的小孔 a 流入阀芯底部油腔,对阀芯产生一个向上的液压作用力。当进油口 P_1 的油压低于弹簧4的调定压力时,阀芯3下端油液向上的推力小,阀芯处于最下端位置,进油口 P_1 和出油口 P_2 被切断,油液不能通过顺序阀流出。当进油口 P_1 压力达到或超过顺序阀调定压力值时,阀芯克服弹簧力上移,阀口打开,接通进出油口,如图5-23b)所示,压力油自 P_2 口流出,可驱动后面的执行元件动作。这种顺序阀利用进油口压力控制,称内控式顺序阀,职能符号如图5-23c)所示。由于阀出油口接压力油路,因此,阀芯上端弹簧处的泄油口 L 必须经另一油管通油箱,这种连接方式称外泄。

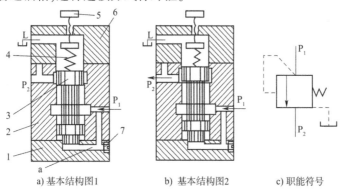

a) 基本结构图1　　　　b) 基本结构图2　　　　c) 职能符号

图5-23　直动式顺序阀的基本结构和职能符号

1-下阀盖;2-阀体;3-阀芯;4-弹簧;5-调压螺钉;6-上阀盖;7-螺塞

由此可见,顺序阀和溢流阀之间的主要差别在于:溢流阀的出油口接油箱,因而其泄油口可和出油口相通,即采用内部泄油方式;而顺序阀的出油口要与系统的执行元件相连,因此它的泄油口要单独接回油箱,即采用外部泄油方式。此外,溢流阀的进口压力是限定的,而顺序阀的最高进口压力由负载工况决定,开启后可随出口负载增加而进一步升高(前提是最高压力要在系统的工作压力范围之内)。

将图5-23a)中的下端盖1旋转180°(或90°)后安装,并将下端盖上的螺塞7打开作为外控口 K,即形成如图5-24a)所示的一种外控式顺序阀。

将图5-24a)中外控式顺序阀的出油口 P_2 接油箱,取消与泄油口 L 单独连接的泄漏油管,使泄漏口 L 在阀内与回油口 T 接通,就得到一个图 5-24b)所示的卸荷阀。

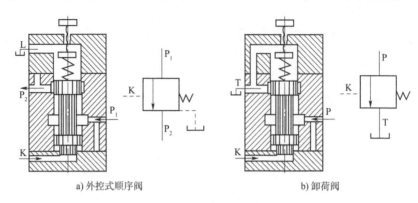

a) 外控式顺序阀   b) 卸荷阀

图 5-24   外控顺序阀

工程装备液压系统常将直动式顺序阀与单向阀并联组合使用,构成单向顺序阀,如图 5-25 所示。压力油由 A 口流向 B 口时,如图 5-25a)所示,液流为正向流动,单向顺序阀起顺序阀作用。压力油由 B 口流向 A 口时,如图 5-25b)所示,液流为反向流动,单向顺序阀起单向阀作用。该单向顺序阀也可按图 5-24 的方式转换成外控形式。

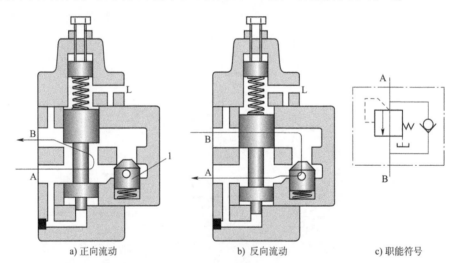

a) 正向流动   b) 反向流动   c) 职能符号

图 5-25   单向顺序阀
1-单向阀

2)先导式顺序阀

先导式顺序阀的结构和职能符号如图 5-26 所示,其结构与先导式溢流阀相似,所不同的是先导式顺序阀的出油口 P_2 通常与另一工作油路连接,该处油液为具有一定压力的工作油液,因此,需设置专门的泄油口 L,将先导阀溢流出的油液输出阀外。

图 5-26 中,主阀芯 5 在原始位置时将进、出油口切断,进油口 P_1 的压力油,一路经阻尼孔 b 进入主阀上腔,经孔 c 直接作用在先导阀右端;另一路经小孔 a 作用于主阀芯底部。当进口压力低于先导阀弹簧调定压力时,先导阀在弹簧力的作用下处于图示位置。当进口压力大于先导阀弹簧调定压力时,先导阀在右端液压作用下左移,先导阀油液经

孔 e 和泄油口 L 溢流至油箱。于是顺序阀进口压力油经阻尼孔、主阀上腔、先导阀溢流。由于存在阻尼,主阀上腔压力低于下腔(即进口)压力,主阀芯开启,顺序阀进出油口连通。

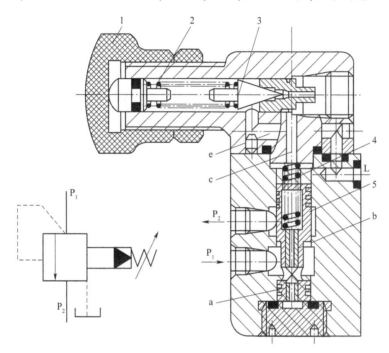

图 5-26　先导式顺序阀结构和职能符号
1-调节螺母;2-调压弹簧;3-先导锥阀;4-主阀弹簧;5-主阀芯

由以上分析可进一步知道,顺序阀在结构上与溢流阀十分相似,但是在功能和性能上有很大区别,主要有:溢流阀出口接油箱,顺序阀出口接下一级液压元件;溢流阀为内泄漏,顺序阀一般为外泄漏;溢流阀主阀芯遮盖量小,顺序阀主阀芯遮盖量大;溢流阀打开时阀处于半打开状态,主阀芯开口处节流作用强,顺序阀打开时阀处于全打开状态,主阀芯开口处节流作用弱。

3)顺序阀的应用

顺序阀主要用于控制多个执行元件的顺序动作,也可作为平衡阀、卸荷阀和背压阀使用。

(1)顺序回路。在多执行元件的液压系统中,利用顺序阀,通过回路中压力的变化可控制多个执行元件的顺序动作。

(2)平衡回路。在一些垂直安装的液压缸或起重机液压系统中,为了控制活塞向下运动的速度,保持液压缸安全工作,常在垂直运动的液压缸下腔(或起重液压马达将下重物的回油腔)串接一只内控(或外控)单向顺序阀。执行元件起升过程中,单向顺序阀发挥单向阀职能作用;在执行元件下落过程中,单向顺序阀发挥顺序阀的作用,在回油路中产生一定的背压,用以平衡执行元件以及所带动运动部件的质量,故该单向顺序阀也称为平衡阀。调节顺序阀弹簧预压缩量,可改变背压大小,实现对活塞向下运动速度的控制。

(3)卸荷回路。利用卸荷阀实现系统的卸荷。

5.3.4　压力继电器

压力继电器是将液压油的压力信号转换为电信号的电液控制元件。压力继电器通常由压力-位移转换装置和微动开关两部分组成。常用的压力继电器有柱塞式、膜片式、弹簧管式和波纹管式等几种结构形式。

如图 5-27 所示为一种常用的柱塞式压力继电器。被测油液从压力继电器下端进油口作用于柱塞 3 下方,当油液压力达到调定压力值时,弹簧 1 受到压缩,柱塞 3 上移,此位移通过杠杆 2 放大后推动微动开关 4 动作,使电路接通并发出电信号;当控制油口压力降低到一定值时,弹簧 1 推动杠杆 2 下移,使微动开关 4 复位,电路断开。改变弹簧 1 的压缩量,即可以调节压力继电器的动作压力。

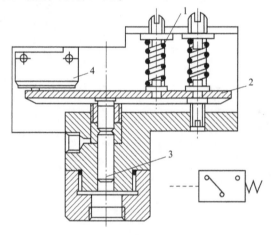

图 5-27　柱塞式压力继电器
1-弹簧;2-杠杆;3-柱塞;4-微动开关

5.4　流量控制阀

液压系统中,执行元件运动速度的大小取决于输入执行元件的油液流量的多少。流量控制阀就是通过改变阀口通流面积的大小或通流通道的长短来实现流量调节和控制的液压阀,简称为流量阀。常用的流量控制阀包括节流阀、调速阀、溢流节流阀和分流集流阀等。

5.4.1　流量控制原理及节流口的形式

节流口是流量控制阀的基本控制调节单元。在图 5-18a) 的节流调速回路中,由定量泵 1 供油,流量阀 3 串接在液压缸 4 的进油路上,由溢流阀 2 来控制和稳定流量阀前的压力,改变流量阀节流口通流面积的大小,可以改变通过流量阀的流量(多余的流量由溢流阀排回油箱),从而控制活塞的运动速度。

由液压流体力学知识可知,节流口通常有三种基本形式:薄壁小孔、细长小孔和短孔,但无论何种节流口形式,流经孔口的流量 q 与其前后压力差 Δp 和孔口面积 A 有关。它可以用通用流量-压力公式(2-37)表示,即 $q = CA_T\Delta p^m$。

流量阀的流量特性决定于其节流口的结构形式,通常希望流量阀阀口通流截面面积一经调定,通过流量阀的流量即不再变化,以使执行元件运动速度保持稳定,但实际上这很难做到,影响流量阀流量稳定的主要因素有:

1)节流口两端的压差 Δp

由式(2-37)可知,当流量阀进出油口压差 Δp 变化时,即使阀开口面积 A 不变,通过阀的流量 q 也要变化。三种典型节流口的 m 值不同,其中薄壁小孔的 m 值最小,阀口结构约接近于薄壁孔,流量阀的流量最平稳。

2)油液温度

油液温度发生变化,油液的黏度随之变化,系数 C 值也会发生变化,节流口的流量受到影响。对于细长小孔,流量与油液黏度的一次方成反比,油温变化时,流量会随之改变。对于薄壁小孔,黏度对流量影响很小,故油温变化时,流量基本不变。

3)节流口的堵塞

节流阀的节流口可能因油液中的污染物而局部堵塞,改变了原来节流口通流面积 A_T 的大小,从而使流量发生变化,尤其是当开口较小时,这一影响更为突出,严重时会完全堵塞。因此节流口的抗堵塞性能也是影响流量稳定性的重要因素。一般地,通流面积越大、节流通道越短和水力半径越大,节流口抗堵塞性能越好,其中圆形节流口好于三角形节流口、矩形节流口好于缝隙节流口。

综上所述,节流口的形式不同,其性能也不同。如图5-28所示为几种常用的节流口形式。

图5-28a)所示为针阀式节流口。其节流口的截面形式为环形缝隙,针阀阀芯作轴向移动,可调节环形通道的通流面积。

图5-28b)所示为偏心斜槽式节流口。在阀芯上开有一个三角形截面(或矩形截面)的偏心槽,转动阀芯,可调节通流面积。

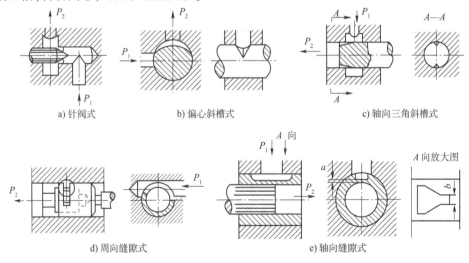

a) 针阀式　　　　b) 偏心斜槽式　　　　c) 轴向三角斜槽式

d) 周向缝隙式　　　　e) 轴向缝隙式

图5-28　典型节流口的结构形式

图5-28c)所示为轴向三角槽式节流口。在阀芯端面轴向开有一个或两个倾斜三角

槽,轴向移动阀芯时,三角槽与阀体间形成的节流口面积发生变化。

图 5-28d) 所示为周向缝隙式节流口。为获得薄壁孔的效果,在阀芯内孔局部铣出一薄壁区域,然后在薄壁区域开出一周向狭缝,节流口形状接近于矩形。油液可通过狭缝流入阀芯的内孔,再经左边的孔流出,转动阀芯就可改变缝隙通流截面面积的大小以调节流量。

图 5-28e) 所示为轴向缝隙式节流口。在阀套外壁铣削出一薄壁区域,然后在其中间开一个近似梯形的窗口,如图 5-28e) 中 A 向放大图所示。圆柱形阀芯在阀套内作轴向移动时,阀芯前沿与阀套上梯形窗口之间所形成的节流口的通流面积发生变化,同时实现了由矩形到三角形的变化。

5.4.2 节流阀

节流阀是一种结构最简单而又最基本的流量控制阀,它实质上相当于一个可变节流口,即一种借助于控制机构使阀芯相对于阀体孔运动以改变阀口过流面积的阀。常与其他形式的阀组合,形成单向节流阀、调速阀等。在此介绍普通节流阀和单向节流阀的典型结构。

1) 普通节流阀

如图 5-29 所示为一种典型的普通节流阀结构图及其图形符号。这种节流阀的节流通道呈轴向三角槽式,阀芯 3 在弹簧 2 的作用下始终贴紧在调节手轮 4 下端的推杆上。压力油从进油口 P_1 流入,经阀芯 3 下端的三角槽经出油口 P_2 流出。调节手轮 4,可使阀芯作轴向移动,改变了节流口的通流截面积,从而调节流量。在结构上,节流阀阀芯 3 上开有轴向小孔,使阀芯上下两端所受的液压力相平衡。

为使阀芯所受的液压径向力实现平衡,三角尖槽须周向均匀布置,且三角尖槽数量 $n \geqslant 2$。

2) 单向节流阀

如图 5-30 所示为一种单向节流阀的结构图及其图形符号。当压力油从 P_1 流入时,阀芯 4 保持在调节杆 3 所限定的位置上,油液经过阀芯上的三角形槽流到 P_2 口,这时阀起节流阀的作用;而当压力油从 P_2 口流入时,阀芯 4 被向下推动压缩弹簧 6,阀芯 4 下移打开阀口,油路畅通,油液流到 P_1 口,此时阀起单向阀的作用,不起节流作用。改变调节杆 3 的移动量,可以改变节流阀口开度的大小,即可调节单向节流阀作为节流阀时通过的流量。

3) 节流阀的应用

普通节流阀和单向节流阀,结构简单,制造和维护方便,所以在载荷变化不大或对速度稳定性要求不高的一般液压系统中得到了广泛应用。

(1) 节流调速。在定量泵液压系统中普通节流阀与溢流阀配合,组成节流调速回路,即进油节流调速回路、回油节流调速回路和旁路节流调速回路等。

(2) 用于单向节流阀限速回路。如图 7-14a) 所示回路中的单向节流阀。

(3) 压力缓冲。在液流压力容易发生突变的地方安装节流元件可延缓压力突变的影响,起缓冲和保护作用,最典型的例子是图 5-11 和图 5-12 中液动换向阀的阻尼器和压力表前的阻尼可调式压力表开关。

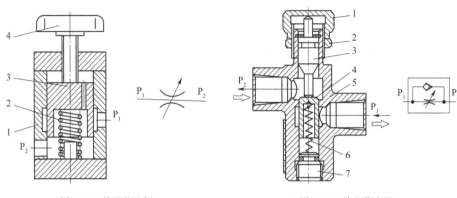

图 5-29 普通节流阀

1-阀体;2-弹簧;3-阀芯;4-调节手轮

图 5-30 单向节流阀

1-调节螺帽;2-锁紧螺母;3-调节杆;4-阀芯;

5-阀体;6-弹簧;7-弹簧座

5.4.3 调速阀

调速阀是一种具备压力补偿能力的节流阀,如图 5-31 所示为调速阀的结构简图和图形符号。调速阀是由定差减压阀与节流阀串联而成的组合阀。节流阀用来调节通过阀的流量,定差减压阀用来保持节流阀前后的压差为定值,消除负载变化对流量的影响。

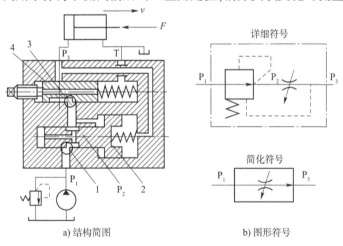

a) 结构简图   b) 图形符号

图 5-31 调速阀

1-减压阀口;2-减压阀芯;3-节流阀口;4-节流阀芯

图 5-31 所示调速阀的工作原理为:节流阀进口压力 p_2 被引到定差减压阀的左腔,节流阀出口压力 p_3 被引到定差减压阀的右腔。当负载压力 p_3 增大时,作用在定差减压阀阀芯 4 右端的压力增大,阀芯左移,减压阀阀口 1 增大,压降减小,使 p_2 也增大,从而使节流阀的压差 $\Delta p = p_2 - p_3$ 保持不变;反之亦然。这样就使调速阀的流量不受负载影响,流量基本恒定不变。此调速阀为定差减压阀串联在节流阀之前的结构,也可以为定差减压阀串联在节流阀之后的结构。两者的工作原理基本相同。

调速阀可在液压系统中替代节流阀,与溢流阀组成节流调速回路,主要用于执行元件负载变化大、要求运动速度稳定性较高的调速子系统。

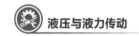

5.4.4 溢流节流阀

溢流节流阀又称旁通型调速阀,是节流阀与差压式溢流阀并联而成的组合阀,能补偿因负载变化而引起的流量变化。如图 5-32 所示为溢流节流阀的结构简图和图形符号,它由差压式溢流阀 3 和节流阀 2 并联而成。

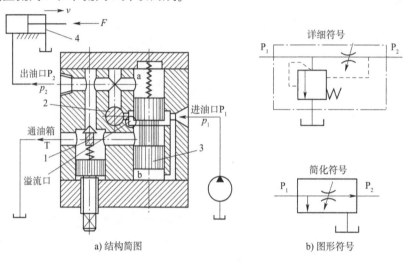

a) 结构简图   b) 图形符号

图 5-32 溢流节流阀
1-安全阀(直动式溢流阀);2-节流阀;3-溢流阀(差压式);4-液压缸

图 5-32 中,从液压泵输出的油液一部分经节流阀 2 进入液压缸 4 左腔推动活塞向右运动,节流阀出口压力为 p_2;溢流阀 3 阀芯的上端油腔 a 同节流阀 2 后的油液相通,压力也为 p_2;液压泵输出油液的另一部分流经溢流阀 3 的阀口直接回油箱,溢流阀下部 b 腔与节流阀 2 前的压力油相通,其压力即为泵的压力 p_1。当负载 F 增大时,节流阀出口压力 p_2 升高,a 腔的压力也升高,使溢流阀 3 阀芯下移,关小溢流口,这样就使液压泵的供油压力 p_1 增加,从而使节流阀 2 的前、后压力差($p_1 - p_2$)基本保持不变。当负载减小时,出口压力 p_2 下降,a 腔的压力也降低,使溢流阀 3 阀芯上移,开大溢流口,使进口压力 p_1 也降低,节流阀前后压差($p_1 - p_2$)仍然保持不变。这种溢流节流阀一般附带一个安全阀 1(直动式溢流阀),当 p_2 超过安全阀 1 调定值时,安全阀开启溢流,以避免系统过载。

需要注意,溢流节流阀用于调速时只能安装在执行元件的进油路上,其出口压力 p_2 随执行元件的负载而变化;泵的供油压力随负载变化而变化,因此溢流节流阀比普通调速阀功率损失低、发热小。但是,溢流节流阀中流过的流量比普通调速阀的流量大,基本为系统的全流量,阀芯运动时阻力较大,流量稳定性稍差。

5.5 工程装备常用组合式液压阀

组合式液压阀是为满足工程装备液压系统某一特定的功能需求,将所需的液压控制阀以一定的方式集成组装在一起构成的阀组。液压控制阀的集成,可以简化系统管路,克服管路的振动、噪声和泄漏,缩小设备体积,提高系统效率,便于系统的设计、安装和维修。

多路换向阀和减压阀式先导阀是工程装备中常用的组合式液压阀。

5.5.1 多路换向阀

多路换向阀简称多路阀,是由两个及两个以上的换向阀为主体,并根据不同的工作要求加上安全阀、单向阀、补油阀等元件或装置构成的集成化组合阀。多路换向阀具有结构紧凑、通用性强、流量特性好、一阀多能、不易泄漏及制造维修方便等特点,常用于工程机械、起重运输机械、矿山机械等机械设备的作业装置及行走装置的操纵机构。按滑阀之间的油路连通方式,多路换向阀可分为并联油路多路换向阀、串联油路多路换向阀、串并联油路多路换向阀和复合油路多路换向阀。

1)多路换向阀的基本油路形式和工作原理

(1)并联油路多路换向阀。

图 5-33 所示为并联油路多路换向阀的结构原理和职能符号,A_1、B_1 分别通第一个执行元件的进出油口,A_2、B_2 分别通第二个执行元件的进出油口。其油路特点是:总进油口 P 同时与各个换向阀进油口 P_1、P_2 等相通,而总回油口 T 也同时与各换向阀的回油口 T_1、T_2 等相通;即,压力油并联地通向各个换向阀的进油口,液压泵可以同时对多个或单独对其中一个执行元件供油。但当同时操作两个以上换向阀对多个执行元件同时供油的情况下,负载小的执行元件先动作或各支路按各自的负载大小分配流量使执行元件按各自的速度运动。各阀都在中位时液压泵卸荷。

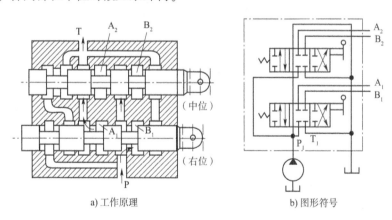

a) 工作原理   b) 图形符号

图 5-33　并联油路多路换向阀

(2)串联油路多路换向阀。

图 5-34 所示为串联油路多路换向阀的结构原理和职能符号,其中,A_1、B_1 分别通第一个执行元件的进出油口,A_2、B_2 分别通第二个执行元件的进出油口。

串联油路多路换向阀的油路特点是:每一个换向阀的进油口(如 P_2)都与其前面一个换向阀中间位置的回油口(如 T_1)相通,即上游换向阀的回油与下游换向阀的压力油口连通,各阀之间的进油路是串联。故此阀所控制的执行元件可单独动作,也可以同时动作。在同时操纵多个换向阀使几个执行元件工作时,由于它们之间的油路是串联的,泵的供油压力等于各执行元件上的负载压力之和。所以串联油路多路换向阀在控制多个执行元件同时动作的情况下,克服负载的能力就要降低。

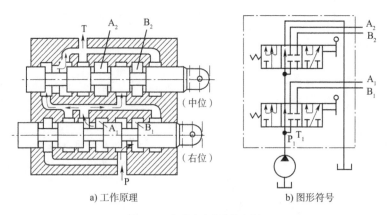

a) 工作原理　　　　　　　　b) 图形符号

图 5-34　串联油路多路换向阀

（3）串并联油路多路换向阀。

串并联油路多路换向阀又称为顺序单动式多路换向阀，图 5-35 所示为其结构原理和职能符号，其中，A_1、B_1 分别通第一个执行元件的进出油口，A_2、B_2 分别通第二个执行元件的进出油口。

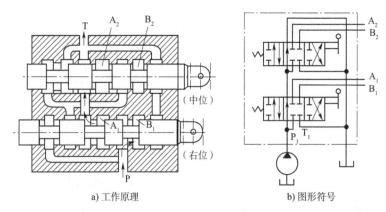

a) 工作原理　　　　　　　　b) 图形符号

图 5-35　串并联油路多路换向阀

串并联油路多路换向阀的油路特点是：每一个换向阀的进油口都与其前面一个换向阀中间位置的回油口相通，而各个换向阀的回油口则同时与总回油口连接。即各个换向阀的进油口串联，回油口并联。液压泵按顺序向各换向阀及其控制的执行元件供油，上游换向阀不在中位时，就切断了下游换向阀的进油路。因此，一个串并联多路阀中只有一个换向阀能工作，这样可以防止误操作或各执行元件之间的动作干扰。

在液压系统中，还可以将并联、串联、串并联等多种油路形式的多路换向阀组合在一起，构成复合油路多路换向阀。

2）多路换向阀的滑阀机能

图 5-33 ～图 5-35 只表示了由两个换向阀构成的多路阀，而且多是 O 形机能阀。实际应用中，对应于各种操纵机构的不同使用要求，多路换向阀可选用多种滑阀机能，对于并联和串并联油路有 O 形、A 形、Y 形、OY 形四种机能，而串联油路有 M 形、K 形、H 形、MH 形四种机能，如图 5-36 所示。

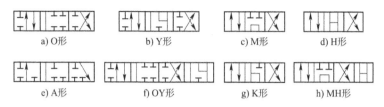

a) O形　　b) Y形　　c) M形　　d) H形

e) A形　　f) OY形　　g) K形　　h) MH形

图 5-36　多路换向阀的滑阀机能

5.5.2　减压式先导阀

减压式先导阀多用于工程装备多路换向阀的操纵。采用这种先导控制基本解决了减小操纵力的问题,使主阀在主机上的布置得到了更大的自由,给液压系统布置提供了便利,大大改善了换向阀的调节性能。

如图 5-37a)所示为减压式先导控制阀(简称减压式先导阀)的结构图,图 5-37b)和图 5-37c)分别为其职能符号图。它通过一个操纵手柄分别向前、后、左、右四个方向操纵对应的减压阀,实现对液动换向阀(弹簧对中型)的比例控制,使执行元件和机构获得不同的运动方向和运动速度。

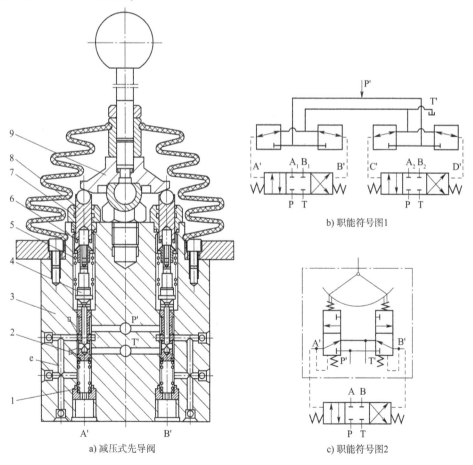

a) 减压式先导阀

b) 职能符号图1

c) 职能符号图2

图 5-37　减压阀式先导控制阀

1-复位弹簧;2-阀芯;3-阀体;4-导杆;5-平衡弹簧;6-滑动套;7-固定套筒;8-触头;9-压盘

如图 5-37 所示,减压式先导阀的阀体 3 中装有四个结构完全相同的减压阀,构成两对先导阀(前和后、左和右),每对先导阀控制一个液动主换向阀,故称为组合阀。每个减压阀结构完全相同,都由阀芯 2、平衡弹簧 5、导杆 4、触头 8、复位弹簧 1 等组成。导杆 4 上装有滑动套 6 并设有螺钉以限制滑动套在导杆上向上滑动的最高位置,从而使平衡弹簧 5 有一定的预压缩量。复位弹簧 1 将阀芯 2 及导杆 4 向上推,图示位置为它们的最高位置,此时滑动套 6 及触头 8 均顶在固定套筒 7 上,同时触头 8 通过钢球顶在压盘 9 上,使压盘及手柄保持在中立位置。从液压泵来的油从 P′口进入此阀,进口压力为定值,T′接油箱,四个工作油口 A′、B′、C′、D′分别与两个主换向阀(液动换向阀)阀杆端部的液压控制腔相通。手柄处于中立位置时,减压阀芯 2 的凸台将进油腔 P′封闭,控制油腔 A′、B′经 e 油道与回油腔 T′连通,液动换向阀两端无压力,阀芯靠弹簧对中。

手柄向左扳动时,蝶形盘压下触头 8,经滑动套 6、平衡弹簧 5 和导杆 4,使减压阀芯 2 下移,将进油腔 P′和控制油腔 A′连通,同时 A′腔和回油腔 T′之间的油口 b 切断。控制压力油经减压阀口 a 节流后,再经油道 e、油腔 A′对液动阀进行控制。右侧减压阀仍保持原中立位置,B′腔将液动阀动作产生的回油从回油腔 T′排出。

由于减压阀口 a 的节流作用,A′口控制压力 P'_A 低于 P′腔的控制压力,P'_A 是推动液动换向阀阀芯换向的油压。在操纵的某一稳定状态,减压阀芯的受力平衡,即减压阀芯下端向上的液压力和回位弹簧 1 向上的作用力与减压阀芯上端平衡弹簧 5 向下的作用力平衡。由于回位弹簧 1 的刚度很小,所以近似认为控制压力 P'_A 与平衡弹簧 5 向下的作用力成正比。弹簧力随手柄摆动角度的变化而成比例变化,A′口的压力 P'_A 也随手柄摆动角度的变化而成比例变化,因此,可以说实现了先导比例控制。由于该阀在手柄摆动使阀芯处于每一位置都类似于直动式定值减压阀,当手柄摆动到某一角度时,可输出一个稳定的低于 P′口的压力,这个压力不随 P′口压力、流量的波动而变化,因此称为减压式先导阀。

减压式先导控制阀的工作压力一般为 1~3MPa,流量为 $(0.25~0.5)\times10^{-3}\text{m}^3/\text{s}$,换向频率为 40~50 次/min,广泛应用于挖掘机和装载机,也可以用于控制泵的变量机构、液压制动器和离合器等。

5.6 伺服控制阀和比例控制阀

前面所阐述的控制阀,不论其控制方式采用的是手动、机动、液动、电磁还是电液等形式,其被控制量都为一个基本不变的设定值,这些被控制量为定值的阀类,通称为定值控制阀或开关控制阀。

定值控制阀满足了绝大多数工程装备工作装置对液压系统在机械量(位移或角度、力或扭矩、速度或角速度等)控制方面的要求,但是许多工程装备工作装置要求液压系统对机械量的控制具有更高的精度,或者更好的调节性能,于是在定值控制阀持续进步的基础上,本领域又发展了伺服控制阀和比例控制阀。

5.6.1 伺服控制阀

伺服控制阀简称伺服阀,是一种根据输入信号及输出信号反馈量连续成比例地控制流量和压力的液压控制阀。

根据输入信号的方式不同,又分机液伺服阀和电液伺服阀。

1)机液伺服阀

(1)机液伺服阀的典型结构和工作原理。

图5-38所示为一简单的机液伺服控制系统原理图。系统供油来自液压泵4,溢流阀3起稳压作用。伺服阀阀体和液压缸缸体制成一体,构成机械能输出构件5;伺服阀的阀芯1的两个台肩分别封闭液压缸的进出油窗口 a 和 b,活塞式液压缸的活塞杆2固定,负载由构件5驱动。

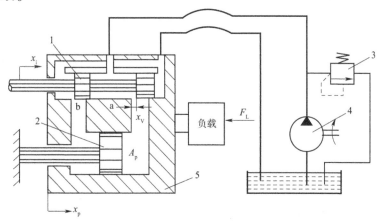

图5-38　机液伺服系统原理图

1-伺服阀阀芯;2-液压缸活塞;3-溢流阀;4-液压泵;5-动力输出构件(阀体与缸体)

机液伺服系统的工作过程是:当阀芯1处于中间位置(零位)时,阀芯将伺服阀的4个窗口关闭,阀无流量输出,缸体不动,系统处于静止平衡状态。若阀芯1向右移一个距离x_i,则节流窗口 a、b 便各有一个相应的开口量 $x_V = x_i$,压力油经窗口 a 进入液压缸无杆腔,推动缸体右移x_P,液压缸左腔的油液经窗口 b 回油箱。在缸体右移的同时,也带动阀体右移,使阀的开口量减小,即 $x_V = x_i - x_P$。而当缸体位移 x_P 等于阀芯位移 x_i 时,$x_V = 0$,即阀的开口关闭,输出流量为零,液压缸停止运动,处在一个新的平衡位置上。如果阀芯反向运动,则液压缸也随之反向运动。这就是说,在该系统中,滑阀阀芯不动,液压缸缸体也不动;阀芯向哪个方向移动,缸体也向哪个方向移动;阀芯移动速度快,缸体移动速度也快;阀芯移动多少距离,缸体也移动多少距离。

机液伺服系统工作过程中,缸体始终跟随控制阀芯的运动,因此这种机液伺服系统也称为随动系统。阀芯的位移 x_i 称为系统的输入,液压缸缸体带动负载的位移 x_P 称为系统的输出。推动阀芯所需的力很小,但液压缸克服阻力、推动负载所输出的力则很大,可达数千倍(当然,输出的能量是由液压泵供给的),也就是说,阀芯输入小功率的机械位移,则液压缸输出大功率等量机械位移,故伺服阀称为转换放大元件。液压缸缸体可"检测"负载的位移,为检测装置;液压缸缸体与伺服阀阀体做成一体,并带动阀体移动,减弱和抵消了阀芯移动的效应,这种作用称为负反馈;这种反馈控制机制,使输出位移会高精度跟踪输入位移,而且跟踪过程的动态响应很快。机液伺服系统的内部构成反馈控制结构,如图5-39所示。

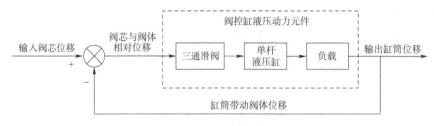

图 5-39　机液伺服系统原理图

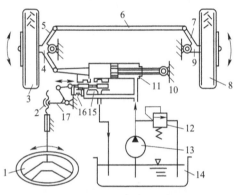

图 5-40　某工程车辆液压伺服转向系统

1-转向盘；2-丝杆螺母机构；3-左前轮；4-左前轮轴；
5、7-拉臂；6-连杆；8-右前轮；9-右前轮轴；10-车身；
11-液压缸；12-调压阀；13-油泵；14-油箱；15-伺服阀；
16-定位弹簧；17-摇杆连杆机构

（2）机液伺服阀的应用。

如图 5-40 所示，机液伺服阀可应用于工程车辆液压动力转向系统。车辆左前轮 3 通过轴承安装在左前轮轴 4（包括转向节和安装在其上的拉臂）上，前轮可以绕（水平）前轮轴转动，则汽车可以前进或后退。

前轮轴通过铰接方式安装在车身上（安装在前桥上，再通过悬架系统连接在车身上）。前轮轴可以绕主销（铅垂轴）摆动，其上安装的车轮也可以绕主销摆动，则汽车前轮可以转向。用连杆 6 将两个前轮轴上的拉臂连接起来，构成梯形框架结构，将左右两个汽车前轮转向运动关联起来。拉动梯形框架的活动边，则带动两侧车轮实现同时转向。摇杆 17 拉动动力转

向机液伺服机构的阀芯。机液伺服机构的缸筒产生的位移拉动前轮轴的拉臂，缸筒位移与阀芯位移成比例。操作手转动转向盘 1，转向盘轴带动其端的丝杆旋转，驱动其上的螺母移动，螺母带动摇杆连杆机构运动。操作手用很小的力拉动控制阀的阀芯，液压缸筒跟随控制阀芯移动，并以很大的力和力矩驱动汽车转向，因此图 5-40 所示车辆转向系统又被称为动力转向系统。

2）电液伺服阀

电液伺服阀将小功率的电信号转换为大功率的液压能输出，实现对执行元件的位移、速度、加速度及力控制。

所以，电液伺服阀既是电液转换元件，又是功率放大元件，其功用是将小功率的电气信号输入转换为大功率液压量（压力和流量）输出，从而实现对液压系统执行元件位移（或转速）、速度（或角速度）、加速度（或角加速度）和力（或转矩）的控制。

（1）电液伺服阀的典型结构和工作原理。

如图 5-41 所示为喷嘴挡板式电液伺服阀的主要结构和工作原理，该伺服阀结构紧凑、外形尺寸小、响应速度快，但喷嘴挡板的工作间隙较小，对油液的清洁度要求较高。图 5-41 中上半部分是力矩马达，为电气-机械转换装置；下半部分为喷嘴挡板部分和主滑阀。

当线圈 13 无电流信号输入时，力矩马达无力矩输出，固定在衔铁 9 上的挡板 5 处于中位，主滑阀阀芯也处于中位。液压泵输出的油液以压力 p_s 进入主滑阀阀口，因阀芯两端台肩将阀口关闭，油液不能进入 A、B 口，但经节流孔 1 和 4 分别引到喷嘴 7 和 6，经喷嘴

喷射后,液流流回油箱。由于挡板处于中位,两喷嘴与挡板的间隙相等,因而油液流经喷嘴的液阻相等,则喷嘴前的压力 p_1 与 p_2 相等,主滑阀阀芯两端的压力相等,阀芯处于中位。

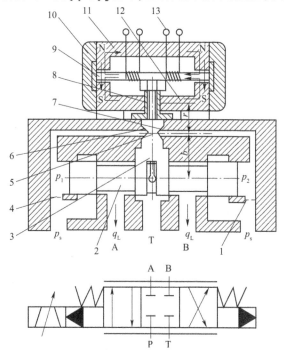

图 5-41　喷嘴挡板式电液伺服阀的主要结构和工作原理

1、4-固定节流孔;2-主滑阀;3-反馈弹簧杆;5-挡板;6、7-喷嘴;8-弹簧管;9-衔铁;10-永久磁铁;11、12-导磁体;13-线圈

若线圈输入电流,控制线圈中将产生磁通,使衔铁上产生磁力矩。假设磁力矩为顺时针方向,则衔铁连同挡板一起绕弹簧管 8 中的支点顺时针偏转。图 5-41 中,左喷嘴 6 与挡板之间的间隙减小,右喷嘴 7 与挡板之间的间隙增大,即压力 p_1 增大,p_2 减小,主滑阀阀芯 2 在两端压力差作用下向右运动,开启阀口,P 与 B 相通,A 与 T 相通。在主滑阀阀芯向右运动的同时,通过挡板下端的弹簧杆 3 反馈作用使挡板逆时针方向偏转,使左喷嘴 6 的间隙增大,右喷嘴 7 的间隙减小,于是压力 p_1 减小,p_2 增大。当主滑阀阀芯向右移到某一位置,由主滑阀芯两端压力差($p_1 - p_2$)形成的液压力通过反馈弹簧杆作用在挡板上的力矩、喷嘴液流压力作用在挡板上的力矩以及弹簧管的反力矩之和,与力矩马达所产生的电磁力矩相等时,主滑阀阀芯受力平衡,稳定在一定的开口下工作。显然,改变输入电流大小,可成比例地调节电磁力矩,从而得到不同的主阀开口大小。若改变输入电流的方向,主滑阀阀芯反向位移,可实现液流的反向控制。

如图 5-41 所示电液伺服阀的主滑阀阀芯的最终工作位置是通过挡板弹性反力的反馈作用达到平衡的,因此称之为力反馈式,其控制原理如图 5-42 所示。除力反馈式以外,伺服阀还有位置反馈、负载流量反馈、负载压力反馈等。

(2)电液伺服阀的应用。

电液伺服阀可以实现对位置、速度和力的高精度、快速控制,除了航空、航天和军事装备等普遍使用的领域外,在车辆、机床等各种工业设备的开环和闭环电液控制系统中,特别是系统要求高动态响应、大功率输出的场合获得了广泛应用。

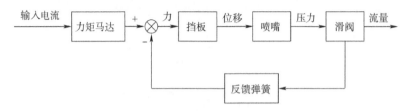

图 5-42　力反馈式电液伺服阀工作原理图

图 5-43 所示是一种采用电液伺服阀的液压平推式水槽造浪机系统,可以制造各种具有给定波谱密度的不规则波浪及模拟天然波浪,用以研究水波浪对装置和设备的运动、受力和安全性能的影响。系统由造浪机构、浪高检测装置、计算机系统、电液伺服作动器和液压源五部分组成。

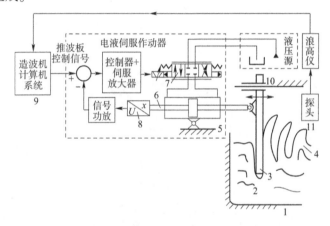

图 5-43　水槽造浪机液压控制原理图
1-水槽;2-水;3-推波板;4-水波;5-机架;6-液压缸;7-电液伺服阀;8-位移传感器;9-计算机系统;10-滑轨;11-浪高传感器

造浪机构主要由推波板 3 和滑轨 10 构成,推波板在滑轨上运动,推动水槽 1 中的水,使之产生波浪。推波板采用电液伺服驱动方式。

造波机计算机系统 9 发出造波控制指令,对电液伺服作动器输入控制信号,它能将电信号转变为机械运动,推动造浪机构产生水浪。浪高传感器 11 检测浪高,并将信号传给造波机计算机系统。计算机系统依据浪高信号修正造波信号,完成造波过程。

其中,电液伺服作动器是一个电液伺服位置系统,结构示意图如图 5-44 所示,它主要由电子控制器及伺服放大器、电液伺服阀 1、双杆对称液压缸 3、位移传感器及其信号功放 4 等构成。

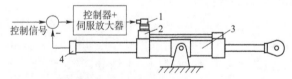

图 5-44　电液伺服作动器结构示意图
1-电液伺服阀;2-油路块;3-双杆对称缸;4-位移传感器及其信号功放

图 5-44 中,控制元件为电液伺服阀,执行元件为双杆对称液压缸。电液伺服作动器

获得造波机计算机系统发出造波控制指令,电流信号输入电液伺服阀 1 的驱动线圈,电液伺服阀产生流量受控的工作液,驱动液压缸 3 活塞移动。位移传感器及其信号功放 4 检测活塞位移并将其传给电子控制装置,与控制指令信号比较,产生偏差信号,偏差信号经过放大和转换等变为控制电流,控制电流又被输入电液伺服阀,由此构成位置伺服控制系统。

电液伺服阀加工工艺复杂,成本高,对油液污染敏感,维护保养较困难,限制了在普通民用工业中的应用。

5.6.2　比例控制阀

比例控制阀是一种性能介于普通控制阀和伺服控制阀之间的新阀种,具有和伺服阀一样的连续改变参数的性能,可以根据输入电信号的大小连续地、成比例地对油液的压力、流量等参数实施控制。

电液比例阀的控制性能优于普通控制阀,控制精度和响应速度稍低于伺服阀,但在制造成本、使用要求、抗污染能力等方面优于伺服阀,是一种理想的液压系统与电子系统的结合产物,可用于开环或闭环控制系统中,以实现对工作装置要求的各种运动进行快速、稳定和精确地控制。

目前,比例阀的开发途径有两类:一类是由电液伺服阀简化结构、降低精度发展起来的;另一类是采用比例电磁铁等电气-机械转换器取代普通液压阀原有的控制部分发展起来。工程装备领域主要采用后者。

根据用途和工作特点的不同,电液比例阀可以分为比例方向阀、比例压力阀和比例流量阀三大类。

1)电气-机械转换器

比例阀上采用的电气-机械转换器主要是比例电磁铁。比例电磁铁是一种直流电磁铁,但是它和普通电磁换向阀所用的电磁铁不同。普通电磁换向阀所用的电磁铁只要求有吸合和断开两个位置,并且为了增加吸力,在吸合时磁路中几乎没有气隙。而比例电磁铁则要求吸力(或位移)和输入电流成比例,并在衔铁的全部工作位置上,磁路中保持一定的气隙。按比例电磁铁输出位移的形式,有单向移动式和双向移动式之分。

图 5-45 所示为单向移动式比例电磁铁。线圈 2 通电后形成的磁路经壳体 5、导向套 12 的右段、衔铁 10 后,分成两路:一路由导向套 12 左段的锥端到轭铁 1 而产生斜面吸力;另一路直接由衔铁 10 的左端面到轭铁 1 而产生表面吸力。其合力即为比例电磁铁的输出力(吸力),其特性如图 5-46 所示。

图 5-46 中还给出了普通电磁铁的吸力特性(虚线),以便比较。比例电磁铁的吸力特性可分为三个区段,在气隙很小的区段 I,吸力虽大,但会随位置改变而急剧变化;而在气隙较大的区段 III,吸力明显下降;吸力随位置变化较小的区段 II 是比例电磁铁的工作区段(图 5-45 中的限位环 3 用以防止衔铁进入区段 I)。由于在其工作区段内具有基本水平的位移-力特性,所以改变线圈中的电流,即可在衔铁上得到与其成比例的吸力。如果要求比例电磁铁的输出为位移,可在衔铁左侧加一弹簧(当衔铁与阀芯直接连接时,此弹簧常处于阀芯左侧),便可得到与电流成正比的位移。

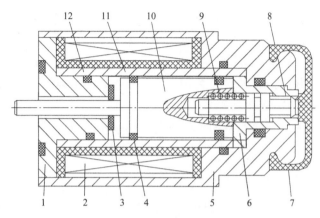

图 5-45　单向移动式比例电磁铁

1-轭铁;2-线圈;3-限位环;4-隔磁环;5-壳体;6-内盖;7-盖;8-调节螺钉;9-弹簧;10-衔铁;11-(隔磁)支承环;12-导向套

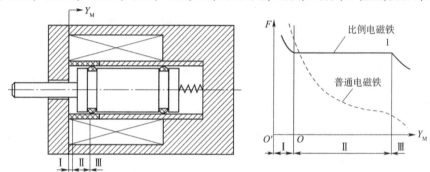

图 5-46　单向移动式比例电磁铁的吸力特性

2) 比例换向阀

比例换向阀具备流量控制功能,故又称为比例换向节流阀。图 5-47 所示的比例换向阀由先导阀(双向比例减压阀)和主阀(液动双向比例节流阀)两部分组成。

在先导阀中由两个比例电磁铁 2、6 分别控制双向比例减压阀阀芯 1 的位移。当比例电磁铁 6 得到电流信号 I_1 时,其电磁吸力 F_1 使阀芯 1 右移,于是供油压力(一次压力)p_1 经阀芯中部右台肩与阀体孔之间形成的减压口减压,在流道 a 得到控制压力(二次压力)p_2,p_2 经流道 b 反馈作用到阀芯 1 的右端面(阀芯 1 的左端面通回油 p_0),于是形成一个与电磁吸力 F_1 方向相反的液压力。当液压力与 F_1 相等时,阀芯 1 停止运动,处于某一平衡位置,控制压力 p_2 保持某一相应的稳定值。显然,控制压力 p_2 的大小与供油压力 p_1 无关,仅与比例电磁铁的电磁吸力成比例,即与电流 I_1 成比例。同理,当比例电磁铁 2 得到电流信号 I_2 时,阀芯 1 左移,得到与 I_2 成比例的控制压力 p_2'。

其主阀与普通液动换向阀相同。当先导阀输出的控制压力 p_2 经阻尼螺钉 4 构成的阻尼孔缓冲后,作用在主阀芯 3 的右端面时,液压力克服左端弹簧力使主阀芯 3 左移(左端弹簧腔通回油 p_0),连通油口 P 与 B、A 与 T。随着弹簧力与液压力平衡,主阀芯 3 停止运动而处于某一平衡位置。此时,各油口的节流开口长度取决于 p_2,即取决于输入电流 I_1 的大小。如果节流口前、后压差不变,则电液比例换向节流阀的输出流量与其输入电流 I_1 成比例。当比例电磁铁 2 输入电流时,主阀芯 3 右移,油路反向,接通 P 与 A、B 与 T,输出的

流量与输入电流 I_2 成比例。

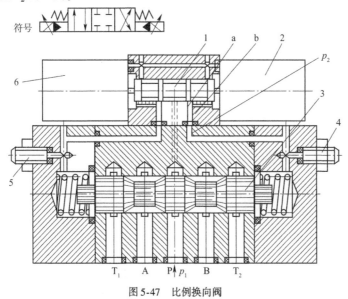

图 5-47　比例换向阀

1- 双向比例减压阀阀芯;2、6- 比例电磁铁;3- 主阀芯;4、5- 阻尼螺钉

综上所述,改变比例电磁铁 2、6 的输入电流,不仅可以改变比例换向阀的液流方向,而且可以控制各油口的输出流量。

比例换向阀和普通的换向阀一样,可以具有不同的中位机能。

3) 比例压力阀

比例压力阀按用途不同,有比例溢流阀、比例减压阀和比例顺序阀之分。按结构特点不同,则有直动式比例压力阀和先导式比例压力阀之分。

先导式比例压力阀包括主阀和先导阀两部分。其主阀部分与普通压力阀相同,而其先导阀本身实际就是直动式比例压力阀,它是以电气- 机械转换器(比例电磁铁、伺服电动机或步进电动机)代替普通直动式压力阀上的手动机构而成。

(1)直动式比例压力阀。

图 5-48 所示为直动式比例压力阀。比例电磁铁 1 通电后产生吸力经推杆 2 和传力弹簧 3 作用在锥阀上,当锥阀底面的液压力大于电磁吸力时,锥阀被顶开,溢流。连续地改变控制电流的大小,即可连续地按比例地控制锥阀的开启压力。

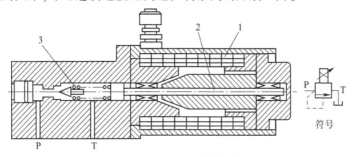

图 5-48　直动式比例压力阀

1-比例电磁铁;2-推杆;3-传力弹簧

直动式比例压力阀可作为比例先导压力阀用,也可作为远程调压阀用。

(2)先导锥阀式比例溢流阀。

如图 5-49 所示的先导锥阀式比例溢流阀,其下部为主阀,上部则为比例先导压力阀。该阀还附有一个手动调整的先导阀 9,用以限制比例溢流阀的最高压力,以避免因电子仪器发生故障而使控制电流过大,导致压力超过系统允许最高压力。

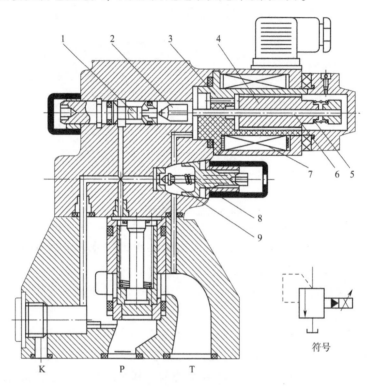

图 5-49　先导锥阀式比例溢流阀
1-阀座;2-先导锥阀;3-轭铁;4-衔铁;5、8-弹簧;6-推杆;7-线圈;9-先导阀

如将比例先导压力阀的回油及先导阀 9 的回油都与主阀回油分开,则比例溢流阀可作为比例顺序阀使用。

4)比例流量阀

比例流量阀分为比例节流阀和比例调速阀两大类。

(1)比例节流阀。

在普通节流阀的基础上,利用电气-机械比例转换器对节流阀口进行控制,即成为比例节流阀。对移动式节流阀而言,利用比例电磁铁来驱动;对旋转式节流阀而言,采用伺服电动机经减速后来驱动。

(2)比例调速阀。

图 5-50 所示为比例调速阀。比例电磁铁的衔铁通过推杆 4 作用于节流阀阀芯 2,使其开口 B 随电流大小而改变,通过改变输入电流的大小,即可改变通过调速阀的流量。零件 1 为定差减压阀,它可使节流口前、后压力差保持不变。

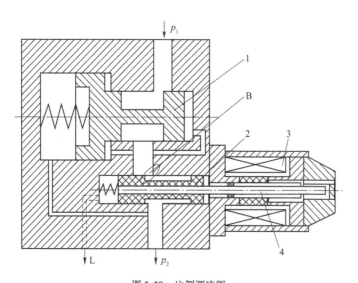

图 5-50 比例调速阀
1-减压阀;2-节流阀阀芯;3-比例电磁铁;4-推杆

练 习 题

1. 在液压系统中控制阀起什么作用? 通常分为几大类?

2. 液压控制阀有哪些共同点? 应具备哪些基本要求?

3. 在液压系统中方向控制阀起什么作用? 常见的类型有哪些?

4. 单向阀的基本构造和职能符号是怎样的? 有哪些功用?

5. 液控单向阀的基本构造和职能符号是怎样的? 通常应用在什么场合? 使用液控单向阀时应注意哪些问题?

6. 什么是换向阀的"位"和"通"? 各油口通常在阀体的什么位置?

7. 液压系统中,换向阀操纵方式有哪些?

8. 分别说明 O、M、H、Y 和 P 型三位四通换向阀在中间位置时的性能特点。

9. 先导式溢流阀的阻尼小孔起什么作用? 若将其堵塞或加大会出现什么情况?

10. 若把先导式溢流阀的远程控制口当成泄漏口接回油箱,这时系统会产生什么现象? 为什么?

11. 现有两个压力阀,由于铭牌失落,分不清哪个是溢流阀,哪个是减压阀,又不希望将阀拆开,如何根据特点做出正确判断?

12. 将调速阀的定差减压阀改为定值减压阀,是否仍能保证执行元件速度的稳定?

13. 从结构原理图和符号图,说明溢流阀、顺序阀和减压阀的异同点。

14. 如何确定通过节流阀的流量? 影响其流量稳定性的因素有哪些?

15. 调速阀和溢流节流阀(旁通型调速阀)有何异同点?

16. 如图 5-51 所示,油路中各溢流阀 A、B、C 的调定压力分别为6MPa、4MPa、2MPa,在外负载趋于无限大时,如图 5-51a)和图 5-51b)所示油路的供油压力各为多大?

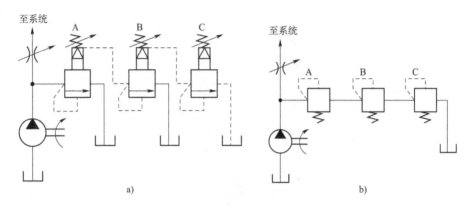

图 5-51

17. 图 5-52 中,已知液压泵的额定压力和额定流量,不计管道内的压力损失,说明图示各工况下液压泵出口处的工作压力值。

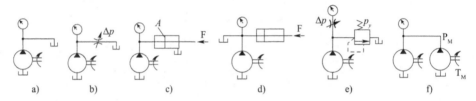

图 5-52

18. 图 5-53 中,活塞杆通过滑轮提升重物,设液压缸有杆腔的有效面积 $A = 100\text{cm}^2$,溢流阀的调整压力 $P_y = 2.5\text{MPa}$,液压泵输出流量 $q = 10\text{L/min}$,重物 $W = 50\text{kN}$,求液压泵输出压力和重物上升速度。

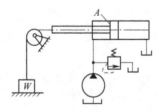

图 5-53

19. 绘出多路阀串联、并联和串并联回路,分析其油路特点。

第6章 液压辅助元件

液压辅助元件简称液压辅件,是液压系统的一个重要组成部分,它包括密封装置、滤油器、油箱、管件、热交换器和蓄能器等。液压辅件结构比较简单、功能单一,但是在液压系统中数量多、分布广、影响大,对液压系统的工作性能、噪声、温升、可靠性等都有直接影响,因此必须予以充分重视。

在液压辅件中,大部分元件已经标准化,并由专业厂商生产,用户直接选用即可;只有油箱等少量非标准件是根据液压设备具体特点专门设计制造的。

6.1 密封装置

密封装置的作用是防止液压系统油液的内外泄漏以及外界灰尘和异物侵入,以保证系统容积效率,减少环境污染。密封装置的工作可靠性和使用寿命是衡量液压系统性能的一个重要指标。

6.1.1 密封基本知识

泄漏是液压系统经常发生的故障之一,液压系统中的泄漏包括内泄漏和外泄漏。内泄漏为元件内部各油腔之间的泄漏,使系统的容积效率降低,并造成能量损失,严重时会使系统因压力不足而无法工作。外泄漏是指元件向其外部的泄漏,不但具备内泄漏的危害,还会浪费油液、污染环境和设备。

密封是防止泄漏最有效和最主要的方法。密封的分类方式很多,根据密封的原理可分为间隙密封(非接触密封)和接触密封。根据被密封部位的运动特性可分为动密封和静密封;动密封是指液压元件中相对运动件接触面之间的密封(含往复式动密封和旋转式动密封),静密封是指液压元件中两个静止接触面之间的密封。

1)间隙密封

如图6-1所示为间隙密封,是最简单的一种密封形式。间隙密封就是利用相对运动件之间的微小间隙(一般取 0.02~0.05mm)来实现密封。

间隙密封主要用于发生高速相对运动的接触面之间的动密封(如柱塞与柱塞孔,配油盘和缸体端面,阀体与阀芯之间的密封等)。根据 2.5.2 节关于缝隙流动的分析,间隙密封的密封效果取决于间隙的大小、压力差、密封长度和零件表面质量。其中以间隙大小及其均匀性对密封性能影响最大。

采用间隙密封的圆柱形配合面,配合间隙大小还与直径大小、工作特点有关,对于滑阀的阀芯和阀孔,配合间隙一般为 0.005~0.007mm。在圆柱形零件的外表面,通常等距开出多道均压槽(如图 6-1 所示,一般宽为 0.3mm~0.5mm,深为 0.5~1mm),以减少液压卡紧力,同时提高其在孔中的对中性。

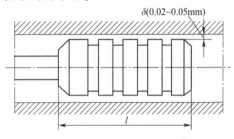

图 6-1　间隙密封

间隙密封的优点是结构简单、紧凑、摩擦损失小和寿命长,其缺点是仍有一定的内泄漏,加工精度要求高,且配合面磨损后不能自动补偿。

2)接触密封

接触密封又称密封件密封,广泛应用于各类液压元件防止外漏、内漏的静密封和动密封,它凭借密封件在装配时的预压紧力,以及密封件工作时在油压作用下发生弹性变形所产生的弹性接触力来实现密封。

密封件的密封性一般随压力升高而增强,并在磨损后具有一定的自动补偿能力。这些性能靠密封材料的弹性、密封件的形状等来实现。

3)密封件的常用材料

就密封件的材料而言,通常要求在油液中有较好的稳定性,弹性好,永久变形小;有适当的强度;耐热、耐磨性好,摩擦系数小;与金属接触不互相黏着和腐蚀;容易制造,成本低。

密封件的材料对油液(工作介质)的适应性,是影响密封效果的重要因素。密封件的材料包括金属材料和非金属材料两大类。

密封件常用的金属材料有铸铁、铜、铝等。铸铁一般用来制造活塞环,用于动密封;铜和铝一般用来制造垫圈,用于静密封。

非金属材料有皮草、天然橡胶、合成橡胶和合成树脂等。其中合成橡胶是最重要的一种密封材料,其密封性能好,应用广泛。目前应用最广的合成橡胶是耐油橡胶(主要是丁腈橡胶),其次是聚氨酯。聚氨酯是继丁腈橡胶之后出现的密封材料,用它制造的密封件在耐磨性及强度方面均高于丁腈橡胶。

6.1.2　常用密封件

常用密封件通常以其断面形状而命名,有 O 形、Y 形、Yx 形、V 形等,除 O 形密封圈外,其他密封圈都属于唇形密封件。

密封件的结构形式应使密封可靠、耐久,摩擦阻力小,易于制造和装拆,尤其是应能随油压升高而提高密封能力,且能自动补偿磨损。

1)O 形密封圈

如图 6-2 所示为 O 形密封圈,简称 O 形圈,一般用耐油橡胶制成,为横截面呈圆形(O

形)的圆环。其规格用内径和截面直径来表示,可参阅有关手册。

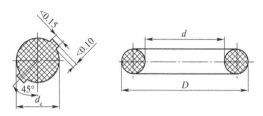

图6-2　O形密封圈

D-公称外径;d-公称直径;d_0-断面直径

O形圈具有良好的密封性能,内、外侧和端面都能起密封作用。安装O形密封圈时有一定的预压缩量,同时受油压作用而变形,紧贴密封表面而起密封作用,如图6-3所示。

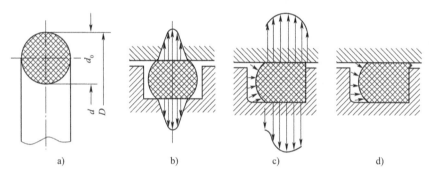

图6-3　O形密封圈的工作原理

O形密封圈结构紧凑、制造容易、装拆方便、成本低,是应用最广的压紧型密封件,大量使用于静密封,密封压力可达80MPa;广泛用于往复运动速度小于0.5m/s的动密封,密封压力可达20MPa。

图6-4为O形圈应用示意图,图6-4a)中的A处和6-4b)为静密封,图6-4a)中的B和C处为动密封。其中,B处是以圈的内径作为相对滑动面,称内径密封;C处是以圈的外径作为相对滑动面,称外径密封;图6-4b)中为用作端面密封。

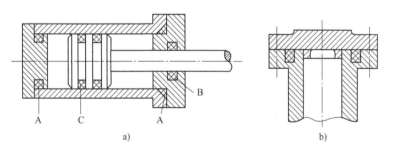

图6-4　O形密封圈应用示意图

O形密封圈用于往复运动的动密封时,如果当工作压力较高(大于10MPa),O形圈在往复运动过程中容易被挤压出安装沟槽而嵌入配合间隙,如图6-3d)所示,造成O形圈被严重的磨损,因此当O形圈单向受压力作用时应单侧设置挡圈,当双向受压力作用时需在

两侧加挡圈,如图6-5所示。

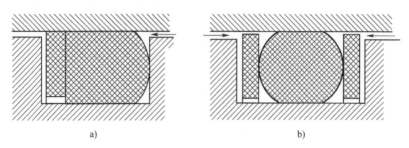

a)   b)

图6-5 O形密封挡圈的设置

O形密封圈及其安装沟槽、挡圈都已标准化(GB3452系列),实际应用中应依照标准使用。

2)唇形密封圈

自由状态下,唇形密封圈两唇向内外侧张开;安装后,两唇收拢,预压缩变形使唇边与密封面紧贴。通低压油时,唇边靠自身的预压缩变形来保证密封;当油液压力升高时,压力油作用在唇边上,使唇边与被密封表面贴得更紧,油液压力越高,唇边贴得越紧,密封效果越好;同时,唇形密封圈具有磨损后自动补偿的能力。

装配唇形密封圈时需要注意,唇边必须面向有压力的油腔。由于一个唇形密封圈只能针对一个方向的高压油起密封作用,因此,当两个方向交替出现高压油时,应安装两个唇形密封圈,它们的唇边分别对着各自的高压油。

(1)Y形密封圈和Yx形密封圈

如图6-6a)所示,Y形密封圈的横截面呈Y形,主要用于往复运动密封,具有摩擦系数小、安装简便等优点,缺点是在速度高、压力变化大的场合易发生"翻转"现象。

由于两个唇边结构相同,和O形密封圈一样,Y形密封圈可用做外径密封,也可用做内径密封,其安装剖面形状和结构形式如图6-6b)和图6-6c)所示。

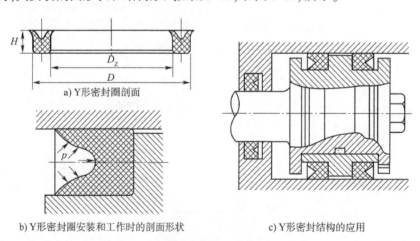

a) Y形密封圈剖面

b) Y形密封圈安装和工作时的剖面形状   c) Y形密封结构的应用

图6-6 Y形密封圈

如图6-7所示,Yx形密封圈是由Y形密封圈改进设计而成的,分为轴用与孔用两种结构形式。

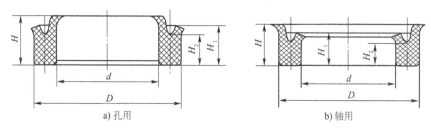

a) 孔用　　　　　　　　　　　b) 轴用

图 6-7　Yx 形密封圈

Yx 形密封圈安装情况如图 6-8 所示,均是以短唇贴向滑动面。Yx 形密封圈轴向尺寸比较大,其内外唇不等长,不易发生"翻转"。

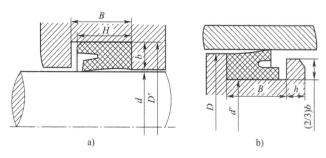

a)　　　　　　　　　　b)

图 6-8　Yx 形密封圈安装示意图

(2)V 形密封圈。

V 形密封圈用多层涂胶织物压制而成,如图 6-9a) 所示,由支承环 1、密封环 2 和压环 3 三部分组成。安装使用时,三者环叠在一起并加以一定的预紧力,如图 6-9b) 所示,压环压紧密封环,支承环使密封环产生变形而起密封作用。当压力增大时,可增加密封环的数量,以提高密封性。

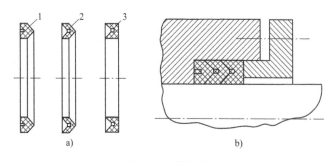

a)　　　　　　　　　　b)

图 6-9　V 形密封圈

V 形密封圈的密封性能好、耐磨,在直径大、压力高、行程长等条件下多采用这种密封圈;但是其轴向尺寸长、外形尺寸较大、摩擦系数大。

3)组合密封装置

组合密封装置是由两个以上元件组成的密封装置。最简单、最常见的是由钢和耐油橡胶压制成的组合密封垫圈。

（1）组合密封垫。

如图 6-10 所示为组合密封垫,外圈 2 由 Q235 钢制成,内圈 1 为耐油橡胶。组合密封垫安装方便、密封可靠,应用非常广泛。

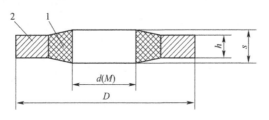

图 6-10　组合密封垫
1-耐油橡胶;2-Q235 钢圈

组合密封垫主要用在管接头的端面密封(如图 6-15 和图 6-16 所示管接头组件中的零件 5),或油塞等的端面密封。安装时,外圈 2 紧贴两密封面,内圈 1 厚度 h 与外圈 2 厚度 s 之差为橡胶的压缩量。

（2）组合密封圈。

如图 6-11 所示为高速液压缸中广泛采用的组合密封圈结构。它是由聚四氟乙烯垫圈和 O 形密封圈组合而成的。

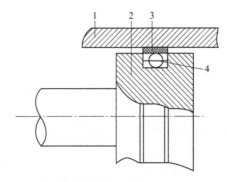

图 6-11　组合密封圈
1-缸体;2-活塞;3-聚四氟乙烯垫圈;4-O 形密封圈

组合密封圈中,O 形圈与相对运动的密封面不直接接触,不存在磨损等问题。与密封面接触的垫 3 材料为聚四氟乙烯,它耐高温、摩擦系数极小,且具有自润滑性但它缺乏弹性。因此,将聚四氟乙烯垫圈和 O 形密封圈组合使用,利用 O 形密封圈的弹性施加压紧力,二者取长补短,能获得很好的密封效果,并大大提高使用寿命。

4）油封

用以防止旋转轴的润滑油外泄漏的密封件,通常称为油封。油封主要用于液压泵、液压马达等的旋转轴的密封,防止工作或润滑介质从旋转部分泄漏,并防止泥土、灰尘等杂物进入,起防尘圈的作用。

油封一般由耐油橡胶制成,形式很多。图 6-12a)所示为 J 形无骨架式橡胶油封,图 6-12b)所示为油封安装情况。安装油封时,应使油封唇边在油压力作用下贴在轴上,不能装反。

油封在自由状态下,内径比轴径小,油封装进轴后,对轴产生一定的径向力,此力随油封使用时间的增加而逐渐减小,因此采用了弹簧予以补偿。当轴旋转时,在轴与唇口之间形成一层薄而稳定的油膜而不致漏油,当油膜超过一定厚度时就会漏油。

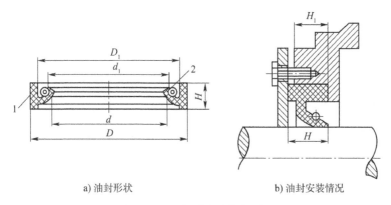

a) 油封形状   b) 油封安装情况

图 6-12 J 形无骨架式橡胶油封
1-涂色标记;2-工作面

6.2 管   件

管件又称连接件,主要包括油管和管接头,其作用是将分散的各种液压元件连接起来,构成一个完整的液压系统,因此,管件是液压系统中不可少的辅助元件。为保证液压系统工作可靠,管件必须有足够的强度及良好的密封性,且压力损失小、拆装方便。

液压系统中,通常把由管件和其他元件构成的传输工作液体的管道(或油液通路)称为管路(或油路)。根据功用不同,管路可分为工作管路、控制管路和泄漏管路。各类管路符号如图 6-13a) 所示,其中,工作管路为实线,控制管路和泄漏管路为虚线。连接管路如图 6-13b) 所示,交叉管路如图 6-13c) 所示,软管连接用一段圆弧线,如图 6-13d) 所示。

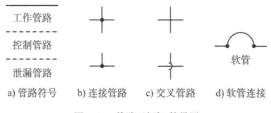

工作管路
控制管路
泄漏管路
a) 管路符号   b) 连接管路   c) 交叉管路   软管 d) 软管连接

图 6-13 管路(油路)符号图

6.2.1 油管的种类

液压系统常用油管包括钢管、紫铜管、塑料管、尼龙管、橡胶软管等。油管的材料不同,性能差别也很大,应当根据液压系统工作压力、液压元件安装位置和安装方式、液压装置工作环境等因素合理选用油管。典型油管的特点及适用场合见表 6-1。

典型油管的特点及适用场合 表6-1

种 类		特点和适用场合
硬管	钢管	耐油、耐高压、强度高、工作可靠,但装配时不便弯曲,常在装拆方便处用作压力管道。中压以上用无缝钢管,低压用焊接钢管
	紫铜管	价高,承压能力低(6.5~10MPa),抗冲击和振动能力差,易使油液氧化,但易弯曲成各种形状,且内壁光滑,摩擦阻力小,多用于中低压系统或仪表连接处
软管	橡胶软管	用于相对运动元件间的连接,分高压和低压两种。高压软管由耐油橡胶夹有1~3层钢丝编织网(层数越多,耐压越高)制成,装配方便,能减轻液压传动系统的冲击、吸收振动,但制造困难,价格较贵,寿命较钢管短,用于压力管路。低压软管由耐油橡胶夹帆布制成,用于回油管路
	塑料管	耐油,价低,装配方便,长期使用易老化,只适用于压力低于0.5MPa的回油管或泄油管
	尼龙管	乳白色透明,可观察流动情况,价低,加热后可随意弯曲,扩口、冷却后定形,安装方便,承压能力因材料而异(2.5~8MPa),但寿命较短,多用于中低压系统

6.2.2 油管的规格

油管的规格主要指内径 d 和壁厚 δ。

由于油管的内径影响油液的流动阻力,因此油管内径 d 的选取以降低流速减少压力损失为前提,内径过小,流速过高,压力损失大,易产生振动和噪声;内径过大,会使液压装置不紧凑。管的壁厚 δ 不仅与工作压力有关,而且与油管材料有关。一般根据有关标准,查手册确定 d 和 δ。

6.2.3 管接头

管接头用于油管与液压元件、油管与油管之间的可拆卸连接,其功能如图6-14所示。管接头必须具有足够的强度,在压力冲击和振动作用下要保持管路密封良好、连接牢固、压力损失小,且满足外形尺寸小、加工工艺性好等要求。

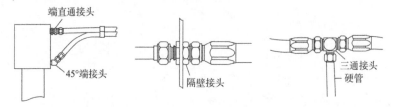

图6-14 管接头的功能

管接头的形式很多,按接头的通路方式可分为直通、直角、三通和四通等(如图6-14和图6-15所示);按管路和管接头的连接方式可分为焊接式、卡套式、扩口式和扣压式等;按接头和连接体的连接形式可分为螺纹连接和法兰连接等。管接头尺寸已标准化,应用时请查阅有关液压手册。工程装备液压系统中,管接头一般采用普通细牙螺纹与连接体连接。

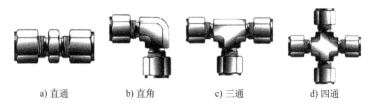

a) 直通　　　b) 直角　　　c) 三通　　　d) 四通

图6-15　管接头的通路方式

1）管接头结构

（1）焊接式管接头。

图6-16所示为焊接式管接头，它由接头体1、接管2、螺母3和密封件组成。螺母3套在接管2上，接管2与油管端部焊接，旋转螺母3将接管2与接头体1连接在一起。接管2与接头体1接合处采用O形圈密封。接头体1和本体（与之连接的阀、阀块、泵或马达）用螺纹连接，为提高密封性能，需要加组合密封垫5进行密封。若采用锥螺纹连接，在螺纹表面包一层聚四氟乙烯旋入形成密封。焊接管式管接头装拆方便，工作可靠，工作压力高，但装配工作量大，焊接质量要求高。

（2）卡套式管接头。

如图6-17所示为卡套式管接头，它由接头体1、螺母3和卡套4组成。卡套是一个内圈带有锋利刃口的金属环。当螺母3旋紧时，卡套4变形，一方面螺母3的锥面与卡套4的尾部锥面相接触形成密封，另一方面使卡套4的外表面与接头体1的内锥面配合形成球面接触密封。这种管接头连接方便，密封性好，但对钢管外径尺寸和卡套制造工艺要求高，须按规定进行预装配，一般要用冷拔无缝钢管。

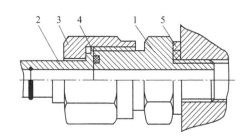

图6-16　焊接式管接头

1-接头体；2-接管；3-螺母；4-O形密封圈；5-组合密封垫

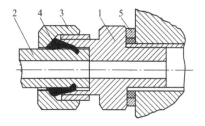

图6-17　卡套式管接头

1-接头体；2-接管；3-螺母；4-卡套；5-组合密封垫

（3）扩口式管接头。

图6-18所示为扩口式管接头。安装时，先将接管2的端部用扩口工具扩成一定角度的喇叭口，拧紧螺母3，通过导套4压紧管2扩口和接头体1相应锥面连接与密封。结构简单，重复使用性好，适用于薄壁管件连接、一般不超过8MPa的中低压系统。

2）橡胶软管接头

工程装备液压系统的橡胶软管如图6-19所示，管接头形式分为A、B、C形，分别与焊接式、卡套式、扩口式接头连接使用。

管接头与橡胶软管之间的连接方式有可拆式和扣压式两种。

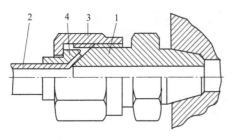

图 6-18 扩口式管接头

1-接头体;2-接管;3-螺母;4-导套

图 6-19 橡胶软管和管接头

如图 6-20 所示为一种可拆式橡胶软管接头。在胶管 4 上剥去一段外层胶,将六角形接头外套 3 套在胶管上,之后将锥形接头体 2 拧入,由锥形接头体 2 和外套 3 上带锯齿形的倒内锥面把胶管 4 夹紧,实现连接和密封。

如图 6-21 所示为一种扣压式橡胶软管接头。其装配工序与可拆式橡胶管接头相同,区别是外套 3 是圆柱形。这种接头最后要用专门模具在压力机上将外套 3 进行挤压收缩,使外套变形后紧紧地与橡胶软管和接头连成一体。随管径不同,它可用于不同工作压力的系统。

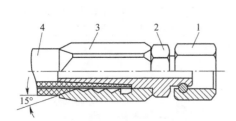

图 6-20 可拆式橡胶软管接头

1-接头螺母;2-接头体;3-接头外套;4-橡胶软管

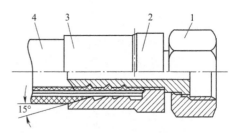

图 6-21 扣压式橡胶软管接头

1-接头螺母;2-接头体;3-接头外套;4-橡胶软管

3)快换管接头

如图 6-22 所示为一种快换管接头,其装拆无需工具,适用于需经常连接和断开的地方。图示是油路接通的工作状态(位置)。当需要断开油路时,用力将外套 4 向左推,再拉出接头体 5,同时单向阀阀芯 2 和 6 分别在弹簧 1 和 7 的作用下封闭单向阀的阀口,断开油路。图 6-23 为典型快换接头实物照片和职能符号。

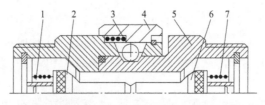

图 6-22 快换管接头

1、7-弹簧;2、6-单向阀阀芯;3-钢球;4-外套;5-接头体

图 6-23　快换接头实物照片和职能符号

4）铰接管接头

铰接管接头用于液流方向成直角的连接,相对于普通直角管接头,铰接管接头可以随意调整布管方向,安装方便,占用空间小。

铰接管接头分为固定式和活动式两类,使用压力都可高达 31.5MPa。图 6-24 所示为一种采用卡套式(除此之外,还有焊接式)连接的固定式铰接管接头,固定螺钉 1 上加工有 4 个径向孔和 1 个轴向孔,固定螺钉 1 把两个组合垫圈压紧在接头体 3 上实现密封,油液通过接头体的轴向孔、固定螺钉的径向孔和轴向孔形成通路。

5）旋转接头

有些具有回转平台的工程装备,如液压挖掘机和汽车式起重机等,液压泵通常安装在回转平台上,需把液压泵输出的压力油输往下部底盘或行走机构。就要在平台的回转中心设置一个旋转接头,又称中央回转接头,用来沟通回转平台与底盘之间的油路。

图 6-25 为一种中央回转接头结构示意图及其职能符号,它主要由回转轴 1、套筒 3 和密封件组成。回转轴用螺栓 2 固定在回转平台上,与平台一起转动。套筒下端焊有拨叉 6,固定在底盘上的定位锁 5 插入拨叉 6 的槽中,防止套筒随回转轴转动。回转平台上的油管与回转轴上端油孔相连接,油液经回转轴的轴向油道 a、径向油道及环形槽 b 与套筒的径向孔 c 相通,c 孔与底盘上的油管相连。在回转轴与套筒配合面之间设置 O 形密封圈 4。回转平台旋转时,与底盘固定连接的套筒虽不随回转平台转动,但始终能从回转轴的环形槽获得供油,从而保持机械的工作需要。导电滑环 7 用以连接回转平台与底盘之间的电路。

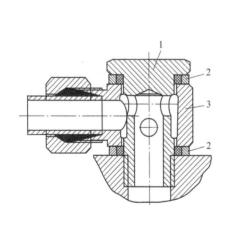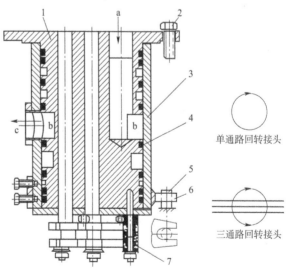

图 6-24　固定式铰接管接头

1-固定螺钉;2-组合垫圈;3-接头体

图 6-25　中央回转接头

1-回转轴;2-螺栓;3-套筒;4-O 形密封圈;5-定位销;6-拨叉;
7-导电滑环

6.2.4 管件的使用要点

管件使用安装不合理,不仅会给安装和检修带来麻烦,还会造成压力损失过大,甚至导致产生振动、噪声等不良现象,所以必须重视管件的使用及安装。

液压系统的管路包括高压、低压及回油管路,其安装要求各不相同,为便于检修,安装时最好对油管分别着色,以便区分。

1)硬管

(1)在保证油管有足够的伸缩变形和热胀冷缩余量前提下,油管要尽可能短(如图6-26所示);同时,尽量减少弯曲部位的数量,在必须弯曲的部位尽可能采用大的弯管半径,以减少油液流动时的压力损失。一般地,硬管的弯曲半径应不小于管径的3倍,管径小时还应再取大一些;弯曲处不应有波纹变形、凹凸不平及压裂扭伤等现象。

(2)管接头尽量布置在空间较大的位置,以方便拆装。系统中的主要油管或辅助油管应能单独拆装,且不影响其他元件;油管靠近管接头的部位应留有一段直管,否则管端难以与管接头对正(如图6-26所示)。

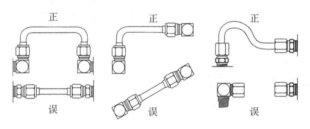

图6-26　油管设置松弯部分

(3)油管尽量平行安装,布置整齐,减少交叉。平行或交叉的油管之间至少应有10mm的间隙,以避免振动时引起相互撞击。在高压大流量的场合,为防止油管振动,需每隔1m左右用管夹将油管固定。

(4)多条油管沿壁面布置时,粗管在下,细管在上。粗管多用托架支撑,并用管箍固定。

(5)油管安装前应检查油管内部状况,如果发现锈蚀,一般用浓度为20%的硫酸或盐酸进行酸洗,酸洗后用10%的苏打水中和,再用温水洗净,然后干燥、涂油,并做预压试验,确认合格后再行安装。

2)软管

软管的工作寿命在很大程度上取决于安装使用的正确性,因此要求:

(1)安装软管时,应保证长度有足够的余量,防止软管伸展达到极限位置时承受拉力。同时,还应保证软管伸展达到极限位置时,连接端部接头的软管尚有一段保持不弯,该段软管的长度需大于其外径的6倍;当软管为弯管时,最小弯曲半径应为软管外径的9倍以上。

(2)软管安装完毕,应检查软管外皮上的纵向彩色线,不允许出现扭曲现象,否则会导致接头螺母被旋松,甚至在应变点使软管爆裂。

（3）当软管靠近排气管或其他热源时,应采用隔热套或金属隔板加以防护,以避免橡胶加速老化。在有软管与运动机件接触、软管与尖锐棱边接触、软管间十字交叉的场合,应用支架和管夹把软管固定以减小摩擦和碰撞。

（4）尽量用角接头代替直接头,以减少软管弯曲部位的数量。

液压系统的泄漏问题大都出现在管路的接头上,所以对接头形式、材料,管路的设计以及管路的安装都要认真对待,否则将影响液压系统的工作性能。

6.3 滤 油 器

6.3.1 滤油器的功用

滤油器的功用是清除工作油液中的各种杂质,净化油液,使进入系统的油液保持一定的清洁度,保证液压元件和系统可靠地工作。

6.3.2 滤油器的类型

滤油器通常通过过滤的方法净化油液,即在工作油液的通道中设置多孔可透性的介质或过滤元件(滤芯),用以滤除油液中的颗粒污染物,因此滤油器又称过滤器;除此之外,还可以利用吸附、凝聚和磁性等方式净化油液。

滤油器按其过滤精度(滤除杂质的颗粒大小)的不同,有粗滤油器、普通滤油器、精密滤油器和特精滤油器四种,它们分别能滤除大于 $100\mu m$、$10\sim100\mu m$、$5\sim10\mu m$ 和 $1\sim5\mu m$ 大小的颗粒污染物。

按滤芯材料和结构形式不同,滤油器可分网式、线隙式、烧结式、纸芯式和磁性滤油器。按过滤材料的过滤原理不同,滤油器可分表面型、深度型和吸附型滤油器。

1)表面型滤油器

表面型滤油器使被滤除的微粒污物截留在滤芯元件油液上游一面,整个过滤作用是由一个几何面来实现的,就像丝网一样把污物阻留在其外表面。滤芯材料具有均匀的标定小孔,可以滤除大于标定小孔的污物杂质。由于污物杂质积聚在滤芯表面,所以此种滤油器极易堵塞,但经清洗可重复使用,一般用于吸油、回油过滤和安全过滤的场合。最常用的有网式和线隙式滤油器两种。

如图 6-27a)所示为网式滤油器的结构。它由上盖1、下盖4和几块不同形状的铜网3组成。为使滤油器有一定的机械强度,铜丝网包在周围开有很多窗口的塑料或金属筒形骨架2上。一般滤除杂质颗粒的直径在 $80\sim180\mu m$ 之间,阻力小,压力损失不超过 0.01MPa,常用在液压泵吸油口处。网式滤油器的特点是结构简单,清洗方便,但过滤精度低。

如图 6-27b)所示为线隙式滤油器的结构。它由端盖1、金属线(铜线或铝线)5 和骨架2组成。金属线5绕在筒形骨架2的外圆上,利用线间的缝隙进行过滤。一般滤除杂质颗粒的直径在 $30\sim100\mu m$ 之间,压力损失约为 0.07~0.35MPa,常用在低压管路或液压泵的吸油口。线隙式滤油器的特点是结构简单,通油能力大,过滤效果较好,但滤芯材料强度低,不易清洗。

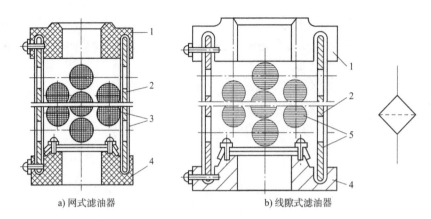

a) 网式滤油器　　　　　　　　b) 线隙式滤油器

图 6-27　表面型滤油器

1-上盖;2-骨架;3-铜网(滤芯);4-下盖;5-金属线

2)深度型滤油器

深度型滤油器的滤芯由多孔可透性材料制成,材料内部具有曲折迂回的通道,大于表面孔的粒子直接被拦截在靠油液上游的外表面,而较小污染粒子进入过滤材料内部,撞到通道壁上,滤芯的吸附及迂回曲折通道有利污染粒子的沉积和截留。这种滤芯过滤精度高,纳垢容量大,但堵塞后无法清洗,一般用于高压、泄油管路需精过滤的场合。这种滤芯材料有纸芯、烧结金属、毛毡和各种纤维类等。

如图6-28a)所示为一种纸芯式滤油器,又称纸质滤油器,其滤芯材料为平纹或波纹的酚醛树脂或木浆微孔滤纸,将微孔滤纸围绕在带孔的镀锡铁做成的骨架上,以增大强度。外层 2 为粗眼钢板网,中层 3 是滤纸,里层 4 为金属丝网与滤纸折叠在一起。

为增加过滤面积,纸芯一般做成折叠形,如图 6-28b)所示。该滤油器过滤精度较高,一般用于油液的精过滤,但堵塞后无法清洗,须经常更换滤芯。

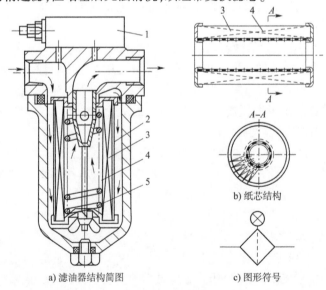

a) 滤油器结构简图　　　　　b) 纸芯结构

c) 图形符号

图 6-28　纸芯式滤油器

1-堵塞状态发讯装置;2-滤芯外层;3-滤芯中层;4-滤芯里层;5-支承弹簧

图6-28a)中,为防止因杂质聚积在滤芯上引起压差增大而压破纸芯,故在其顶部安装堵塞状态发讯装置1,发讯装置1与滤芯并联。

如图6-29所示是一种堵塞状态发讯装置工作原理图。滤芯上、下游的压差 $p_1 - p_2$ 作用在活塞1上,与弹簧的推力相平衡。当纸质滤芯逐渐堵塞时,压差加大,以至推动活塞1和永久磁铁2右移,感簧管4受磁铁作用而吸合,接通电路,报警器3发出堵塞信号(发亮或发声),提醒操作人员更换滤芯。

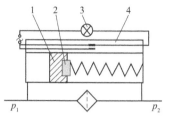

图6-29　堵塞状态发讯装置
1-活塞;2-永久磁铁;3-报警器;4-感簧管

如图6-30所示为一种烧结式滤油器,滤芯用金属粉末烧浇而成,利用颗粒间的微孔来滤除油液中的杂质通过。改变金属粉末的颗粒大小,就可以制出不同过滤精度的滤芯,这种滤芯能承受高压,过滤精度高,抗腐蚀性好,适用于要求精滤的高压、高温液压系统。烧结式滤芯的金属颗粒易脱落,堵塞后不易清洗。

3)吸附型滤油器

如图6-31所示为磁性滤油器的滤芯由永久磁铁3、非磁性罩2和铁环1构成,用于净化(吸附)油液中的铁磁性污染物。

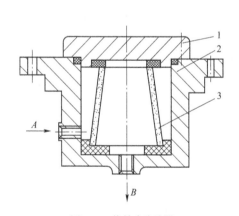

图6-30　烧结式滤油器
1-顶盖;2-壳体;3-滤芯

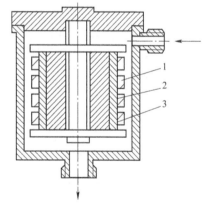

图6-31　磁性滤油器
1-铁环;2-非磁性罩;3-永久磁铁

磁性滤油器常与其他形式滤芯合起来制成复合式滤油器,图6-32所示为某型号挖掘机用复合式滤油器。

图6-32中,滤油器主要由外壳4、滤芯5、隔板1、磁铁柱10、底板7、放油螺塞8等组成。外壳4卡入底板7的环形槽内,用螺钉固定;外壳中部焊接有固定架,上部设置进、出油管接头A和B,顶部端盖的中央设有检油螺塞2。外壳内部上端在进、出油口之间设置隔板1,形成两个油腔。滤芯5外层为网式、内芯为纸质,通过骨架和上、下端滤网架卡装在一起;滤芯内腔经上端口连通滤油器出口B,下端口设有由弹簧、弹簧座、密封垫和支座组成的旁通阀9(C-C)。滤芯上端顶在上隔板上,其间装有橡胶密封垫3,下端以弹簧6支承在底板7上。3个磁性铁柱10旋装在底板上。

油液由进油口A进入滤油器壳内隔板1下方油腔,沿径向穿过滤芯5进入滤芯中心孔和隔板1上方油腔,经出油口B到散热器流回油箱。油液通过滤芯时,便将油内污染物挡住,即起到过滤作用;油内所含铁屑,由底板上的3个磁性铁柱吸住。滤芯往往由于滤除污染物过多而被堵塞,当其前后压力差超过0.22MPa时,旁通阀便打开,回油不经滤网而直接回油箱,从而可以保证油路的畅通。

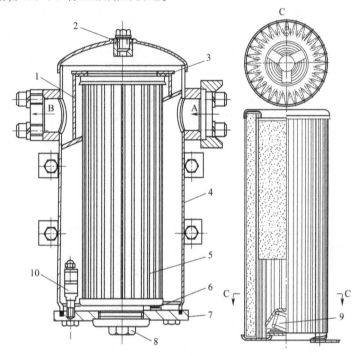

图6-32　某型号挖掘机用滤油器

1-隔板;2-检油螺塞;3-密封垫;4-外壳;5-滤芯;6-弹簧;7-底板;8-放油螺塞;9-旁通阀;10-磁铁柱

6.3.3　滤油器的选用

选用滤油器时应考虑以下几个方面:

(1)过滤精度应满足系统提出的要求。过滤精度是以滤除杂质颗粒度大小来衡量,颗粒度越小则过滤精度越高。滤油器精度越高,对系统越有利,但不必要的高精度过滤,会导致滤芯寿命下降,成本提高,所以选用滤油器时,应根据其使用目的确定合理精度及价格的滤油器。不同液压系统对滤油器的过滤精度要求见表6-2。

不同液压系统的过滤精度要求　　　　　　　　　　表6-2

系统类别	润滑系统	传动系统			伺服系统	特殊要求系统
压力(MPa)	0~2.5	≤7	>7	≤35	≤21	≤35
颗粒度(μm)	≤100	≤50	≤25	≤5	≤5	≤1

(2)要有足够的通流能力。通流能力指在一定压力降下允许通过滤油器的最大流量,应结合滤油器在液压系统中的安装位置,根据滤油器样本来选取。

(3)要有一定的机械强度,不因液压力而破坏。

(4)考虑滤油器其他功能。对于不能停机的液压系统,必须选择切换式结构的滤油器,可以不停机更换滤芯;对于需要滤芯堵塞报警的场合,则可选择带发讯装置的滤油器。

6.3.4 滤油器的安装

滤油器在液压系统中的安装位置通常有以下几种：

(1)安装在泵的吸油管路上。这种安装方式主要用来保护液压泵不被较大颗粒杂质所损坏,要求滤油器有较大的通流能力和较小的阻力,以防止气蚀产生。其安装位置如图 6-33a)所示。

(2)安装在液压泵的出口。如图 6-33b)所示,这种安装方式可以保护除液压泵以外的其他液压元件,多采用 $10 \sim 15 \mu m$ 的精滤油器。由于滤油器处于高压油路上,因此它应能承受高压、系统中频繁出现的压力变化以及冲击压力的作用,压力损失一般小于 0.35MPa。精滤油器常用在过滤精度要求高的系统及对污染物特别敏感的元件前,以保证系统和元件的正常工作。为防止滤油器堵塞时液压泵过载和滤芯被损坏,滤油器宜与旁通阀并联或者串联一堵塞指示装置。

(3)安装在液压系统的回油路上。如图 6-33c)所示,这种安装方式可滤去油液回油箱前侵入系统或系统生成的污物,间接保护整个系统。由于回油压力低,可采用滤芯强度不高的精滤油器,并允许滤油器有较大的压降,为防止堵塞或低温起动时高黏度油液流过所引起的系统压力升高得过大,并联一单向阀(或溢流阀),起旁通阀的作用(如图 6-32 所示的滤油器)。

(4)安装在液压系统的支油路上,如图 6-33d)所示。当液压泵的流量较大时,为避免选用过大的滤油器,在系统的支油路上安装一小规格的滤油器,过滤部分油液。这样既不会在主油路上造成压降,滤油器又不承受高压。

(5)安装在单独的过滤系统上。如图 6-33e)所示为由专用液压泵和滤油器组成的独立于液压系统之外的过滤系统,它可以经常清除系统中的杂质,保证滤油器的功能不受系统中压力和流量波动的影响,过滤效果较好。

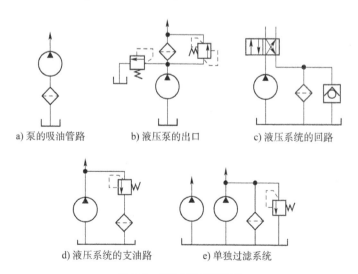

a) 泵的吸油管路　　b) 液压泵的出口　　c) 液压系统的回路

d) 液压系统的支油路　　e) 单独过滤系统

图 6-33　滤油器的安装位置

在安装时应当注意,一般滤油器只能单向使用,以利于滤芯的清洗,保证系统的安全。

因此,滤油器不应安装在液流方向可能变换的油路上,必要时要增设单向阀和滤油器,以保证双向过滤。清洗或更换滤芯时,要防止外界污染物侵入液压系统。

6.3.5 滤油器的使用与更换

(1)应根据要求定期更换滤油器。在恶劣的条件下使用液压系统时,应根据环境特点和油液质量,适当缩短更换周期。

(2)更换旧滤油器时,应该检查是否有金属颗粒、橡胶碎渣等吸附在旧滤芯上,如果发现有此情况,应请专业人员对系统进行检查处理。

(3)在安装新滤油器之前,切勿过早地打开包装盒。

(4)在安装滤油器时应注意,滤油器一般只能单向使用,进出油口不可装反。

6.4 油箱和热交换器

6.4.1 油箱

油箱在液压系统中主要功用是储存液压系统工作油液,散发系统工作时产生的热量,沉淀杂质和析出油液中的气泡等。另外在某些工程装备液压系统中,油箱还具有用作安装平台、支承其他装置等作用。

1)油箱的类型和典型结构

根据油箱液面与大气是否相通,油箱分为开式和闭式两种。其中闭式油箱又有隔离式和压力式两种类型。

(1)开式油箱。

开式油箱典型构造如图6-34所示。主要特点:

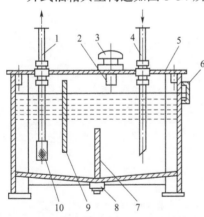

图6-34 开式油箱结构
1-吸油管;2-加油滤油器;3-油箱盖(带空气滤油器);4-回油管;5-顶盖板;6-油面指示器;7、9-隔板;8-放油塞;10-吸油滤油器

①吸油管1和回油管4尽量远离,设隔板7和9将吸油区和回油区隔开,增加油液循环距离,以利散热、沉淀污物和分离气泡。隔板高度一般为液面高度的2/3~3/4。

②回油管端部切成45°斜口,斜口面向离回油管最近的箱壁,利于散热和沉淀杂质。吸油管端部设置具有泵吸入量2倍以上通油能力的滤油器或滤网,与油箱底部距离不小于2倍管径,与油箱侧壁距离不小于3倍管径,以保证泵吸油充分。

③油箱上部设置带滤网的加油口,平时用油箱盖3封闭。油箱盖设有空气滤清器。油箱底面略带斜度,并在最低处设放油螺塞8。油箱侧面装设油位计及温度计。

④系统中的泄漏油管尽量单独接入油箱。其中各类控制阀的泄漏油管端部应在油面以上,以免产生背压。

⑤一般油箱可通过拆卸上盖进行清洗、维护。大容量的油箱多在油箱侧面设清洗用的窗口,平时用侧板密封。

图6-35为某型号推土机工作装置油箱的结构图。箱体下部装有液压泵的吸油管5,管端设有吸油滤油器6,上部装有回油管1、加油口10和透气装置8,回油管1端部削成斜口。加油口上部设置有加油口盖,加油口盖关闭时通过装在盖上的弹簧、压板、胶垫等使之保持良好密封。在加油口内部装有铜丝滤网11,以滤除所加液压油中的杂质。透气装置8的作用是使空气自由出入油箱,防止因液面升降形成高压或负压,但要滤去空气中的尘埃等杂质,因而它实际上是一个空气滤清器;透气装置外壳为百叶窗式的透气筒,筒内装有泡用弹簧支撑沫塑料。透气装置下方装有阻尼器9,对空气的流动起阻尼作用以使空气流动平稳。油箱底部装有放油螺塞3,侧壁有检视盖7,拆下此盖可更换滤油器并便于清洗油箱,油箱外部两端制有手把2和安装支座4。

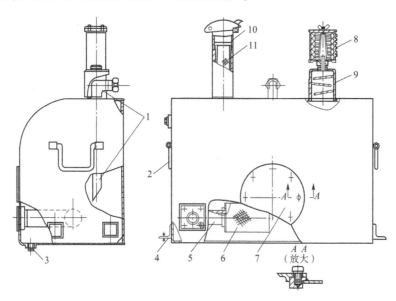

图6-35 某推土机工作装置液压系统油箱

1-回油管;2-手把;3-放油螺塞;4-安装支座;5-吸油管;6-滤油器;7-检视盖;8-透气装置;9-阻尼器;10-加油口;11-铜丝滤网

(2)隔离式油箱。

在周围环境恶劣、灰尘特别多的场合,可采用隔离式油箱,如图6-36所示。当液压泵吸油时,挠性隔离器1的气孔2进气;当液压泵停止工作,油液排回油箱时,挠性隔离器1被压瘪,气孔2排气,所以油液在不与外界空气接触的条件下,液面压力仍能保持为大气压力。挠性隔离器的容积应比液压泵的每分钟流量大25%以上。

(3)压力油箱。

当泵吸油能力差,且不适合安装补油泵时,可采用压力油箱,如图6-37所示。封闭油箱,使来自压缩空气站储气罐的压缩空气经减压阀将压力降到 0.05 ~ 0.07MPa。为防压力过高,设有安全阀5。为避免压力不足,设有电接点压力表4和报警器。

2)油箱的容积

从油箱的散热、沉淀杂质和分离气泡等功能来看,油箱的容积越大越好。但容积太大,会导致系统体积大、质量大、操作不便,特别是在行走式机械中矛盾更为突出。通常可根据系统的工作压力来概略地确定油箱的有效容积 V。

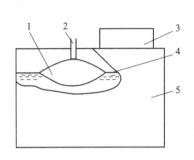

图 6-36　隔离式油箱
1-挠性隔离器;2-进出气孔;3-液压装置;4-液面;5-油箱

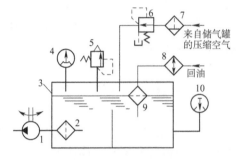

图 6-37　压力油箱
1-泵;2、9-滤油器;3-油箱;4-电接点压力表;5-安全阀;6-减压阀;7-分水滤气器;8-冷却器;10-电接点温度表

(1)低压系统:

$$V = (2 \sim 4) \times 60q$$

式中:q——液压泵的流量(m^3/s)。

(2)中压系统:

$$V = (5 \sim 7) \times 60q$$

(3)高压系统,油面高度为油箱高度80%时的油箱有效容积,称为油箱的容量,应参考设计手册根据发热散热平衡的原则计算确定。初步估算采用:

$$V = (5 \sim 7) \times 60q$$

6.4.2　热交换器

液压系统的大部分能量损失会转化为热量,除部分散发到周围空间外,大部分使油液温度升高。系统内液压油的温度过高,会使油液的黏度下降,密封材料过早老化,破坏润滑部位的油膜,油液饱和蒸汽压升高引起气蚀等。相反,液压油的温度过低,会造成油液黏度上升,装置或部件起动困难,压力损失加大并引起振动,甚至酿成事故。

液压系统的工作温度一般希望保持在30℃～50℃的范围内,最高不超过65℃,最低温度不低于15℃。当液压系统自身不能使油温控制在该范围内时,油温的控制就靠热交换器来实现。热交换器根据使油温升高或降低分为加热器和冷却器。

1)冷却器

当液压系统功率大、效率低(例如节流环节多),或者油箱容积受限制等单靠自然散热不能保持规定的油温时,必须采用冷却器。

水冷式冷却器有多管式、板式和翅片式等形式。

图6-38所示为一种多管式水冷却器,工作时,冷却水从铜管3内通过,将铜管周围油液中的热量带走。冷却器内的挡板2使油迂回前进,增加流程,从而提高了传热效率,冷却效果较好。

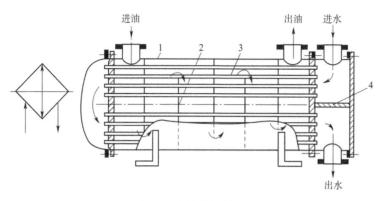

图 6-38 多管式水冷却器

1-外壳;2-挡板;3-铜管;4-隔板

图 6-39 所示为一种翅片式水冷却器。水从管内流过,油液从水管外面通过,油管外部加装横向或纵向的散热翅片,以增加散热面积,其冷却效果比其他冷却器高数倍。

2)加热器

液压系统工作前,如果油温低于 10℃,将因黏度大而不利于泵的吸油和起动。加热器的作用在于低温起动前将油温升高到适当值(15℃)。加热方法包括蒸汽加热和电加热。

电加热器使用方便,易于自动控制温度,故应用较广泛,如图 6-40 所示,电加热器 2 用法兰固定在油箱 1 的壁上。发热部分全浸在油液的流动处,便于热量交换。为避免油液局部温度过高而变质,一般设置联锁保护装置,在没有足够的油液经过加热循环时,或者在加热元件没有被系统油液完全包围时,阻止加热器工作。

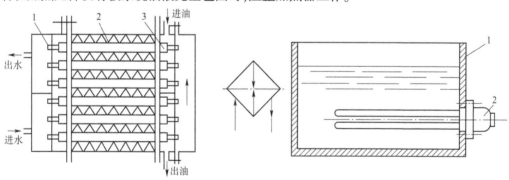

图 6-39 翅片式水冷却器

1-通水管;2-翅片;3-通油管

图 6-40 电加热器安装图

1-油箱;2-电加热器

6.5 蓄 能 器

蓄能器是一种将液压系统中的压力能储存起来,在需要时又放出来的辅助元件。

6.5.1 蓄能器的功用

(1)作辅助动力源。

某些执行元件间歇动作或只作短时间高速运动的液压系统中,设置蓄能器后可使用一个流量较小的液压泵。当液压泵不工作或系统突然需要较大流量时,蓄能器可释放压力能,向执行元件供压力油。

(2)作紧急动力源。

某些液压系统,要求执行元件即使泵发生故障或停止也需要继续完成某种必要的动作。此系统中,可以设置适当容量的蓄能器作为紧急动力源。

(3)补充泄漏和保持压力。

对于执行元件长时间保持静止但要保持恒定压力的系统(如夹紧装置),可用蓄能器来补偿泄漏,从而使机构保压。

(4)吸收液压冲击和脉动。

在某些性能要求高的液压元件之前设置蓄能器,可以吸收、缓和液压冲击。在泵出口处并联一个反应灵敏而惯性小的蓄能器,便可以吸收流量和压力的脉动,降低噪声。

(5)用于工程装备底盘的油气悬架,以保证其行驶时的平稳性。

6.5.2　蓄能器的典型构造

根据对蓄能器内油液的加载方式不同,蓄能器可分重锤式、弹簧式和充气式三类。其中,充气式蓄能器应用最广泛。常用的充气式蓄能器一般有三种:气瓶式、活塞式和气囊式,如图6-41所示为常用充气式蓄能器结构及其职能符号。

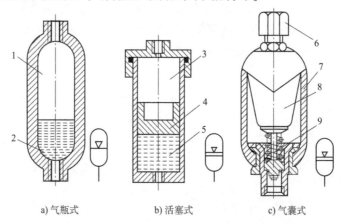

a) 气瓶式　　　　b) 活塞式　　　　c) 气囊式

图6-41　充气式蓄能器

1、3-气体;2、5-液压油;4-活塞;6-充气阀;7-壳体;8-气囊;9-菌形阀

1)气瓶式蓄能器

如图6-41a)所示,利用气体1的压缩和膨胀来储存、释放压力能,气体和液压油2在蓄能器中直接接触。容量大、惯性小、反应灵敏、轮廓尺寸小,但气体容易混入油内,影响系统工作平稳性。气瓶式蓄能器只适用于大流量的中、低压回路。

2)活塞式蓄能器

如图6-41b)所示,利用气体3的压缩和膨胀来储存压力能;气体3和液压油5在蓄能器中由活塞4隔开。结构简单、工作可靠、安装容易、维护方便但活塞惯性大、活塞和缸壁之间有摩擦、反应不够灵敏、密封要求较高。活塞式蓄能器主要用来储存能量,也可吸收冲击。

3)气囊式蓄能器

如图6-41c)所示,利用气囊8中气体的压缩和膨胀来储存、释放压力能;气体和液压油在蓄能器中由气囊隔开。带弹簧的菌形阀9使油液能进入蓄能器,但为防止气囊自油口被挤出,充气阀6只在蓄能器工作前为气囊充气时打开,蓄能器工作时则关闭。结构尺寸小,质量轻,安装方便,维护容易,气囊惯性小。折合型气囊蓄能器容量较大,可用来储存能量;波纹型气囊蓄能器适用于吸收冲击。

6.5.3　蓄能器的安装使用

蓄能器在液压回路中的安装位置随其功用而不同,吸收液压冲击或压力脉动时宜放在冲击源或脉动源附近,补油保压时宜尽可能接近有关的执行元件。使用蓄能器须注意以下几点:

(1)充气式蓄能器中应使用氮气或惰性气体,允许工作压力视蓄能器结构而定,皮囊式为3.5～32MPa。

(2)不同的蓄能器各有其适用的工作范围,例如,气囊式蓄能器的气囊强度不高,不能承受很大的压力波动,且只能在－20～70℃温度范围内工作。

(3)气囊式蓄能器原则上应垂直安装,油口向下,以免影响气囊的正常伸缩;只有在空间位置受限制才允许倾斜或水平安装。

(4)安装在管路中的蓄能器必须用支架或支板加以固定。

(5)蓄能器与管路系统之间应安装截止阀,供充气、检修时使用。蓄能器与液压泵之间应安装单向阀,防止液压泵停车时蓄能器内储存的压力油倒流。

(6)禁止在充油状态下拆卸蓄能器。不能在蓄能器上进行焊接、铆接及机械加工。

练 习 题

1.液压系统中常用的辅助装置有哪些? 各起什么作用?

2.间隙密封和密封件密封的原理是什么?

3.密封的作用是什么? 常见的密封装置有哪几种类型?

4.唇形密封件有哪些? 各有什么特点? 应用和装配时有哪些注意事项?

5.常见的油管和管接头有哪几种类型? 分别用在哪些场合? 在安装和使用液压系统管道时应注意哪些问题?

6.滤油器的作用是什么? 常见的滤油器有哪几种类型?

7.滤油器在液压系统中的安装位置有哪几种? 滤油器的使用注意事项有哪几方面?

8.油箱的功用是什么? 液压系统的正常工作温度是多少? 是否所有的油箱都要设置冷却器和加热器?

9.热交换器的功用是什么? 分别有几种? 一般安装在液压系统的什么部位?

10.蓄能器的主要功能有哪些? 主要有哪些类型? 蓄能器使用时应注意哪些问题?

第7章 液压基本回路

由若干个液压元件组成的用来完成特定功能或控制某个参数的典型回路,称为液压基本回路。工程装备液压系统无论多么复杂,都是由一些简单的基本回路组成的,即都可以拆分成若干发挥不同功能的基本回路。所以,理解液压基本回路的功用、组成和工作原理对于设计、分析、使用和维护液压系统具有十分重要的意义。

根据在液压系统中的功用,液压基本回路可分为四类,即压力控制回路——控制整个系统或局部油路的工作压力,速度控制回路——控制和调节执行元件的速度,方向控制回路——控制执行元件运动方向的变换和锁停,多执行元件控制回路——控制几个执行元件相互间的工作循环。

7.1 压力控制回路

压力控制回路是利用压力控制阀来控制整个液压系统或局部油路的压力,以使执行元件获得所需的力或力矩的单元回路。按照功能不同,压力控制回路又可分为调压、减压、增压、卸荷、保压、缓冲补油等回路。

7.1.1 调压回路

调压回路的功用是调定或限制液压系统的最高工作压力,给系统提供安全保证,或者使执行机构在工作过程的不同阶段实现多级压力变换。一般由溢流阀来实现这一功能。调压回路包括单级调压回路、两级调压回路和多级调压回路等。

液压系统在不同工况有不同压力需求:有些情况需要使整个系统保持一定的工作压力,有些情况系统需要在一定的压力范围内工作,有些情况需要系统能在几种不同压力下工作,这些情况就要通过调压回路进行调整和控制。

1)单级调压回路

单级调压回路如图 7-1 所示。由于液压系统工作时液压泵出口处压力最高,把溢流阀 1 旁接在液压泵的出口处就可以限制液压泵出口处的压力,也就限制了系统的最高工作压力。

图 7-1a)的调压回路中,溢流阀 1 用来控制系统的最高工作压力为恒值,当负载变化不大时使节流阀前后的压差保持基本恒定,使通过节流阀进入执行元件的流量保持基本稳定,所以此回路中的溢流阀 1 作定压阀(或稳压阀)用。

图 7-1b)的调压回路中,系统正常工作时,安全阀为常闭状态(也就是说,当阀前压力

不超过溢流阀的调定压力时,此阀关闭不溢流);当出现某些特殊情况使阀前压力超过调定压力时,溢流阀打开溢流,保证系统的安全。这些特殊情况包括系统超载、系统重载启动、执行元件(液压缸)运动到终点位置等。所以,溢流阀起限压作用,为系统提供了安全保护,通常被称为安全阀(或限压阀)。

必要时,可以在某一支路中旁接溢流阀,为其提供安全保护,如图7-1c)所示。当换向阀处于中立位置时,液压缸两个油腔被锁闭,假如液压缸有杆腔因其他机构动作而形成超载,溢流阀1就溢流;溢流阀1的调定压力通常比系统主油路溢流阀的调定压力高10% ~ 25%。此回路中,溢流阀1也通常被称为安全阀(或限压阀)。

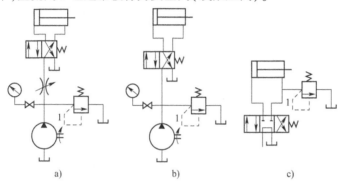

图7-1 单级调压回路
1-溢流阀

2)两级调压回路

如图7-2a)所示,该回路可实现两种不同的系统压力控制。由先导式溢流阀1和直动式溢流阀3各调一级,当二位二通电磁阀2处于图示位置时系统压力由阀1的先导阀调定。当阀2得电后处于右位时,系统压力由阀3调定,但要注意,阀3的调定压力一定要小于阀1先导阀的调定压力,否则阀3不能实现调压。当系统压力由阀3调定时,阀3处于工作状态并有油液溢流,先导式溢流阀1的先导阀口关闭,但液压泵的溢流流量经阀1的主阀口回油箱。阀3工作时,它相当于并联在阀1主阀芯前方油路上的另一个先导阀。

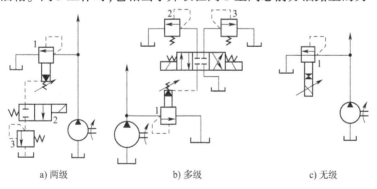

a) 两级   b) 多级   c) 无级

图7-2 两级、多级和无级调压回路
1、2、3-溢流阀

3)多级调压回路

如图7-2b)所示,多级压力分别由溢流阀1、2、3调定,当所有电磁铁失电时,系统压力由主溢流阀 1 调定。当左侧电磁铁得电时,系统压力由阀 2 调定。当右侧电磁铁得电时,系统压力由阀 3 调定。在这种调压回路中,阀 2 和阀 3 的调定压力要低于主溢流阀 1 先导阀的调定压力,而阀 2 和阀 3 的调定压力之间可以没有任何关系。当阀 2 或阀 3 工作时,阀 2 或阀 3 均相当于阀 1 主阀芯前方油路上并联的另一个先导阀。

4)无级调压回路

如图 7-2c)所示,通过改变比例电磁溢流阀的输入电流(或电压)来实现无级调压。

7.1.2 减压回路

减压回路的功用是使系统中某一支路具有低于系统压力调定值的稳定工作压力。

单级减压回路如图 7-3a)所示,是工程装备变速器操纵、变矩器传动及冷却等油路常用的减压回路,在所需低压的支路上串接定值减压阀 2,回路中的单向阀 3 防止主油路压力降低(低于减压阀 2 的调整压力)时油液倒流,起短时保压作用。

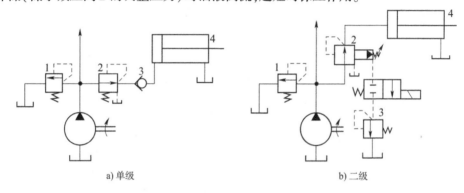

a) 单级   b) 二级

图 7-3 减压回路
1-溢流阀;2-减压阀;3-调压阀;4-工作缸

也可采用类似两级或多级调压的方法获得两级或多级减压回路,还可采用比例减压阀来实现无级减压。

如图 7-3b)所示是二级减压回路。在先导式减压阀 2 的遥控口上接入远程调压阀 3,当二位二通换向阀处于图示位置时,缸 4 的压力由减压阀 2 的调定压力决定;当二位二通换向阀处于右位时,缸 4 的压力由远程调压阀 3 的调定压力决定。阀 3 的调定压力必须低于阀 2。液压泵的最高工作压力由溢流阀 1 调定。

为了使减压回路工作可靠,减压阀的最低调整压力不应小于 0.5MPa,最高调整压力至少比系统压力低 0.5MPa。

7.1.3 卸荷回路

卸荷回路的功用是在液压泵驱动原动机不频繁启停的情况下,使液压泵在功率输出接近于零的情况下运转,以减少功率损耗,降低系统发热,延长泵和电动机的寿命。因为液压泵的输出功率为其流量和压力的乘积,因而,两者中的任意一个近似为零,功率损耗即近似为零。因此,液压泵的卸荷有流量卸荷和压力卸荷两种。流量卸荷方式主要采用变量泵,当回路处于卸荷状态时,变量泵仅以最小流量运转,此方法比较简单,但泵仍处在高压状态下运行,磨损比较严重。压力卸荷方式一般用于定量泵系统,采用控制元件使泵在接近零压下运转,常用的压力卸荷回路有以下几种。

1)用换向阀中位机能的卸荷回路

定量泵可借助 M 型、H 型或 K 型换向阀中位机能来实现泵降压卸荷,如图 7-4a)所示。这种卸荷回路的切换压力冲击大,适用于低压小流量系统。当回路需保持一定(较低)控制压力以操纵液动元件时,在回油路上应安装背压阀 a。

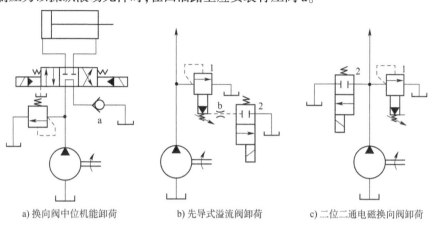

a) 换向阀中位机能卸荷　　b) 先导式溢流阀卸荷　　c) 二位二通电磁换向阀卸荷

图 7-4　卸荷回路

2)用先导式溢流阀的卸荷回路

图 7-4b)是采用二位二通电磁阀控制先导式溢流阀的卸荷回路。当先导式溢流阀 1 的遥控口通过二位二通电磁阀 2 接通油箱时,泵输出的油液以很低的压力经溢流阀回油箱,实现卸荷。为防止卸荷或升压时产生压力冲击,在溢流阀遥控口与电磁阀之间可设置阻尼 b。这种卸荷回路的卸荷压力小,切换时的压力冲击也小,适用于大流量系统。

3)用二位二通换向阀卸荷回路

二位二通阀卸荷回路如图 7-4c)所示,当执行元件不工作时,二位二通电磁阀 2 得电,从而使泵卸荷。

4)多路阀的卸荷回路

如图 5-33、图 5-34 和图 5-35 所示的多路阀中,均采用了中立位置回油道卸荷的方式。这种回路在工程装备液压系统中普遍采用。它可以同时控制几个执行机构工作,而在所有执行机构停止工作时(即各联换向滑阀都处于中立位置时)液压泵即实现卸荷。

7.1.4　平衡回路

平衡回路的功用是使执行元件的回油路上保持一定的背压值,以防止竖直或倾斜放置的液压缸和与之相连的工作部件因自重而自行下落,或在下行运动中由于自重而造成失控、失速等不稳定状况。

1)采用单向顺序阀的平衡回路

图 7-5a)是采用单向顺序阀(结构和工作原理见图 5-25 所示)的平衡回路,调整顺序阀,使其开启压力与液压缸下腔作用面积的乘积稍大于垂直运动部件的重力。活塞下行时,由于回油路上存在一定背压支承重力负载,活塞将平稳下落;换向阀处于中位,活塞停止运动,不再继续下行。此平衡回路中的顺序阀又称作内控平衡阀,其调定压力一经调整

完毕,若工作负载变小,系统的功率损失将增大。又由于滑阀结构的顺序阀和换向阀存在泄漏,活塞不可很能长时间停在任意位置,故这种回路适用于工作负载固定且活塞闭锁要求不高的场合。

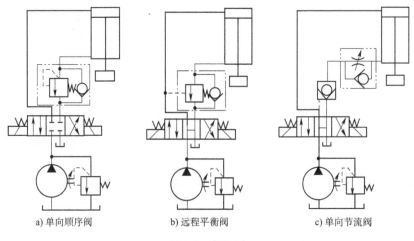

| a) 单向顺序阀 | b) 远程平衡阀 | c) 单向节流阀 |

图 7-5 平衡回路

2)采用远控平衡阀的平衡回路

如图 7-5b)所示为工程装备常用的采用远控平衡阀的平衡回路。远控平衡阀可以是外控单向顺序阀(结构和工作原理见图 5-24 和图 5-25 所示),阀口大小受另一油腔压力控制,能自动适应不同载荷对背压的要求,保证了活塞下降速度基本不受载荷变化的影响。

远控平衡阀也可做成一种特殊结构的外控单向顺序阀,它的密封性好,能使负载长时间悬空停留,该平衡阀又称为限速锁。

3)采用液控单向阀的平衡回路

如图 7-5c)所示为用单向节流阀限速、液控单向阀锁紧的平衡回路。当活塞下行时,因液压缸下腔的回油经节流阀产生背压,故活塞下行运动较平稳。当液压泵突然停转或换向阀处于中位时,液控单向阀1将回路锁紧,并且重物的质量越大液压缸下腔的油压越高,阀1关得越紧,其密封性越好。因此这种回路能将重物较长时间地停留在空中某一位置而不下滑。

7.1.5 缓冲补油回路

液压系统中,执行元件在驱动质量较大或者运动速度较快的负载时,如果突然停止运动或突然换向,由于运动部件惯性大,回路中会产生很大的冲击和振动,影响运动部件的定位精度,严重时妨碍机械的正常工作甚至损坏设备。为了消除或减小液压冲击,除了在液压元件本身结构上采取措施(如在液压缸端部设置缓冲装置、在溢流阀阀芯设置阻尼等),还可以在系统中采用缓冲回路。

缓冲回路是在液压回路中采取一些压力控制措施,使运动部件在行程终点前预先减速,延缓停止时间或换向时间,延缓卸载和升压过程以达到缓冲的目的。尤其是一些具有回转机构的工程装备(例如挖掘机和起重机),回转机构运动部件惯性较大、作业繁重、环境恶劣、经常受到意外载荷的冲击,在频繁启动、制动、换向时也给系统带来很大的液压冲击,采用缓冲补油回路可使换向平稳,液压冲击减小。

如图7-6所示的马达回路,设换向阀处于左位,马达左路进油,工作压力为p,马达右路回油,回油压力为p_0。当换向阀从左位回到中位时,马达的进出油口被封死,由于惯性,马达并不能立即停止运动,一方面原回油口继续排油,但油口已被封死,不能排出油液,故压力升高(达到$p_0+\Delta p$),造成液压冲击;另一方面,进油口在惯性作用下有继续进油的趋势,但进油口已经封闭,无法得到油液,马达进油口形成真空。为了限制压力增量过高和防止出现真空,需要设置缓冲阀和补油阀。

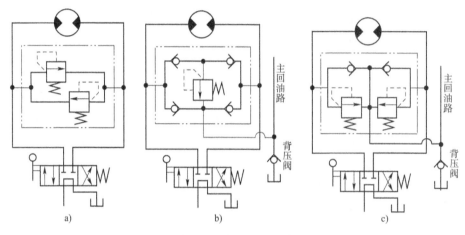

图7-6 回转缓冲补油回路

在图7-6a)中,缓冲补油阀由两个直动式溢流阀组成,当马达排油腔出现高压时,缓冲阀打开,向进油腔补油,这种缓冲补油方式可以缓和冲击,但补油会因存在泄漏而不充分。

在图7-6b)中,缓冲补油阀(又称溢流油桥制动阀)由一个直动溢流阀和4个单向阀组成,除了溢流缓冲,还可从主回油路获得油液补充,补油比较充分。

在图7-6c)中,缓冲补油阀(又称制动阀)由两个直动溢流阀和两个单向阀组成,可以根据马达正反转负载情况分别设定缓冲压力,适应性较强。

习惯上,利用换向阀回到中位、封闭执行元件进出油口强迫执行元件停止运动的方法被称为液压制动。所以,缓冲补油阀也称制动阀。液压制动的优点是没有机械磨损,但定位精度差。制动时间的长短取决于缓冲压力设定的高低。

在许多工程装备作业机构(如挖掘机动臂、斗杆和铲斗)的驱动液压缸油路中,通常设置如图7-7所示缓冲补油回路。

图7-7中,溢流阀2和4为直动式溢流阀,用于缓和冲击;单向阀3或5用于补油,防止形成负压。溢流阀2和4还有另外两个重要作用,即在换向阀处于中间位置且其他执行元件动作过程中,一是在液压缸6因其他机构动作而导致某个油腔超载时,对该油腔及其管路起安

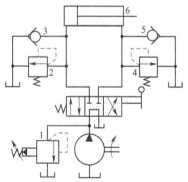

图7-7 液压缸缓冲补油回路
1、2、4-溢流阀;3、5-单向阀;6-液压缸

全保护作用;二是给液压缸6提供足够的闭锁力,使整个工作装置具备必要的刚度以实施作业。与图7-1c)中的溢流阀1相似,本回路中溢流阀2和4的调定压力通常比系统主油路溢流阀1的调定压力高10%~25%。

7.2　速度控制回路

液压系统中,执行元件的速度取决于供给执行元件的油液流量,因此,对执行元件运动速度的控制实质上就是要对油液流量进行控制。

控制方式有两种:泵控和阀控。泵控即通过改变液压泵或液压马达的排量实现控制;阀控即采用流量控制阀实现控制。在液压系统中,根据被控制执行元件的运动状态、方式以及调节方法,速度控制回路可分为调速、制动、限速和同步回路等。

7.2.1　调速回路

液压传动系统的调速回路包括:定量泵供油系统中用流量控制阀调节进、出执行元件流量的节流调速回路,调节变量泵或变量马达排量的容积调速回路,同时调节流量控制阀流量及变量泵排量的容积节流调速回路。

1)定量泵节流调速回路

在液压系统采用定量泵供油时,因泵输出的流量 q 一定,故要改变输入执行元件的流量 q_1,必须在泵的出口旁接一条支路,将泵多余的流量 $\Delta q = q - q_1$ 溢流回油箱,这种调速回路称为节流调速回路,它由定量泵、执行元件、流量控制阀(节流阀、调速阀等)和溢流阀等组成,其中流量控制阀起流量调节作用,溢流阀起压力补偿或安全作用。

定量泵节流调速回路根据流量控制阀在回路中安放位置的不同分为进油节流调速、回油节流调速、旁路节流调速三种基本形式。

(1)进油、回油节流调速回路。

如图7-8a)所示,节流阀安装在定量泵与液压缸之间,为进油节流调速回路;如图7-8b)所示,节流阀安装在液压缸的回油路上,为回油节流调速回路。当回路负载使溢流阀进口压力达到其调定值、溢流阀总处于溢流时,两回路能实现节流调速。调大或调小节流阀的通流面积 A_T,进入液压缸的流量就能变大或变小,溢流量随之变小或变大,从而使液压缸的速度得到调整,图7-8c)为其速度负载特性曲线。

当回路负载减小到使溢流阀进口压力小于其调定值、溢流阀关闭时,两回路处于非调速状态。因此,进、回油节流调速回路能够正常工作的必要条件是:定量泵必须有多余的油液通过溢流阀流回油箱。由于溢流阀有溢流,泵的出口压力 p 为溢流阀的调整压力,并基本保持定值,工作原理如图7-1a)所示。

(2)旁路节流调速回路。

如图7-9a)所示,旁路节流调速回路是将节流阀装在与液压缸并联的支路上。

定量泵输出的流量 q 一部分 q_T 通过节流阀溢回油箱,一部分 q_1 进入液压缸,使活塞获得一定的运动速度。调节节流阀的通流面积 A_T,即可调节通过节流阀溢回油箱的流量 q_T,从而调节了进入液压缸的流量,从而实现调速,图7-9b)为其速度负载特性曲线。由于溢流功能由节流阀来完成,故正常工作时溢流阀处于关闭状态,溢流阀作安全阀用,其调定压力为最大负载压力的 1.1~1.2 倍。液压泵的供油压力 p 取决于负载。

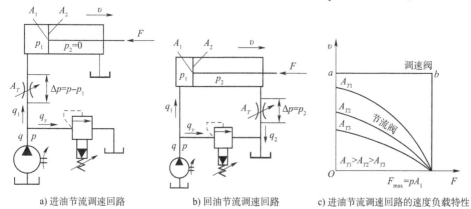

a) 进油节流调速回路　　b) 回油节流调速回路　　c) 进油节流调速回路的速度负载特性

图 7-8　进油、回油节流调速回路

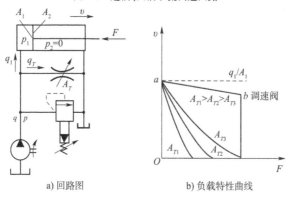

a) 回路图　　　　　b) 负载特性曲线

图 7-9　旁路节流调速回路

(3)调速阀调速回路。

在前面所说三种节流调速回路中,当负载变化时,通过节流阀的流量均变化,因而回路的速度负载特性都比较差。调速阀正常工作时,通过调速阀的流量稳定,不随前后压差变化。所以,若将上述三种节流调速回路中的节流阀换为调速阀,则当负载变化引起调速阀前后压差变化时,回路速度仍能保持稳定。但由于调速阀的压力损失较节流阀大,因此回路的功率损失也增大。

2)换向阀调速回路

工程装备液压系统很少使用专门的节流阀调速回路,而通过控制换向阀的阀口开度实现节流以改变执行元件的动作速度。

(1)手动换向阀调速回路。

手动换向阀直接用操纵杆来推动滑阀移动,劳动强度较大,速度微调性能较差,但结构简单,常用于中小型液压机械。

图 7-10a)为一种采用 M 型机能三位四通手动换向阀的进油节流兼回油节流调速回路。图中,换向阀芯正在向右移动,泵的卸荷通道已被切断,此时阀口 f_1 和 f_2 打开,将泵供给的压力油从阀口 f_1 输入液压缸左腔,而将液压缸右腔的油经阀口 f_2 引回油箱。改变阀

芯位移大小即调节阀口 f_1 和 f_2 的通流面积,实质上就是借助节流阻尼来改变主油路流阻的大小重新分配油流,从而实现调速。这种调速回路具有进油节流和回油节流两种基本形式的综合调速特性。

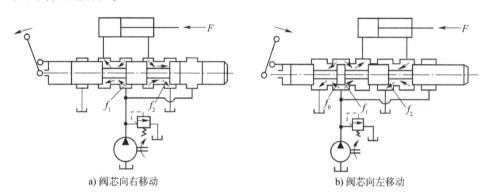

a) 阀芯向右移动　　　　　　　　　b) 阀芯向左移动

图 7-10　采用手动换向阀的调速回路

图 7-10b) 则是一种采用 M 型机能三位四通手动换向阀的旁路节流兼回油节流调速回路。此回路中的换向阀与 7-10a) 的换向阀虽属同一机能,但轴向尺寸不同。图 7-10b) 中,换向阀芯正在向左移动。泵输出的油液进入换向阀内分成两路,一部分通过阀口 f_0 从旁路流回油箱,另一部分通过阀口 f_1 进入液压缸左腔。回路的油压随着旁路节流阀口 f_0 的关小而升高,直到推动活塞工作。这时液压缸右腔的回油则通过阀口 f_2 流回油箱。随着阀芯左移,阀口 f_0 逐渐关小而阀口 f_1 和 f_2 逐渐扩大,使旁路流阻增大而主油路流阻减小,旁路流量减少而液压缸获得增速。换向后,就要利用节流阀口 f_2 来实现回油节流调速。因此,这种调速回路在不同载荷下具有旁路节流和回油节流的调速特性,常用于功率较大而速度稳定性要求不高的液压机械。

(2) 先导控制换向阀调速回路。

目前在大型工程装备中,越来越广泛地应用节流式先导控制或减压阀式先导控制的换向阀来进行换向和调速。图 7-11 所示为采用先导式换向阀的调速回路。

图 7-11 中,先导阀接低压控制油路(控制液压泵供油),它是一个旁路节流的 Y 型中

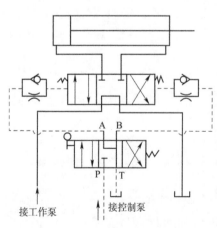

图 7-11　节流式先导控制换向阀调速回路

位机能的手动三位四通换向阀。主阀则是 M 型机能的液动三位四通换向阀,接高压工作油路(工作液压泵供油)。操纵先导阀接左位或右位时,控制油液便推动主阀阀芯向右或向左移动。由于先导阀系旁路节流,控制油路中的油压随着阀内旁路节流口的关小而逐渐升高。同时在主阀阀芯两端,通过控制油路的液压力与两端回位弹簧的作用力平衡,来实现主阀芯位移量(即主阀阀口的开度)控制。因此,操纵先导阀的手柄即能控制主阀的移动方向和阀口开度,从而达到换向和调速的目的。当先导阀回至中位时,由于阀的机能是 Y 型,A、B、T 油口相通,主阀阀芯两端控制油压基本为零,主阀

阀芯靠弹簧力回至中位。于是执行元件被制动,工作油路卸荷。这种回路以操纵小阀(先导阀)来控制大阀(主阀)动作,因此具有功率放大作用,操作省力。图 7-11 中的 Y 型三位四通先导换向阀,可以替换为图 5-37 所示的减压阀式先导控制阀。

3)变量泵容积调速回路

容积调速回路通过改变液压泵和液压马达的排量来调节执行元件的运行速度。由于没有节流损失和溢流损失,回路效率高,系统温升小,适于高速、大功率调速系统。

容积调速回路有开式和闭式两种。在开式回路中,执行元件的回油直接回油箱,经过冷却、沉淀和过滤后再工作;在闭式回路中,执行元件的回油直接流入泵的吸油腔,空气和污染物不易侵入回路,但油液得不到冷却、沉淀和过滤。闭式回路中需附设一个补油泵和一个很小的补油箱,为主泵的吸油口补油,以补偿泄漏和冷却。补油泵的压力通常为0.3 ~ 1.0MPa,流量为主泵流量的10% ~15% 。

(1)变量泵-定量马达调速回路。

如图 7-12a)所示为一种变量泵-定量马达调速回路,补油泵 1 将油液送入回路,回路中的热油从溢流阀6 溢回油箱,实现补油冷却,并改善主泵3 的吸油条件。安全阀4 用以防止回路过载。调节变量泵3 的排量 V_p,即可改变进入定量马达5 的流量,从而达到调节马达转速 nz_M 的目的。

在调速过程中,定量马达的排量为定值,马达的输出转矩 T_M 和回路工作压力 Δp 取决于负载转矩,不因调速而变化,故这种回路被称为等转矩调速回路。马达的转速 n_M 和输出功率 P_M 随泵的排量 V_p 成正比例变化,如图 7-12b)所示。由于泵和马达有泄漏,当 V_p 未调到零时,实际的 n_M、T_M 和 P_M 均已为零。由于泵和马达的泄漏量随负载的增大而增加,在泵的不同排量下,马达的转速均随负载增大而变小。

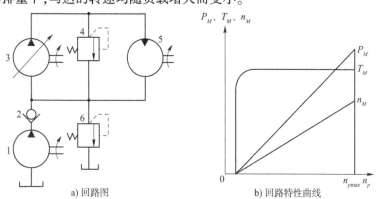

a)回路图　　　　　　　　b)回路特性曲线

图 7-12　变量泵-定量马达调速回路

1-油泵;2-单向阀;3-主泵;4-安全阀;5-马达;6-溢流阀

(2)变量泵-变量马达调速回路。

图 7-13a)所示是一种双向变量泵-双向变量马达调速回路。变换泵的供油方向,马达的转动方向随之切换。单向阀4 和5 使补油泵3 在两个方向上分别补油。单向阀6 和7 使溢流阀8 在两个方向上都能起过载保护作用。

改变变量泵和变量马达的排量,均能使马达转速的大小改变。这种调速回路按低速和高速分段调速,如图 7-13b)所示。在低速段,将马达排量调至最大保持不变,将变量泵排量由小调大,则马达转速由小变大,此过程是等转矩调速。由于马达排量大,马达输出转矩大,回路特性如图7-13b)左半部所示。在高速段,泵的最大排量保持不变,将马达排量由大调小。由于泵输送给马达的流量不变,马达转速继续变大,直至允许的最高转速。由于马达排量不断被调小,马达的输出转矩随之变小。在此过程中,因泵一直输出恒定的最大功率,马达即处于最大的恒功率状态,故这一调速过程叫恒功率调速,回路特性如图7-13b)右半部所示。

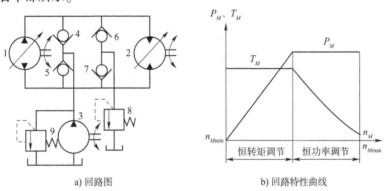

a) 回路图　　　　　　　　　　　　　b) 回路特性曲线

图7-13　变量泵-变量马达调速回路

1、3-泵;2-马达;4、5、6、7-单向阀;8、9-溢流阀

7.2.2　限速回路

在液压系统中有升降运动的执行元件时,执行元件在下降的过程中,在载荷和自重的作用下会越来越快,若不加以控制会带来危险后果。因此,对于有可能超速的执行元件应考虑利用限速回路限制速度。限速的办法就是使执行元件回油路上有一定阻力,即产生一定的背压以限制下降速度,防止执行元件加速下滑而发生事故。

工程装备液压系统执行元件限速一般采用单向节流阀,在要求较高的场合可采用平衡阀,回油阻力(背压)应根据运动部件的质量而定。

1)利用单向节流阀的限速回路

如图7-14a)所示为某叉车举升液压缸采用的限速回路,在液压缸的下腔油路中加设了一个单向节流阀2。液压缸举升时,压力油可以从单向阀几乎无阻力地进入液压缸下腔;当活塞下降时,单向功能关闭,液压缸下腔的油液必须经过节流阀,节流阻力使下降速度受到一定的限制。

2)利用外控平衡阀的限速回路

如图7-14b)所示为某汽车式起重机起升机构的限速回路,在其吊钩下降的回油路中加装了一个外控平衡阀2。

图7-14b)中,换向阀1在右位时,吊钩吊着重物上升,液压泵的油可以从平衡阀2中的单向阀几乎无阻力地进入起升马达3;换向阀1在左位时,吊钩吊着重物下降,液压泵的油直接进入起升马达,马达的回油必须经过外控平衡阀2,而外控平衡阀2在弹簧的作用下处于关闭状态,要打开平衡阀,就要有一定的开锁压力(一般为2~3MPa),这个开锁压力是由马达的进油路提供的,只有进油路建立了压力且达到开锁压力时,平

衡阀才打开使马达回油,重物下降。马达的下降速度理论上应为 $n = q/V$(q 为输入流量,V 为马达排量)。一旦马达在重物作用下超速运转,即 $n > q/V$,马达的进油路由于液压泵供油不及而压力下降,低于开锁压力,平衡阀在弹簧的作用下阀口变小,增加了回油阻力,使马达的转速降下来。这种回路完全按照液压泵预定的速度下降,故称为动力下降。动力下降的速度相对比较稳定,它不受载荷大小的影响,广泛用在起重机起升、变幅伸缩臂的液压系统中。一般情况下,这种回路又称为平衡回路,如图 7-5b) 所示。

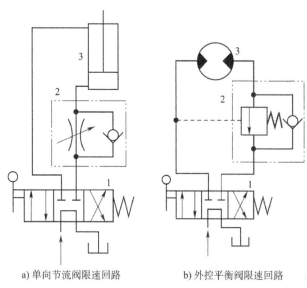

a) 单向节流阀限速回路　　　　　　b) 外控平衡阀限速回路

图 7-14　工程装备常用的限速回路

7.2.3 速度切换回路

速度切换回路的功用是当执行元件负载较大时降低其动作速度以利于克服负载,当执行元件负载较小时使执行元件获得尽可能大的工作速度,以提高生产率或充分利用功率。工程装备液压系统一般采用液压缸差动连接、双泵供油等方式来实现。

1) 液压缸差动连接回路

如图 7-15 所示,当换向阀处于右位时,液压缸差动连接,液压泵输出的压力油和缸有杆腔回油合流进入无杆腔,使液压缸快速向有杆腔方向运动。

2) 双泵供油回路

如图 7-16 所示,低压大流量泵 1 和高压小流量泵 2 组成系统的双泵动力源。卸荷阀3(外控顺序阀)和溢流阀5 分别设定双泵供油和小流量泵 2 供油时系统的最高工作压力,即卸荷阀 3 设定执行元件快速动作时系统的最高压力,溢流阀 5 设定执行元件慢速动作时

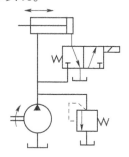

图 7-15　液压缸差动
连接回路

系统的最高压力;通常情况下,卸荷阀 3 调定压力比溢流阀 5 调定压力至少要低 10% ~ 20%。当系统工作压力低于卸荷阀 3 的调定压力时,两个泵同时向系统供油,执行元件可获得高速动作;系统压力升高后,达到卸荷阀 3 的调定压力时,大流量泵通过阀 3 卸荷,单

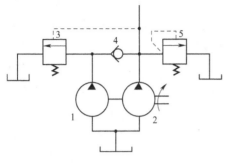

图 7-16　双泵供油回路

向阀4自动关闭,只有小流量泵向系统供油,执行元件低速动作。

3) 液压马达速度换接回路

液压驱动机械的行走马达液压系统,通常根据路况设置两挡速度:平地行驶时,需要马达输出的转矩不大,设置为高速挡;上坡时机械需要克服上坡阻力,马达应为低转速挡以增加输出转矩。为此,采用两个液压马达或串联、或并联的换接回路。

图 7-17a)为一种液压马达并联回路,两液压马达1、2主轴刚性连接在一起(一般为同轴双排柱塞液压马达),手动换向阀3左位时,压力油只驱动马达1,马达2为空转;手动换向阀3右位时,马达1和2并联。若两马达排量相等,并联时进入每个马达的流量减少一半,转速相应降低一半,而转矩增加一倍。手动换向阀3实现马达速度的切换,不管阀处于何位,回路的输出功率相同。

图 7-17b)为一种液压马达串联与并联回路。用二位四通阀4使两马达串联或并联来实现快慢速切换。二位四通阀4上位接入回路,两马达并联;二位四通阀4下位接入回路,两马达串联。串联时为高速,并联时为低速,输出转矩相应增加。串联和并联两种情况下回路的输出功率相同。

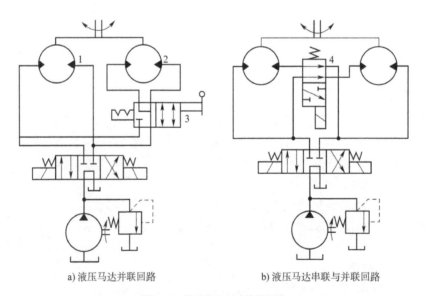

a) 液压马达并联回路　　　　　b) 液压马达串联与并联回路

图 7-17　液压马达双速换接回路

7.3　方向控制回路

方向控制回路的功用是通过控制进入执行元件液流的接通、切断或改变流向,来实现液压系统执行元件的启动、停止或改变运动方向等一系列动作。工程装备液压系统常用的方向控制回路有换向回路、锁紧回路和制动回路等。

7.3.1　换向回路

换向回路的功用是变换执行元件的运动方向。对换向回路的要求是换向迅速、换向位置准确和运动平稳无冲击。

1) 采用换向阀的换向回路

在液压系统中,利用换向阀换向是最常用的换向方式。采用二位、三位换向阀都可以使执行元件换向;二位阀只能使执行元件正、反向运动,而三位阀有中位,不同中位滑阀机能可使系统获得不同性能。

如图 7-18 所示为采用三位四通换向阀的换向回路,可以实现液压缸活塞杆伸出、停止和缩回。当换向阀处于左位时,液压泵的压力油进入液压缸的左腔,活塞杆伸出;当换向阀处于中位时,液压泵的油直接回油箱,液压泵卸荷,液压缸处于停止状态;当换向阀处于右位时,液压泵的压力油进入液压缸的右腔,左腔回油,活塞杆缩回。

2) 采用双向变量泵的换向回路

在闭式回路中,可采用双向变量泵通过变更供油方向来实现液压马达(或液压缸)换向。如图 7-19 所示为某双向变量泵换向回路,执行元件为定量马达 5,动力元件为双向变量泵 3,通过改变双向变量泵斜盘倾角的方向,改变油流进出口方向使马达换向。回路中,元件 4 为缓冲补油阀,定量泵 2 起补充油液的作用,又称补油泵,溢流阀 1 设定补油压力。

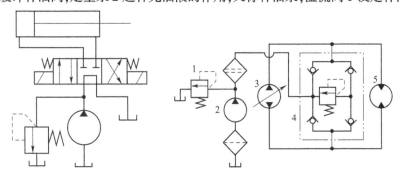

图 7-18　换向阀换向回路　　　　图 7-19　双向变量泵换向回路

7.3.2　锁紧回路

锁紧回路的功用是在执行元件不工作时,使其准确地停留在原来的位置上,不因泄漏而改变位置。工程装备液压系统中,锁紧通常是对于液压缸而言的,由于液压马达的运动部件多是间隙密封,无法锁紧,故要求高的马达都带有制动器。

使液压缸锁紧的最简单方法是利用三位换向阀的 M 形或 O 形中位机能来封闭油缸的两腔,使活塞在行程范围内任意位置停止,如图 7-18 所示。由于滑阀存在泄漏,液压缸承受载荷的情况下,不能长时间被保持在停止位置,故锁紧精度不高。

最常用的方法是采用液控单向阀构成锁紧回路,如图 7-20 所示,在液压缸的两侧油路上都串接一液控单向阀形成双向液压锁(结构和工作原理见图 5-4 所示),活塞可以在行程的任何位置上长期锁紧,不会因外界原因而窜动,其锁紧精度只受液压缸的泄漏和油

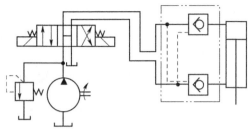

图 7-20　利用液压锁的锁紧回路

液压缩性的影响。为了保证锁紧迅速、准确，换向阀应采用 H 形或 Y 形中位机能，这样换向阀一旦回到中位，液控单向阀的控制压力立即卸掉，液控单向阀关闭。

工程装备上，双向液压锁一般直接装在液压缸缸筒上，液压锁和液压缸之间用钢管而不用软管连接，防止因软管爆裂而发生事故。

7.3.3　浮动回路

浮动回路的功用是使执行元件处于无约束的自由状态。在油路中就是使执行元件的进、出油口连通或者同时通油箱。

1）利用换向阀实现浮动

利用 H 形或 Y 形换向阀的中位机能可以实现浮动。

如图 7-21a)所示，换向阀在中位时液压马达的进出油口均和油箱连通，马达就处于浮动状态。

如图 7-21b)所示为某起重机起升马达的浮动回路，当二位二通手动换向阀处在下位时马达进出油口连通(处于浮动状态)，吊钩在重力作用下无约束快速下降(即实现抛钩，提高作业效率)；如果马达有泄漏，可以通过单向阀自动补油。

如图 7-21c)所示为某推土机推土铲刀液压回路，换向阀为四位五通手动换向阀，比常用的三位换向阀多一个浮动位置。当平整作业时，换向阀到右端的浮动位，这样推土铲刀能够随着地面的起伏而作上下移动。

2）利用补油阀实现浮动

如图 7-21d)所示为某装载机铲斗液压缸的浮动油路。装载机的卸料过程是：铲斗绕动臂上的支承铰轴逆时针翻转，当铲斗重心越过铰轴垂线并位于其左侧后，铲斗靠自重自由快速翻转，到极限位置撞击限位块，以便将铲斗内的剩料振落。此过程中，换向阀处于左位，压力油进入液压缸的小腔，大腔回油，使铲斗翻转；铲斗重心越过铰支点后便在重力作用下加速翻转，液压泵供油不及时，使小腔暂时出现真空，此时单向阀打开补油，液压缸实现"浮动"。

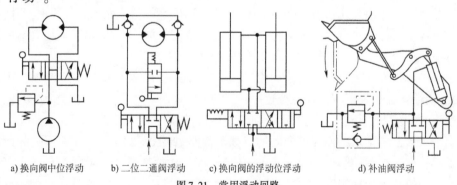

a)换向阀中位浮动　　b)二位二通阀浮动　　c)换向阀的浮动位浮动　　d)补油阀浮动

图 7-21　常用浮动回路

7.4 多执行元件控制回路

工程装备液压系统通常具有多个执行元件,根据这些执行元件运动和驱动机构的不同作用,有时要求它们顺序动作,有时要求它们同步动作。所以,当液压回路中有多个执行元件时,回路需要保证它们之间动作协调、互不影响。多执行元件控制回路通常分为顺序动作回路、同步回路和多路阀控制回路等。

7.4.1 顺序回路

顺序动作控制回路简称顺序动作回路或顺序回路,其功用是控制回路中多个执行元件(通常是液压缸)按严格的顺序依次动作,满足工作机构动作需要。根据控制方式的不同,常用压力控制和行程控制实现顺序动作。

1)压力控制顺序动作回路

压力控制顺序动作回路利用油液的压力作为发讯源来控制液压执行元件的顺序动作,也就是利用油路本身的压力变化来控制阀门的启、闭,从而实现执行元件的依次顺序动作。一般采用顺序阀或压力继电器来实现顺序动作。

(1)利用顺序阀的顺序动作回路。

图7-22所示为某机械采用顺序阀控制支腿液压缸顺序动作的液压回路。根据机械结构特点和工作需要,支腿的动作顺序是:支起支腿时,先伸后腿再伸前腿;收起支腿时,先收前腿再收后腿。也就是说,后支腿缸A和前支腿缸B必须按图7-22所示的①、②、③、④的顺序动作。具体过程为:当换向阀左位接入油路时,缸B的进油路被单向顺序阀C阻挡,压力油只能先进入缸A的左腔,驱动后支腿外伸;待缸A行程终了时,油压上升到超过顺序阀的调定压力,于是打开顺序阀C使压力油进入缸B,驱动前支腿外伸。当换向阀右位接入油路时情况刚好相反,前支腿先缩回,而后支腿后缩回,动作符合要求。该回路中,顺序阀的调定压力须大于前一行程液压缸的最高工作压力,否则会产生误动作。

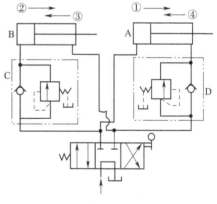

图7-22 用顺序阀的顺序动作回路

(2)用压力继电器控制的顺序动作回路。

如图7-23所示为压力继电器控制的顺序动作回路。工作过程为:当电磁铁1YA通电时,换向阀5左位接入油路,压力油经阀5左位进入液压缸1左腔,液压缸1右腔回油,实现动作①;液压缸1活塞向外伸出,活塞到达终点后,压力升高,当达到压力继电器3的调定压力时,压力继电器发出电信号,使电磁铁3YA通电(此时1YA还处于通电状态),换向阀6左位接入油路,压力油进入液压缸2的左腔,液压缸2右腔回油,实现动作②。同样,当3YA断电,4YA通电时,换向阀6右位接入油路,压力油进入液压缸2右腔,液压缸2左腔回油,实现动作③;当液压缸2活塞的缩回行程结束到达终点后,压力升高,继电器

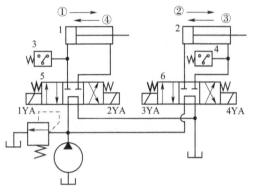

图7-23 用压力继电器控制的顺序动作回路

4发出电信号,使电磁铁2YA通电、1YA断电,阀5右位接入油路,压力油进入液压缸1的右腔,液压缸1左腔回油,实现动作④,这样就完成了一个工作循环。

为了保证顺序动作的可靠性,压力继电器的压力调定值应比先一个动作的最大工作压力高出$0.3 \sim 0.5$MPa,但比溢流阀的调定值低$0.3 \sim 0.5$MPa。

2)行程控制顺序动作回路

如图7-24a)所示为一种行程阀控制顺序动作回路。初始状态,电磁阀3不加电,电磁阀3和机动换向阀4(又称行程阀)都处于常态位置,液压缸1和2的活塞均处于左端。开始动作时,电磁阀3加电换至左位工作,缸1活塞向右运动;当缸1运动至其活塞杆上的挡块压下行程阀4后,缸2活塞向右运动。电磁阀3失电换到右位时,缸1活塞先退回,待其活塞杆上的挡块放开行程阀后,缸2退回。这种回路采用行程阀(机动换向阀)控制动作顺序,工作可靠,但不便于改变动作顺序。

图7-24b)所示是一种用行程开关控制电磁换向阀的顺序动作回路。初始状态,电磁铁1YA和2YA都不加电,两个电磁阀都处于常态位置,液压缸1和2的活塞均处于左端。按下启动按钮,电磁铁1YA得电,缸1活塞先向右运动;当缸1活塞杆上的挡块压下行程开关2S后,电磁铁2YA得电,缸2活塞向右运动;直到缸2活塞杆上的挡块压下3S,使1YA失电,缸1活塞向左退回,直到压下1S,使2YA失电,缸2活塞再退回。要改变液压缸的行程,需调整挡块位置。改变电控系统可改变动作的顺序,方便灵活,但可靠性取决于行程开关的质量。

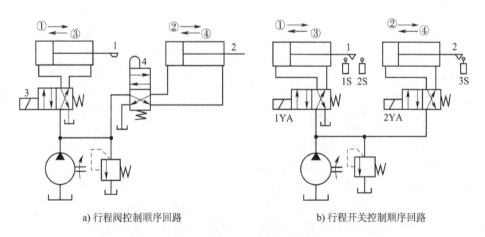

a) 行程阀控制顺序回路　　　　　　　　b) 行程开关控制顺序回路

图7-24 行程控制的顺序动作回路

7.4.2 同步回路

同步回路的功用是保证两个执行元件以相同的位移或相同的速度实现运动。工程装备常用机械同步回路、分流马达同步回路和变量泵-定量马达同步回路。

1）机械同步回路

图 7-25 所示为双液压缸机械连接同步回路,利用刚性梁或其他刚性构件,将两个液压缸用机械的方法连接在一起,靠连接刚度强行实现执行元件位移同步。

这种同步回路大量用于工程装备液压系统中,如:挖掘机动臂液压缸、起重机变幅液压缸、装载机动臂和翻斗液压缸及转向液压缸等的液压系统。这种方法结构简单,但要求足够的制造和安装精度,避免两液压缸受力不匀,导致运动阻力增大、卡滞甚至卡死现象。

2）采用分流马达的同步回路

如图 7-26a)所示是一种采用分流马达的同步回路。回路中,分流马达 4、5 把流量平均分为两等份,液压缸 6、7 的双向运动都能实现同步。回路中设置的二位二通电磁阀 2、3 用来消除累积误差。

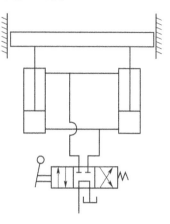

图 7-25　机械连接同步回路

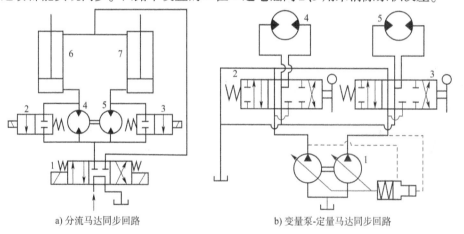

a) 分流马达同步回路　　　　　b) 变量泵-定量马达同步回路

图 7-26　马达同步回路

3）变量泵-定量马达同步回路

在某些全液压挖掘机的行走履带驱动系统中采用了变量泵-定量马达同步回路,如图 7-26b) 所示。回路中,两个液压泵为同轴等速转动的等排量变量泵,流量的大小由两个液压泵工作压力的和来确定,两个液压泵同步变量,流量保持相等。两个定量马达排量相同,即两个马达的转速相同,保证了挖掘机的直线行走。单独操作换向阀 2 和 3 中的某一个就可消除累积误差,且能使挖掘机行走转向。这种回路的同步精度会受到元件泄漏的影响,但无节流损失。

7.4.3　多路阀控制回路

如 5.5.1 节所述,多路换向阀是由若干个手动(或液动)换向阀及一些配用阀(如安全溢流阀、单向阀和补油阀等)组合成的集成阀。多路换向阀组成的控制回路能控制多个执行元件的运动,广泛用于工程装备液压系统。多路换向阀按连接方式有串联、并联、串并联三种基本油路,其构造和工作原理见5.5.1节的图5-33、图5-34和图5-35所示。当多路换向阀的联数较多时,常采用上述三种油路连接形式的组合,称为复合油路连接。

无论多路换向阀采用何种连接方式,在各个执行元件都处于停止状态时,液压泵应能通过各联滑阀的中位自动卸荷;而当任一执行元件要求工作时,液压泵又能立即恢复供应压力油。

练 习 题

1. 什么是液压基本回路?基本回路一般分几种类型?各类型包括哪些回路?

2. 举例阐述减压回路的应用场合。

3. 卸荷回路的功用是什么?绘出两种不同的卸荷回路,说明其工作过程。

4. 什么是平衡回路?绘出两种平衡回路,说明其工作过程。

5. 缓冲补油回路的功用是什么?绘出两种不同的缓冲补油回路,说明其工作过程。

6. 利用节流阀的三种节流调速回路各有什么优缺点?

7. 手动换向阀调速和先导控制换向阀调速的特点各是什么?各应用于何种场合?

8. 采取什么措施可以限制液压执行机构的意外超速?如何使运动着的液压执行机构在任意需要的位置上停止并锁紧?

9. 绘出轮式挖掘机液压支腿通常采用的锁紧,说明其工作过程。

10. 回路如何实现两液压缸的同步运动?如何实现两液压执行机构的顺序动作?

11. 浮动回路的功用是什么?绘出两种不同的浮动回路,说明其工作过程。

12. 液压系统中为什么要设置背压回路?背压回路与平衡回路有何区别?

第8章　典型液压传动系统分析

8.1　概　　述

液压传动系统是用管路将有关的液压元件合理地连接起来形成的一个整体,以实现机械运动和动力的传递。工程装备液压传动系统种类繁多,不胜枚举,本章仅分析几种典型工程装备液压传动系统,通过学习,了解典型工程装备液压传动系统的组成、工作原理及油路特点,学会液压传动系统的一般分析规律和方法,能举一反三,为安装、调试、使用、维修和改进液压传动系统奠定基础。

8.1.1　对液压传动系统的要求

工程装备液压系统质量优劣,可按下列指标进行分析评价。

1)系统构成

在满足机械工作要求和使用条件的前提下,系统构成的先进性主要表现在系统简单、紧凑、自重轻,元件选择合理,三化(标准化、通用化、系列化)程度高,便于安装、调试、使用、维护,工作安全可靠,应急能力强等方面。要达到这些要求,仅有良好的元件是不够的,还必须有先进合理的系统构成方案。

2)经济性

经济性指标包括系统的造价和使用费,系统传动效率和功率利用等,这几项指标不是相互独立的,需做综合分析。

3)技术性能

技术性能包括调速范围,微动性能,启动、制动及换向动作灵敏性,传动平稳性,限速、缓冲、锁紧、补油、限压、卸荷等功能,振动、噪声和内外泄漏等。

8.1.2　液压传动系统的类型

液压传动系统分类方法很多,按照系统内液流循环方式不同分为开式和闭式系统,按照泵的形式分为定量系统和变量系统,按照泵的数量分为单泵、双泵和多泵系统,按照系统执行元件的连接方式分为串联、并联和串并联系统,按照控制方法分为手动控制系统和电液联合控制系统等。

1)开式系统和闭式系统

开式系统是指系统油液循环经过油箱,即液压泵从油箱吸油,输出压力油经换向阀进

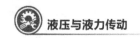

入执行元件,执行元件的回油流入油箱。即系统内油液通过油箱实现开式循环,如第 1 章图 1-5 所示。开式系统结构简单,油液循环大,散热条件好,油液中的杂质能在油箱得到沉淀;但油箱体积大,油液与空气接触,增加了混入空气的机会。

闭式系统是指液压泵的进油管直接与执行元件的回油管相连,油液在系统中封闭循环,无需经过油箱交换。为了补偿系统油液的泄漏损失,需附设一个小型补油泵。闭式系统的形式如第 7 章图 7-12、图 7-13、图 7-18 所示。

闭式系统的主要优点是结构紧凑,自重轻;油液闭式循环不接触空气,减少了混入空气的机会;系统中一般都用双向变量泵,直接用液压泵的变量机构调节速度和方向,避免了换向阀方式造成的节流损失和换向冲击。

闭式系统的缺点是由于没有大体积的油箱,自然冷却条件差,油液中的污物也不能在油箱中沉淀,一般都需加设冷却器,对滤油器的要求也较高;由于通常使用双向变量泵,故价格高,维修也较麻烦;此外,需加设补油泵等,使系统复杂、成本增加。

2)定量系统和变量系统

采用定量泵作动力元件的液压系统称作定量系统。定量系统中液压泵的成本低,构造简单、使用维修方便,速度平稳,油液冷却充分但效率较低。

采用变量泵作动力元件的液压系统称为变量系统。变量系统效率高、可调速、能输出恒定的转矩或功率,不需要很大的油箱,但液压泵成本较高,且油液发热较大。

3)单泵、双泵和多泵系统

不论是变量系统还是定量系统,如只应用一个液压泵作动力元件的系统便称为单泵系统,而采用两个或两个以上的液压泵作动力元件的液压系统称为双泵或多泵系统。

单泵系统简单,维修方便。但在系统中有几个执行元件时,油泵压力必须满足工作压力最高的执行元件的要求,流量也必须满足流量最大的执行元件的要求,因而不能充分发挥油泵的作用。各机构负载差别很大、复合动作要求较高的工程装备液压系统中,常用双泵或多泵系统,可以提高作业效率和发动机功率利用率。

4)串联、并联和串并联系统

按液压泵向执行元件供油的顺序不同,可分为串联、并联、串并联系统。各种连接方式的结构和特点在前面多路换向阀中已作介绍。

5)手控系统和电控系统

根据工作要求的不同,一些液压系统对执行元件的工作没有严格的要求,无论是执行元件的速度或是执行元件的行程都对工作影响很小。这一类液压系统采用手动控制,如工程机械、起重运输机械、油压机、矿山机械等,都称为手控系统,即利用人工进行控制。

而在机床、自动机、机器人等设备上,执行元件的运动和位置有很严格的要求,它们的控制需采用电气、液体、机械以至电子和计算机等手段。这种控制方式多用于实现自动控制,液压系统也比较复杂,这类系统统称电控系统。

8.2 工程装备典型机构液压回路

工程装备的功用、结构组成尽管多种多样,但是其底盘或作业装置中往往采用了某个典型机构或某些典型机构的组合,学会分析这些典型机构的液压驱动回路,对于分析整个液压系统具有事半功倍的作用。

8.2.1 起升机构液压回路

为了完成垂直运输、倾斜牵拉等任务,许多机械必须设置起升机构。起升机构的作用是实现重物的升降运动(或牵拉松放),控制重物的升降速度,并可使重物停止在空中某一位置,以便进行装卸和安装作业。液压传动的起升机构通常由液压马达、平衡阀、减速器、卷筒、制动器、离合器、滑轮组和吊钩等组成,如图8-1所示是一种简单的起升机构液压回路。

图8-1中,当换向阀3处于右位时,通过液压马达2、减速器6和卷筒7提升重物G,实现举重上升。而换向阀处于左位时下放重物G,实现负重下降,这时远控平衡阀4起限速(平衡)作用。当换向阀处于中位时,回路实现承重静止。由于液压马达内部泄漏较大,即使远控平衡阀的闭锁性能很好,但卷筒—吊索机构仍难以长时间支撑重物G。如要实现承重静止,设置了常闭式制动器依靠制动液压缸8将制动器闸瓦抱住液压马达的转轴。在换向阀右位(举重上升)和左位(负重下降)时,泵1压出油液同时作用在制动缸下腔,将活塞顶起,压缩上腔弹簧,使制动器闸瓦拉开,这样液压马达不受制动。换向阀中位时,泵卸荷,其出口接近零压,制动缸活塞被弹簧压下,闸瓦制动液压马达,使其停转,重物G就静止于空中。

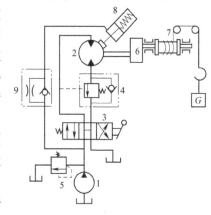

图8-1 起升机构液压回路

某些起升机构要求举升重物时,液压马达先产生一定驱动力矩,然后制动缸才彻底拉开制动闸瓦,以避免重物G在液压马达力矩充分形成前向下溜滑。所以在通向制动缸的支路上设单向节流阀9,由于阀9的节流作用,拉开闸瓦的时间放慢,有一段缓慢的动摩擦过程;同时,换向阀3回复中位、马达在结束负重下降后,阀9的单向阀允许迅速排出制动缸下腔液体,使制动闸瓦尽快闸住马达,避免重物G继续下降。

图8-2a)所示为一种制动器液压缸采用单作用缸,通过梭阀(又称交替逆止阀,结构和工作原理见图5-5所示)与起升马达的两条管路相连起的升机构液压回路。当起升机构工作时,无论重物是起升或是下降,制动器液压缸通过梭阀1均进入压力油,使制动器打开。而起升马达不工作时,制动器液压缸与油箱相通,制动器在弹簧力作用下处于制动状态。因此,这种回路的换向阀必须采用H型,以便保证换向阀处于中位时,制动器液压缸与回油路相通,确保制动器处于制动状态。否则,制动器液压缸不能回油,会使制动器失灵。这种起升回路在串联油路中必须放在最末端。

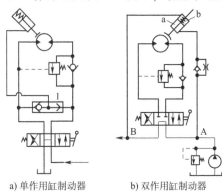

a) 单作用缸制动器   b) 双作用缸制动器

图8-2 起升机构液压回路

图8-2b)所示为一种制动器液压缸采用双

作用缸(一般用双出杆液压缸),分别与起升马达进、出油路连接的起升机构液压回路。这种型式使起升回路与其他机构回路串联时,可以任意布置,不受位置的限制。只有起升机构工作时,制动器才被打开。起升机构不工作,而其他机构工作时,制动器不会被打开。因为制动器液压缸的 a 腔与起升马达进油路 A 相通,b 腔与起升马达回油路 B 相通。当后面的工作机构工作时,A、B 点均为压力油,所以制动器不会被打开。只有起升机构工作时,A 点为压力油、B 点为回油,此时制动器才能被打开。如果起升机构与后面某一机构在轻载工况下同时工作,则 A 点和 B 点虽然都是压力油,但 $p_A > p_B$,而压力差 $p_A - p_B$,就是起升机构液压马达所需的工作压力,这时制动器仍然被打开。

8.2.2 变幅机构液压回路

许多机械(如挖掘机、起重机、架桥车等)中,为适应工作需要或增加主机的作业范围,要求工作装置(臂或臂架)的位置(主要是工作装置的幅角和幅度)能任意改变,都设有变幅机构。最常见的液压变幅机构是用双作用液压缸作液动机。

图 8-3 为两个使用单向节流阀限速的变幅液压回路。图 8-3a)中,换向阀处于左位工作时,高压油经单向阀 4 无阻地进入缸 2 无杆腔,推动动臂 1 向上变幅。动臂下降时,换向阀处右位工作,向缸 2 有杆腔供高压油。因重力 G 向下作用,使动臂有超速下降趋势。但此时,油缸无杆腔回油受单向阀所阻,只能经节流阀 3 回油箱,产生节流压力以平衡重力 G 的作用。只要回油路能产生足够的背压,就能防止超速现象的发生。这种限速方法比较简单,但下降速度随载荷大小变化。载荷大,下降速度快。载荷小,下降速度慢,速度不够稳定。静止作业时,因换向阀渗漏,不能保证长时间锁紧定位。仅适用锁紧和限速要求不严的场合,例如挖掘机、装载机的动臂等。

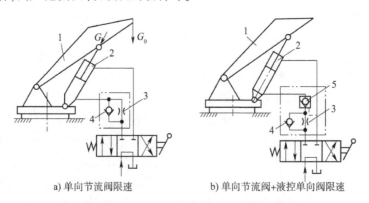

a) 单向节流阀限速　　　　　　b) 单向节流阀+液控单向阀限速

图 8-3　使用单向节流阀限速的变幅液压回路

图 8-3b)为使用单向节流阀加液控单向阀的变幅液压回路。为解决图 8-2a)中单向节流阀无锁紧作用问题,要求锁紧回路上安装液控单向阀 5。它通常是锥阀式,可保证闭锁情况下不渗漏,从而维持液压缸长时间锁紧定位作用。所以,液控单向阀 5 有两个作用:一是在承重静止时锁紧液压缸 2,二是在负重下降时使液压泵形成一定压力以打开液控单向阀 5 的控制口,使液压缸下腔排出液体而下降。

图 8-4 为一种使用平衡阀(限速阀)的变幅液压回路。图 8-4a)是油路图,图 8-4b)和

图8-4c)是平衡阀(限速阀)工作原理结构简图,图中1为平衡阀(限速阀)阀芯、2为控制活塞、3为单向阀。当换向阀Ⅰ位工作时,如图8-4b)所示,高压油经平衡阀 A 口后,顶开单向阀3进入缸无杆腔,使活塞杆伸出,驱动臂向上变幅。有杆腔油液经换向阀回油箱。换向阀Ⅱ位工作时,如图8-4c)所示,高压油直接进入缸有杆腔,使臂下降(超速工况)。无杆腔已不能经单向阀回油,而要经平衡阀芯1回油。此时,高压油经 C 孔推动控制活塞2右移,顶开阀芯1的通道,使液压缸无杆腔顺利回油。并在回油路上形成足够背压 p_w 来平衡重力负载,防止超速现象的发生。若背压 p_w 不足,有发生超速趋向,泵压力随即下降,控制活塞2的推力减小,阀芯1在弹簧作用下左移,把回油口关小,使节流效果增加,背压 p_w 也随之增加,进一步防止超速现象发生。

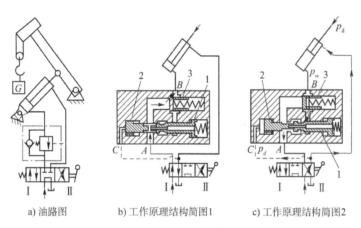

a) 油路图   b) 工作原理结构简图1   c) 工作原理结构简图2

图8-4 使用平衡阀的变幅液压回路

变幅机构液压回路使用平衡阀(限速阀)的限速方法,下降速度稳定,而且不受载荷变化影响。由于阀1、3采用锥阀密封,具有长期锁紧定位作用。但结构较前两种限速方法复杂,多用于要求较高的场合,例如起重机液压系统中。

8.2.3 伸缩臂机构液压回路

伸缩臂机构也是一种举升和下放重物的机构。

图8-5是一种简单的液压伸缩机构回路。臂架有三节,Ⅰ是基臂,Ⅱ是第二节臂,Ⅲ是第三节臂,后一节臂可依靠液压缸相对于前一节臂伸出或缩进。三节臂只有两只液压缸:液压缸6的活塞与基臂Ⅰ铰接,而其缸体铰接于第二节臂Ⅱ,缸体运动使Ⅱ相对于Ⅰ伸缩;液压缸7的缸体与第二节臂Ⅱ以铰固接,而其活塞铰接于第三臂Ⅲ,活塞运动使Ⅲ相对于Ⅱ伸缩。

第二和第三臂是顺序动作的,对回路的控制,可依次作如下操作:

(1)手动换向阀2左位,电磁换向阀3也左位,使液压缸6上腔进液压泵1输出的压力油,缸体运动推第二节臂Ⅱ相对于基臂Ⅰ伸出,第三节臂Ⅲ则随同Ⅱ被托起,但对Ⅱ无相对运动,此时实现举重上升。

(2)手动换向阀仍左位,但电磁换向阀3换右位,液压缸6因无压力油进入而停止运动,臂Ⅱ相对于臂Ⅰ也停止伸出,而液压缸7下腔进压力油,活塞运动推Ⅲ相对于Ⅱ伸出,继续举重上升。连同上一步序,可使三节臂长度增至最大,将重物举升至最高点。

（3）手动换向阀换为右位，电磁换向阀仍为右位，液压缸 7 上腔进压力油，活塞运动使Ⅲ相对于Ⅱ缩回，为负重下降，故此时需远控平衡阀 5 作用。

（4）手动换向阀仍右位，电磁换向阀换左位，液压缸 6 下腔进压力油，缸体运动使Ⅱ相对Ⅰ缩回，亦为负重下降，需平衡阀 4 作用。

如不按上述次序操作，可以实现多种不同的伸缩顺序，但不可能出现两个液压缸同时动作。伸缩机构可以运用不同的驱动油路，例如可以不采用电磁阀而采用顺序阀、液压缸差动、机械结构等方式实现多个液压缸的顺序动作，还可以采用同步措施实现液压缸的同时动作。

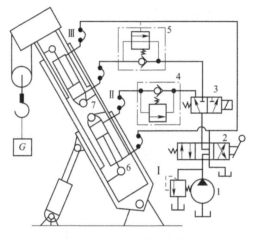

图 8-5　伸缩机构液压回路

8.2.4　回转机构液压回路

工程装备中，为了提高工作效率和整机的机动性，一般都有回转机构，尤其是对于挖掘机和起重机来说，回转机构更是不可缺少，而且要求可逆回转。在工程装备中，回转机构通常是用液压驱动的，有的则用液压和机械组合来完成，如图 8-6 所示。

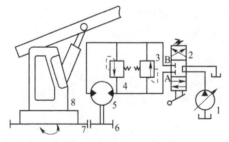

图 8-6　回转机构液压回路

1-液压泵；2-换向阀；3、4-缓冲阀；5-回转液压马达；6-小齿轮；7-大齿圈；8-转台

图 8-6 为一种采用液压马达驱动的回转机构简图。安装在转台 8（有时称为"上车"或"上装"）上的液压马达 5 驱动小齿轮 6 旋转，小齿轮 6 和大齿圈 7（与固定的底盘车架固结）啮合转动，从而使机械的回转平台相对底盘车架旋转。操纵换向阀 2 于左位和右位工作，可使转台两个方向旋转。缓冲阀 3、4 构成缓冲补油回路，其他形式及其工作原理见图 7-6 所示。

工程装备回转机构,不仅惯性负载大,而且回转机构的运动占整机循环时间的比重也很大。例如对液压挖掘机可占整个循环时间的50%～70%。能耗也较大,有的可占整机能耗的25%～40%。在液压系统中,由于回转机构需要频繁地起动和制动,引起的发热量更是不能低估,有的甚至可达整机发热量的30%～40%。所以,合理的回转机构液压回路,对提高机械的生产率,改善整机性能,减少发热具有十分重要的意义。

8.2.5　支腿机构液压回路

在轮式起重机械和轮式挖掘机械中,为了提高其工作性能,增加稳定性,均设有液压支腿。要求支腿坚固可靠,操纵方便,在行驶时收回,工作时外伸撑地。

轮胎式挖掘机通常设置两个支腿或四个支腿,常用图8-7所示的蛙式支腿。蛙式支腿结构简单,每个支腿只需一个液压缸,质量轻;支腿油路也比较简单,操纵方便。但蛙式支腿跨距小,一般应用在轮式挖掘机和小型起重机上。

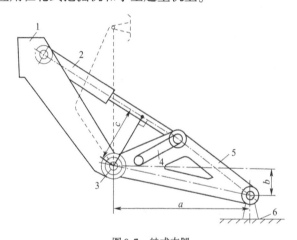

图8-7　蛙式支腿

1-车架;2-液压缸;3-铰轴;4-滑槽;5-摇臂;6-支撑垫

汽车式起重机一般设置四个支腿,当起重作业时,完全由支腿支撑。图8-8是汽车式起重机常用的H式支腿。H式支腿外伸后呈H形。每个支腿由一个水平液压缸和一个垂直液压缸(许多液压机械在采用H式支腿时,通常只在每个支腿设置一个垂直液压缸),完成收放动作。支腿跨距大,对地面适应性好,垂直支腿液压缸可以单独操纵,易于调平。

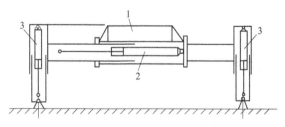

图8-8　H式支腿

1-车架;2-水平液压缸;3-垂直液压缸

支腿油路必须有良好的闭锁能力,支腿液压缸均设置7.3.2节图7-20所示的液压锁紧油路。再次强调：一是换向阀应采用 H 型或 Y 型中位机能,这样,换向阀一旦回到中位,液控单向阀的控制压力立即卸掉,液控单向阀关闭;二是双向液压锁需要直接装在支腿液压缸上,液压锁和液压缸之间用钢管而不用软管连接,防止因软管爆裂而发生事故,以确保作业安全。

8.3 推土机液压传动系统

常用工程装备中,轮式推土机具有很强的工况适应性和机动灵活性,其主要作业装置如图 8-9 所示,能够以比履带式推土机更快的速度、更高的效率完成推挖、平整、回填等土石方作业,也可拖挂平板车运送物资和作牵引车。

图 8-9 轮式推土机主要作业装置

1-推土铲刀;2-铲刀倾斜油缸;3-推架;4-铲刀升降油缸

推土机的主要作业对象是土壤、砂石料等松散物料,作业时将铲刀切入土中,依靠机械的牵引力,完成对土壤的铲切和推运作业。所以推土机属于循环作业式机械,每一个工作循环包括铲土、运土、卸土和空车返回四个过程。

作业过程中,其工作装置液压系统可根据作业需要,迅速提升或下降铲刀,或使其缓慢就位;还可调整铲刀的切削角,改变推土铲的作业方式。推土机普遍采用开式液压回路,这是因为开式液压回路具有结构简单、散热性能好、工作可靠等优点。

图 8-10 所示为某轮式推土机工作装置液压系统原理图,该系统与转向系统关系密切。工作装置液压系统主要包括工作装置液压泵 2、主油箱 1、滤油器 3 和 9、多路阀 A、铲刀倾斜液压缸 5、铲刀升降液压缸 6 等组成。供需阀 B、双联液压泵 12 属于转向系统。

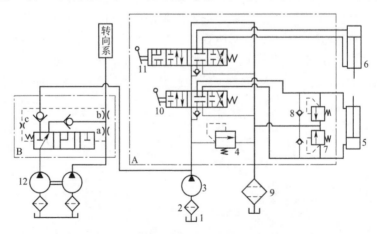

图 8-10 某推土机工作装置液压系统原理图

1-油箱;2-粗滤油器;3-液压泵;4-溢流阀;5-铲刀倾斜油缸;6-铲刀升降油缸;7-过载阀;8-补油阀;9-精滤油器;10-倾斜油缸换向阀;11-升降油缸换向阀;12-双联泵

工作装置液压泵为 CBG2063 型齿轮泵,输出的高压油全部到多路阀 A,向工作装置液压缸分配。双联泵 CBG2063/40 齿轮泵,左泵为转向辅助泵,右泵为转向主泵。转向辅助泵输出的压力油则随着发动机转速的变化分别向转向系统和工作系统按需供给,该任务由供需阀 B 来完成。

1)供需阀 B 的工作原理

当发动机转速低于 700r/min 时,转向主泵和辅助泵流量小。主泵输出的油流过节流孔 a、b 形成的压力降较小,通过阻尼孔 c 作用于滑阀左端。滑阀右端为泵的工作压力,两端压力差值小,形成的轴向液压作用力不能克服左端滑阀的弹簧力,阀芯处于右端。转向辅助泵的油经供需阀完全进入转向系统,保证低速转向不迟滞。

当发动机转速处于 700~1200r/min 之间时,由于通过节流孔 a、b 流量增大,使压力降增大,滑阀两端压力差增大,阀芯在轴向液压作用力的作用下克服弹簧力,向左移动。转向辅助泵的油经供需阀一部分到转向系统,一部分到工作装置液压系统,加快作业速度。

当发动机转速高于 1200r/min 时,滑阀两端压力差进一步增大,阀芯向左移到极限位置。此时转向辅助泵的油全部到工作系统,使高速转向时不致发漂。

2)工作装置液压系统工作原理

工作装置液压系统采用了串并联油路。工作泵 2 通过滤油器 3 从油箱 1 中吸油,输出的压力油单独或与转向辅助泵输出的压力油合流进入多路阀 A。当多路阀 A 中换向阀 10、11 均不操纵时,液压油从中立位置回油道流过,经精滤器 9 回油箱。此时,液压泵卸荷,铲刀倾斜液压缸 5 和升降液压缸 6 的油口被关闭,铲刀固定在某种工况。

当换向阀 10 左移时,中立回油道被切断,高压油进入倾斜液压缸的无杆腔,有杆腔通油箱。此时,铲刀向右倾斜,倾斜量可达 500mm。当换向阀 10 右移时,情况相反,铲刀向左倾斜。铲刀左右倾斜可以使推土机在有坡度的地面展开作业和修出具有一定坡度的道路。

某一个时期生产的改型轮式推土机上,倾斜液压缸两腔与多路阀之间管路上装有过载补油阀(由过载阀 7 和补油阀 8 构成,装在多路阀中),其作用是在倾斜液压缸油口关闭情况下,受到外冲击载荷时,使液压缸的压力不超过 17.5MPa 和向产生真空的油腔补油。

换向阀 10 处于中立位置,将换向阀 11 左移一个工作位置时,中立回油道被切断。压力油进入铲刀升降液压缸的有杆腔,无杆腔通油箱,此时铲刀上升,上升最大高度为 1000mm。换向阀 11 右移一个工作位置,液压缸无杆腔通高压油,有杆腔通油箱,此时铲刀下降,最大下降深度为 380mm。换向阀 11 右移到极限位置,则液压泵与油箱及液压缸的两工作腔均连通,此时液压泵卸荷,铲刀处于浮动状态。多路阀上设有安全阀 4,限制推土机作业时的最大压力为 16MPa。

8.4　装载机液压传动系统

装载机是一种多用途、高效率和机动灵活的工程装备,主要用来装卸成堆的散状物料,如果换上相应的作业装置,还可以进行推土、挖土、松土、起重和抓夹棒料等作业。按行走系统结构的不同,装载机分轮式装载机和履带式装载机,以轮式装载机常用。图8-11为某轮式装载机的主要作业装置。

a) 右后视图   b) 左前视图

图 8-11 某装载机主要作业装置

1-装载斗;2-动臂;3-转斗机构;4-转斗油缸;5-动臂油缸

装载机也是一种循环作业式机械,一个作业循环由铲装、转运、卸料和返回四个过程组成。作业中,要求液压系统能实现工作装置铲装、提升、保持和倾卸等动作。图8-12所示为某装载机液压系统原理图。

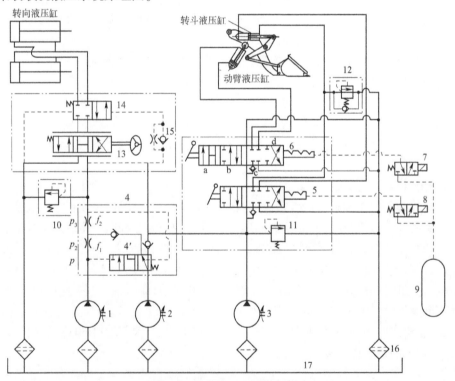

图 8-12 某装载机液压系统原理图

1-转向泵;2-辅助泵;3-主泵;4-流量转换阀;5、6-换向阀;7、8-电磁阀;9-贮气筒;10、11-安全阀;12-过载补油阀;13-随动阀;14-锁紧阀;15-单向节流阀;16-精滤器;17-油箱

1)液压系统主要元件及作用

在系统中,动力元件1、2为两个并联齿轮泵,1是转向泵,2是辅助泵,齿轮泵3是工

作主泵。

执行元件是一对动臂液压缸、一对转斗液压缸、一对转向液压缸。

控制调节元件有换向阀和压力控制阀。

换向阀:四位六通换向阀6、三位六通换向阀5。阀6控制动臂动作,阀5控制转斗动作。

流量转换阀4的作用是从辅助泵补充转向泵所减少的流量供给转向油路,以保证转向油路的流量稳定。随动阀13用来控制转向液压缸动作。

压力控制阀:安全阀11控制工作装置系统的工作压力,防止系统工作中过载。过载补油阀12防止转斗液压缸过载或产生真空,起到缓冲补油作用。安全阀10控制转向系统工作压力。

2)液压系统工作原理

该装载机液压系统包括工作装置系统和转向系统。工作装置系统又包括动臂升降液压缸工作回路和转斗液压缸工作回路,两者构成串并联回路(顺序单动回路)。转斗液压缸换向阀5一离开中位即切断去动臂液压缸换向阀6的油路。欲使动臂液压缸动作,必须使转斗液压缸换向阀5回复中位。因此动臂与铲斗不能进行复合动作,所以各液压缸推力较大。这是装载机广泛采用的液压系统形式。

根据装载机作业要求,液压系统应完成下述工作循环:铲斗翻转收起(铲装),动臂提升锁紧(转运),铲斗前倾(卸载),动臂下降放平铲斗。

(1)铲斗收起与前倾。

铲斗的收起与前倾由转斗液压缸工作回路实现。操纵换向阀5处于右位,油液经泵3、换向阀5右位进入转斗液压缸无杆腔。转斗液压缸有杆腔的回油经换向阀5右位、精滤器16回到油箱17。此时,转斗液压缸活塞杆伸出,通过摇臂斗杆带动铲斗翻转收起铲装。

操纵换向阀5处于左位,油液经泵3、换向阀5左位进入转斗液压缸有杆腔,无杆腔油液经换向阀和精滤油器回油箱,活塞杆缩回,通过连杆机构推动铲斗前倾卸载。

操纵换向阀5处于中位,转斗液压缸进、出油口被封闭,依靠换向阀的锁紧作用使铲斗停留固定在某一位置。

在转斗液压缸的有杆腔油路中设有过载补油阀12。在动臂升降过程中,转斗的连杆机构由于动作不协调而受到某种程度的干涉,即在提升动臂时转斗液压缸的活塞杆有被拉出的趋势,而在动臂下降时活塞杆又被强制顶回。这时换向阀5处于中位,油路不通。为了防止转斗液压缸过载或产生真空,过载补油阀12可起到缓冲补油作用。当有杆腔受到干涉压力超过调定压力时,便可从过载阀释放部分压力油回油箱,使液压缸得到缓冲。当产生真空时,可由单向阀从油箱吸油补空。应当指出,铲斗液压缸的无杆腔也应该设置过载补油阀,在活塞被向外拉出有杆腔受压释放部分压力油时,活塞向前移动,无杆腔就要产生真空,若在无杆腔油路上也设有过载补油阀就可以及时补油。

(2)动臂升降。

动臂的升降由动臂液压缸工作回路实现。操纵换向阀6处于d位时,油液经泵3、换向阀5中位、换向阀6的d位进入动臂液压缸无杆腔;动臂液压缸有杆腔的油液经换向阀

6 的 d 位、精滤器 16 回油箱。此时动臂液压缸的活塞伸出,推动动臂上升。

动臂提升到转运位置时操纵换向阀 6 处于 c 位,动臂液压缸的进、出油口被封闭,依靠换向阀的锁紧作用使动臂固定以便转运。

铲斗前倾卸载后,操纵换向阀 6 处于 b 位。油液经泵 3、换向阀 5 中位、换向阀 6 的 b 位进入动臂液压缸有杆腔;动臂液压缸无杆腔的回油经换向阀 6 的 b 位、精滤器回油箱。此时动臂液压缸的活塞杆缩回,带动动臂下降。

操纵换向阀 6 处于 a 位,动臂液压缸处于浮动状态,以便在坚硬地面上铲取物料或进行铲推作业。此时动臂能随地面状态自由浮动,提高作业效能。此外,还能实现空斗迅速下降,并且在发动机熄火的情况下亦能降下铲斗。

装载机动臂要求具有较快的升降速度和良好的低速微调性能。液压缸的进油可由主泵 3 和辅助泵 2 并联供油,流量转换阀 4 的工作原理同 TL180 型推土机液压系统中的供需阀 B。

(3) 自动限位装置。

为了提高生产率和避免液压缸活塞杆伸缩到极限位置造成安全阀频繁启闭,在工作装置和换向阀上装有自动回位装置,以实现工作中铲斗自动放平。在动臂后铰点和转斗液压缸处装有自动限位行程开关。当动臂举升到最高位置或铲斗随动臂下降到与停机面正好水平的位置时,行程开关碰到触点,电磁阀 7 或 8 通电动作。气压系统接通气路,贮气筒内的压缩空气进入换向阀 6 或 5 的端部松开弹跳定位钢球。阀杆便在弹簧作用下回至中位,液压缸停止动作。当行程开关脱开触点时电磁阀断电而回位关闭进气通道,阀体内的压缩空气从放气孔排出。

8.5 挖掘机液压传动系统

挖掘机主要用来开挖堑壕、基坑、河道与沟渠以及用来进行剥土和挖装矿石。单斗挖掘机比较常用,它一般由工作装置、回转机构和行走机构(或称底盘)三大部分组成。工作装置包括动臂、斗杆和铲斗,若更换工作装置,还可进行正铲、抓斗及装卸等作业。上述所有机构的动作均由液压驱动。

1) 挖掘机的作业工况

挖掘机也属于循环作业式机械,要求液压系统能实现工作装置完成挖掘、满斗提升回转、卸载和返回等动作,如图 8-13 所示,每一工作循环主要包括以下动作。

(1) 挖掘:一般以斗杆液压缸动作为主,用铲斗液压缸调整切削角度,配合挖掘。有特殊要求的挖掘动作,则根据作业要求,进行铲斗、斗杆和动臂三个液压缸的复合动作,以保证铲斗按特定轨迹运动。

(2) 满斗提升及回转:挖掘结束,铲斗液压缸推出,动臂液压缸顶起,满斗提升,同时回转马达起动,转台向卸土方向回转。

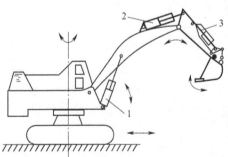

图 8-13 单斗液压挖掘机作业动作简图
1-动臂液压缸;2-斗杆液压缸;3-铲斗液压缸

(3)卸载:回转到卸载地点,转台制动;斗杆液压缸调整卸载半径,铲斗液压缸收回,转斗卸载。当对卸载位置和卸载高度有严格要求时,还需动臂配合动作。

(4)返回:卸载结束,转台向反方向回转。同时,动臂液压缸与斗杆液压缸配合动作,使空斗下放到新的挖掘位置。有时为了调整或转移挖掘地点,还要作整机行走。

由此可见,单斗挖掘机的执行元件较多,复合动作频繁。

2)某履带式挖掘机液压传动系统

图8-14为某全液压挖掘机的液压系统原理图。在熟知液压系统主要元件作用的情况下,可直接对系统工作循环和工作回路进行分析。该全液压挖掘机的液压系统为双泵双路定量系统。系统采用双联柱塞泵,它有两个出油口,相当于A、B两台泵向外供油,其流量为328L/min。A泵输出的压力油进入多路阀组Ⅰ(带合流阀5)驱动回转马达18、铲斗缸22和辅动臂缸20动作,并经中央回转接头驱动右行走马达17。B泵输出的压力油进入多路阀组Ⅱ(带限速阀10)驱动动臂缸19、斗杆缸21,并经中央回转接头驱动左行走马达16和推土缸15。每组多路阀中的四联换向阀组成串联油路。

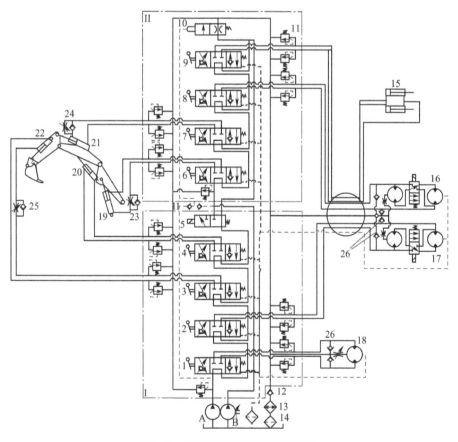

图8-14　某履带挖掘机液压系统原理图

1、2、3、4-第Ⅰ组四联换向阀;5-合流阀;6、7、8、9-第Ⅱ组四联换向阀;10-限速阀;11-梭阀;12-背压阀;13-散热器;14-滤油器;15-推土液压缸;16-左行走马达;17-右行走马达;18-回转马达;19-动臂液压缸;20-辅动臂液压缸;21-斗杆液压缸;22-铲斗液压缸;23、24、25-单向节流阀;26-双向补油阀;A、B-液压泵

（1）实现作业循环。

根据挖掘机的作业要求，液压系统应完成挖掘、满斗提升回转、卸载和返回工作循环。上述工作循环由系统中的一般工作回路实现。

①挖掘。通常以铲斗缸或斗杆缸或两者配合进行挖掘；必要时配以动臂动作。操纵多路阀Ⅰ中的换向阀3处于右位，这时油液的流动路线是：

进油路：A泵→换向阀1、2的中位→换向阀3右位→铲斗缸22大腔。

回油路：铲斗缸22小腔→单向节流阀25→换向阀3右位→换向阀4中位→合流阀5右位→多路阀组Ⅱ→限速阀10右位→背压阀12→散热器13→滤油器14→油箱。

此时铲斗缸活塞伸出，推动铲斗挖掘。或者同时操纵换向阀3、7使两者配合进行挖掘。必要时操作换向阀6，使其处于右位或左位，则B泵来油进入动臂缸19的大腔或小腔，使动臂上升或下降以配合铲斗缸和斗杆缸动作，提高挖掘效率。

②满斗提升回转。操纵换向阀6处于右位，B泵来油进入动臂缸大腔将动臂顶起，满斗提升；当铲斗提升到一定高度时操纵换向阀1处于左位或右位，则A泵来油进入回转马达18驱动马达带转台向卸土处回转。完成满斗回转主要是动臂和回转马达的复合动作。

③卸载。操纵换向阀7控制斗杆缸，调节卸载半径；然后操纵换向阀3处于左位，使铲斗缸活塞回缩，铲斗卸载。为了调整卸载位置还要有动臂缸的配合。此时是斗杆和铲斗复合动作，兼以动臂动作。

④返回。操纵换向阀1处于右位或左位，则转台反向回转。同时操纵换向阀6和7使动臂缸和斗杆缸配合动作，把空斗放到挖掘点，此时是回转马达和动臂或斗杆复合动作。

（2）主要液压元件在系统中的作用。

①换向阀4控制的辅动臂液压缸20供抓斗作业时使用。

②为了限制动臂、斗杆、铲斗因自重而快速下降，在其回路上均设置了单向节流阀23、24、25。

③整机行走由行走马达16、17驱动。左、右马达分别属于两条独立的油路。如同时操纵换向阀8和2使处于左位和右位，左、右马达16、17即正转或反转，且转速相同（在两条油路的容积效率相等的情况下）。因此挖掘机可保持直线行驶。若使用单泵系统，则难以做到（在左右马达行驶阻力不等的情况下）。

④在左、右行走马达内设有电磁双速阀，可获得两挡行走速度。一般情况下，行走马达内部两排柱塞缸并联供油，为低速挡；如操纵电磁双速阀，则成串联供油（图示位置），为高速挡。

⑤系统回油路上的限速阀10在挖掘机下坡时用来自动控制行走速度，防止超速滑坡。在平路上正常行驶或进行挖掘作业时，因液压泵出口油压力较高，高压油将通过梭阀11使限速阀10处于左位，从而取消回油节流。如在下坡行驶时一旦出现超速现象，液压泵输出的油压力降低，限速阀在其弹簧力的作用下又会回到节流位置，从而防止超速滑坡。

⑥该机械在挖掘作业时，常需动臂缸与斗杆缸快速动作以提高生产效率。为此在系

统中增加了合流阀5。合流阀在图示位置时,泵A、B不合流。当操纵合流阀处于左位时A泵输出的压力油经合流阀5的左位进入多路阀组Ⅱ,与B泵一起向动臂缸和斗杆缸供油,以加快动臂和斗杆的动作速度。

⑦在两组多路阀的进油路上设有安全阀以限制系统的最大工作压力。在各液压缸和液压马达的分支油路上均设有过载阀以吸收工作装置的冲击能量。

(3)低压回路。

该型液压挖掘机除了主油路外,还有如下低压油路。

①背压油路(或补油油路):由系统回路上的背压阀12所产生的低压油(0.8~1MPa)在制动或出现超速吸空时,通过双向补油阀向液压马达的低油腔补油,以保证滚轮始终贴紧导轨表面,使马达工作平稳并有可靠的制动性能。

②排灌油路:将低压油经节流阀减压后引入液压马达壳体,使马达即使在不运转的情况下壳体内仍保持一定的循环油量。其目的,一是使马达壳体内的磨损物经常得到冲洗;二是对马达进行预热,防止当外界温度过低时由主油路通入温度较高的工作油液以后引起配油轴及柱塞副等精密配合局部不均匀的热膨胀,使马达卡住或咬死而发生故障(即所谓的"热冲击")。

③泄油回路。该油路将多路换向阀和液压马达的泄漏油液用油管集中起来,通过五通接头和滤油器流回油箱。该回路无背压,以减少外漏。液压系统出现故障时,可通过检查泄漏油路滤油器,判定是否属于液压马达磨损引起的故障。

该液压系统在回油路设置了强制式风冷式散热器和滤油器,使回油得到冷却和过滤,以保证挖掘机在连续工作状态下油箱内的油温不超过80℃。

3)某挖掘装载机液压传动系统

挖掘装载机俗称"两头忙",有时也称悬挂式挖掘机,前部为装载作业装置,后部为挖掘作业装置,为一机多用的工程装备,但是两种作业不能同时进行,其工作装置构造如图8-15所示。

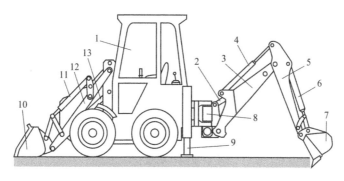

图8-15　挖掘装载机的工作装置

1-驾驶室;2-动臂油缸;3-动臂;4-斗杆油缸;5-斗杆;6-铲斗;7-铲斗油缸;8-回转机构;9-支腿;10-装载斗;11-装载斗转斗油缸;12-装载斗动臂;13-装载斗动臂油缸

如图8-16所示为某0.2m³挖掘装载机工作装置液压传动系统原理图。系统中,各分配阀并联,可以实现复合动作。为了防止系统过载,设置了安全溢流阀2。在装载斗动臂油缸5、挖掘斗动臂油缸16、斗杆油缸17大腔和回转马达15的管路上安装了过载阀,以防止液压元件过载损坏。

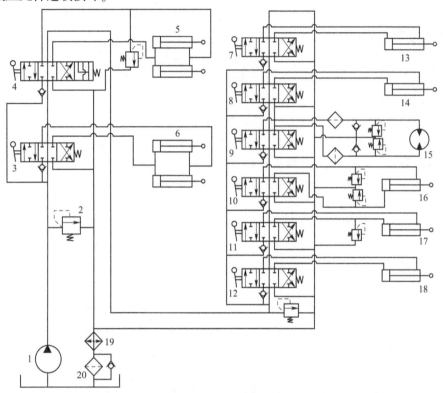

图 8-16　某挖掘装载机工作装置液压传动系统原理图

1-油泵;2-溢流阀;3-装载斗转斗油缸操纵阀;4-装载斗动臂油缸操纵阀;5-装载斗动臂油缸;6-装载斗转斗油缸;7-左支腿油缸操纵阀;8-铲斗油缸操纵阀;9-回转马达操纵阀;10-动臂油缸操纵阀;11-斗杆油缸操纵阀;12-右支腿油缸操纵阀;13-左支腿油缸;14-铲斗油缸;15-回转马达;16-动臂油缸;17-斗杆油缸;18-右支腿油缸;19-散热器;20-滤油器

4)某先导操纵挖掘机液压传动系统

如图 8-17 所示为先导操纵挖掘机液压传动系统原理图。该系统为双泵双回路全功率调节变量液压系统,主要参数:反铲斗容量为 $0.6m^3$,液压系统工作压力为 25MPa,液压泵排量为 $2 \times 106.5mL/r$,液压马达排量为 $1.79L/r$。

系统采用一台双联轴向变量柱塞泵作为液压系统的动力源,主要控制阀为两组三位六通液控多路换向阀 15。这两组控制阀之间为并联关系并可互锁。泵 A 为多路阀①、②、③、④提供压力油,以控制铲斗油缸 19、动臂油缸 17 和左侧行走马达 11。其中多路阀④用于和阀⑦并联向斗杆油缸 18 供油。泵 B 为多路阀⑤、⑥、⑦、⑧提供压力油,用以控制回转马达 13、右侧行走马达 11、斗杆油缸 18、铲斗油缸 19 无杆腔和动臂油缸 17 无杆腔。液控多路阀由两个特殊的手动减压式先导阀 20 控制,该阀的特点是根据操纵手柄位置和方向的不同,既可以控制操纵液压泵 1 输出的压力在 1 ~ 2.5MPa 的范围内变化,同时也可控制多路阀换向,而手柄的行程与减压阀的输出压力在工作区段内成正比,以此来控制多路阀的开度。系统中设置的蓄能器 4 作为应急能源使用,当发动机不工作或发生故障时,仍允许工作机构在短时间内可操纵。每个液压缸和液压马达与换向阀之间都设置了由安全阀和单向阀组成的缓冲补油回路,以避免运动部件停止运动时产生冲击,以及当负载较大时在液压缸的一腔产生负压。系统中的溢流阀调定压力为20MPa,安全阀的调定压力为30MPa。系统油温由一个单独的液压回路进行控制,操纵液压泵1专用于冷却和换向阀的控制用油源。放在油箱内的温度传感器发出温度信号,当达到一定的温度时,温控器控制转换阀5动作,这时液压马达6带动风冷式冷却风扇7旋转,对油温进行控制。

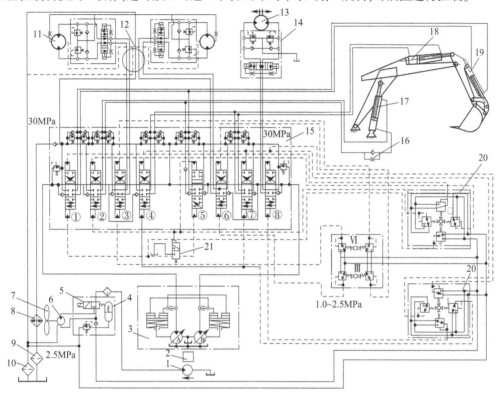

图 8-17　某挖掘机液压传动系统原理图

1-操纵液压泵;2-发动机;3-双联液压泵;4-蓄能器;5-转换阀;6-冷却用液压马达;7-冷却风扇;8-散热器;9、10-过滤器;11-行走马达;12-中央回转接头;13-回转马达;14-缓冲制动阀;15-多路换向阀;16-单向节流阀;17-动臂油缸;18-斗杆油缸;19-铲斗油缸;20-手动减压式先导阀;21-转换阀

　　这种全功率变量调节系统中,决定泵输出流量变化的压力,不是单独某个泵的压力值,而是两个泵输出压力之和;两个泵同步变量,且两个泵的流量总是相等的,所以在变量范围内、任何供油压力下,系统都能输出全部功率。

　　全功率变量系统有以下特点:

　　(1)当一台泵空载时,另一台泵也可以输出全功率。

　　(2)两台泵的流量始终相等,方便操作手控制。

　　(3)可保证左右履带同步运行。

　　(4)在挖掘作业中,卸土完毕后机械回转和动臂的下降可同时动作,提高了作业效率。

8.6　汽车式起重机液压系统

　　汽车式起重机能以较高速度行走,机动性好,又能用于起重,常工作在有冲击、振动、温度变化大和环境差的条件下。

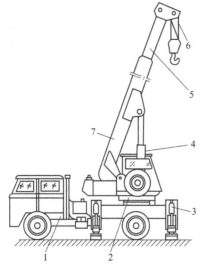

图 8-18 某汽车式起重机作业装置简图
1-载重汽车;2-回转机构;3-支腿;4-吊臂变
幅缸;5-吊臂伸缩缸;6-起升机构;7-基本臂

1)概述

图 8-18 是某汽车式起重机作业装置简图。它由汽车 1,回转机构 2,前、后支腿 3,吊臂变幅液压缸 4,吊臂伸缩液压缸 5,起升机构 6 和基本臂 7 组成。

该汽车式起重机最大起重力 80kN(幅度 3m),最大起重高度 11.5m。起重时,操作顺序为:放下后支腿→放下前支腿→调整吊臂长度→调整吊臂起落角度→起吊→回转→落下载重→收起前支腿→收起后支腿→起吊作业结束。

汽车式起重机的工作特点是各执行元件动作简单、位置精度要求不高,但动作互不影响,要求液压系统工作压力为中、高压,安全性要好。

2)汽车式起重机液压系统工作原理

如图 8-19 所示为某汽车起重机液压系统原理图。它主要由支腿收放、回转机构、吊臂伸缩、吊臂变幅和起升机构 5 个局部油路组成。液压泵由汽车发动机通过装在汽车底盘变速器上的取力箱驱动。液压泵、滤油器 11、安全阀 3、开关 10、多路换向阀 1 和支腿液压缸都装在回转机构以下(底盘部分)。其他液压元件和油箱都装在回转机构以上(上装部分),兼作配重。底盘和上装油路通过中心回转接头 9 连通。阀组 1 和 2 都是 M 形中位机能的串联多路换向阀。

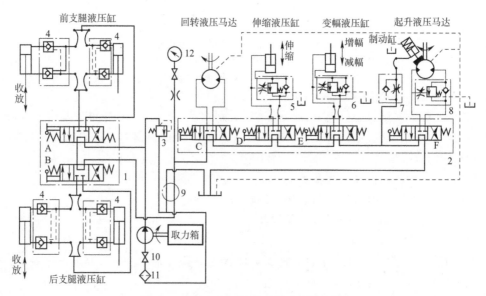

图 8-19 某汽车式起重机液压传动系统原理图
1、2-手动阀组;3-安全阀;4-双向液压锁;5、6、8-平衡阀;7-节流阀;9-中心回转接头;10-开关;11-滤油器;12-压力表

系统所有执行元件都不工作时,液压泵输出的压力油经各换向阀中位回油箱卸载。

系统有 1 个以上执行元件工作时,液压泵输出的压力油依次流经前支腿、后支腿、回转机构、伸缩缸、变幅缸和起升机构回路的执行元件或换向阀中位(该回路不工作时)回油箱。此时,液压泵不卸载,操作者可操作一个换向阀,使单个执行元件动作;也可同时操作几个换向阀,使几个执行元件在不满载的条件下同时动作。

(1)支腿收放。

汽车后轮的前方、后方各设有一对支腿,每个支腿靠一个液压缸驱动收、放、由一对液控单向阀(双向液压锁)保持其收放位置,防止起重作业过程中由于液压缸上腔泄漏而发生"软腿"现象;也防止汽车行驶过程中由于液压缸下腔泄漏而造成支腿自行下落。起重作业时,必须放下支腿,使汽车轮胎离地架空,以免受重负载;汽车行驶时,必须收起支腿。

放支腿过程:先将多路换向阀 1 的阀 B 换至左位,压力油进入后支腿的两液压缸上腔,下腔回油,后支腿放下,再将阀 B 换回中位,液压锁锁住后支腿;将阀 A 换至左位,前支腿的两液压缸下行,前支腿放下,再将阀 A 换回中位,液压锁锁住前支腿。

收支腿过程:先将阀 A 换到右位,前支腿的两液压缸下腔进压力油,上腔回油,等两前支腿收回后,再将阀 A 换回中位,前支腿被锁住。用同样的办法,将阀 B 先换至右位,等后支腿收回后,将阀 B 换回中位,后支腿被锁住。

(2)回转机构转位。

在回转机构中,用一个双向液压马达通过机械传动装置驱动转台。将换向阀 C 换至左位或右位,液压马达便带动转台低速向左、右旋转。由于液压马达转速低,转盘转到合适的位置时,将换向阀 C 换回中位,液压马达能制动锁住,不必另外设置马达制动回路。

(3)起升机构升降。

起升机构由一个大转矩双向液压马达带动卷扬机升降重物。液压马达转速可通过改变发动机转速来调节。起升液压回路是一个平衡回路,平衡阀 8 由改进设计后的外控顺序阀和单向阀组成。采用平衡阀后重物下降时不会产生时快、时停的"点头"现象。当换向阀 F 换至右位时,压力油经平衡阀的单向阀进入液压马达,吊起重物。当换向阀 F 换至左位时,压力油直接进入液压马达,平衡阀开启,液压马达回油腔经平衡阀回油,重物平稳下落。当换向阀换回中位时,平衡阀关闭,液压马达停转,重物停在空中。由于液压马达泄漏量比液压缸大得多,尽管平衡阀密封性好,重物在空中仍有滑落(常称"溜车"现象)。所以,在这个液压马达上设有制动缸,在换向阀 F 换回中位使液压马达停转时,制动缸的有杆腔油液经阀 7 的单向阀回油,液压马达迅速制动,重物迅速停止下降。当换向阀 F 重新换至右位又使重物上升时,压力油经阀 7 的节流阀,缓慢流入制动缸的有杆腔,制动缸慢慢松开,避免重物因自重产生滑降。

(4)吊臂伸缩。

吊臂由基本臂和伸缩臂组成,伸缩臂套在基本臂内。吊臂的伸缩由一伸缩液压缸实现,液压回路也是采用平衡阀的平衡回路。操作换向阀 D,吊臂可进行伸出、回缩或停止动作。在吊臂停止回缩时,平衡阀 5 可防止吊臂因自重而下降。

(5)吊臂变幅。

用一液压缸改变起重臂的角度(称为变幅),其液压回路也是平衡阀控制的平衡回路。操作换向阀 E,重臂可作增幅、减幅或停止动作。

3)汽车式起重机液压系统特点

(1)各液压回路简单、相互独立,使各执行元件的动作操作简单。多路换向阀为串联油路,因而各执行元件可单动,也可同时动作。

(2)支腿回路中采用了双向液压锁,可防止发生"软腿"现象和支腿自行下落。

(3)起升、吊臂伸缩和变幅回路中都设有平衡阀,可有效防止重物因自重而下落。

(4)起升液压马达上设置有制动缸,可以防止马达由于泄漏严重而产生"溜车"现象。

8.7 液压系统的使用与维护

液压系统长期使用后,会产生自然磨损、疲劳和松动。恶劣的作业环境,又是加剧磨损的重要因素。因此,定期检查、维护,可以减少液压系统的故障,延长液压系统的使用寿命,缩短机器的停工时间,提高工作效率,大大降低作业成本,使机械达到最佳状态。

8.7.1 一般要求

(1)维护液压系统时,要将机械置于水平地面上,铲斗降至地面,然后释放液压缸管路压力。正常情况下,每根液压油管内都有很大的压力,在释放内压力之前,不要加油、放油或进行维护和检查。

(2)在作业中和作业刚结束时,发动机冷却液和各部件、管道中的油仍处于高温、高压状态,此时打开盖子放水、放油或更换滤芯,都会造成烫伤或其他伤害。所以,必须等温度降低之后,再进行检查和维护。注意:即使油温下降了,检查和维护液压回路前也要释放系统内部剩余的压力。

(3)应定期更换关键元件(零部件),如液压系统中的高压软管、密封件等,这些元件不管是否失效,都要定期更换新件。尤其是橡胶软管含有可燃物质,若发生老化、疲劳或擦伤,则在高压作用下会爆裂,很难单纯依靠肉眼检查来判定其状况,因此要定期更换。

(4)定期检查液压油箱的油位,更换滤油器,加注液压油。在清洗或更换滤油器滤芯(滤网)或拆装液压管道过程中,应注意排出油路中的空气;同时,检查 O 形圈(或密封垫)是否损坏,如损坏,应更换。

(5)蓄能器充有高压氮气,一定要严格遵照规定使用,操作不正确易发生危险。

8.7.2 维护

1)新机维护

新机工作一定小时数(根据机型不同)后应更换滤油器滤芯。

2)日常维护

日常维护是各级维护的基础,属于防范性的例行作业,以检查、紧固、清洁为中心,是减少液压系统故障最重要的环节。通过检查,可以较早地发现一些异常现象即故障预兆,如外渗漏、压力不稳定、温升较高、声音异常及液压油变色等。日常维护应在起动前、作业中、收车后进行。

（1）起动前检查。在油泵起动前要注意油箱是否注满油，油量要加至油箱上限指示标记。检查油液的颜色、气味、黏度是否异常，深褐色、乳白色、有异味的液压油是变质油，不能使用。测量油温，当油温低于10℃时，应使系统在无负荷状态下运转20min以上。检查液压油散热器的工作情况，散热片不要被油污染，尘土、油泥附着会影响散热效果。

（2）起动和起动后的检查。低温环境中，用开开停停的方法进行起动，重复几次使油温上升，液压装置运转灵活后，再进入正常运转。起动过程中若泵无输出，应立即停止运转，检查原因。泵起动后注意检听泵的噪声，如果噪声过大，则检查原因，排除故障后方可进行正常工作。

（3）系统工作过程中和收车后的检查。在系统稳定工况下，除随时注意油量、油温、压力、噪声等问题外，还要检查液压缸、液压马达、换向阀、溢流阀的工作情况，注意观察整个系统的漏油和振动情况。

3）定期维护

工程装备液压系统在正常使用过程中，每隔一定小时数（随机型不同，例如液压挖掘机分100h、250h、500h、1000h等），就要进行不同项目的维护，尽早发现潜在故障隐患并进行修复或排除，提高其寿命与可靠性。

（1）检查液压油中含有杂质的情况，拆下滤油器，将滤油器中的液压油倒出，取数滴液压油放在手上，用手指捻一下，查看是否有金属颗粒，或在太阳光下观察是否有微小的闪光点。如果有较多的金属颗粒或闪光点，说明液压油含有机械杂质较多，往往标志着液压泵（马达）磨损或液压缸拉缸。必须进一步确诊并采取相应措施。

（2）检查液压油的氧化程度，如果液压油的颜色呈黑褐色，并有恶臭味说明已被氧化。褐色越深，恶臭味越浓，则说明被氧化的程度越严重。如果在初步检查中发现液压油性能恶化，应取样对液压油进行化验室检测，根据检测结果进行过滤或更换。

（3）检查液压油中含水分的程度，如液压油的颜色呈乳白色，气味没变，则说明混入水分过多。取少量液压油滴在灼热的铁板上，如果发出"叭叭"的声音，则说明含有水分。

（4）检查是否需要更换液压油通气口滤芯。工程装备运行250h后，不管滤芯状况如何均应更换，如果长时间高温作业还应适当提前更换滤芯。选用包装完好的正品滤油器（若包装损坏，可能被污染），同时应注意新滤油器的过滤精度是否合适。换油的同时认真清洗滤油器的密封表面。

（5）维护时应注意：不要盲目拆卸，不同的油不能混合使用，液压泵（马达）和各类阀不得任意解体，更换管类（包括软管）辅件时，必须在油压消失后进行。液压元件、液压胶管要认真清洗，用高压风吹干后组装。

（6）清洗液压系统。清洗液最好采用系统用过、牌号相同的、经过过滤的洁净的液压油，切忌使用煤油或柴油作清洗液。清洗时应采用尽可能大的流量，使管路中的液流呈湍流状态，并完成各个执行元件的动作，以便将污染物从各个泵、阀与液压缸等元件中冲洗出来。清洗结束后，在热状态下排掉清洗油。加入新的液压油，同时更换滤油器滤芯。

（7）系统经过使用一段时期后，如发现机能不良或产生异常现象，用外部调整的方法不能恢复或排除时，可进行更换配件或分解维修。复杂的液压元件分解维修要十分小心，最好到制造厂检修。

4)长期存放

机器长期存放时,为防止液压缸活塞杆生锈,应把工作装置着地放置;整机洗净并干燥后存放在室内干燥的环境中;如因条件所限只能存放在室外时,应把机器停放在排水良好的水泥地面上;存放前加满燃油箱,润滑各部位,更换液压油和机油,液压缸活塞杆外露的金属表面涂一薄层黄油;每月起动发动机一次并操作机器,以便润滑各运动部件,同时给蓄电池充电。

8.7.3 液压油使用管理

(1)根据环境温度和用途选用合适的油液。环境温度高时,应选用黏度大的油;环境温度低时,应选用黏度小的油。严禁混用不同牌号和等级的油。

(2)在恶劣的条件(高温、高压)下,液压油会变质。因此,即使油不脏,也应在规定的时间按要求更换新油。换油时,一定要同时更换相应的滤油器。

(3)油液使用中一定要小心,以防杂物(如水、金属颗粒、粉尘等)进入其中,液压机械在作业中发生的故障,大多数都是由于油液中混入杂质而引起的。

(4)应按照规定的量加注液压油。加油太多和太少都会产生不良现象。

(5)加油时应采用专门的加油装置,无加油装置,可在油箱的入口处放置150~200目的滤网过滤,并保持从取油到注油的全过程中油桶口、油箱口、漏斗等器皿的清洁。

(6)为了检查液压机械的工作状态,应定期对油液品质进行分析。

8.7.4 系统污染管理

1)滤油器的使用与更换

(1)滤油器是十分重要的元件,它阻止杂质进入系统和清除系统中的杂质,从而减少故障的发生,应根据要求定期更换滤油器。在恶劣的条件下使用液压机械时,应根据所用油液质量和环境特点,调整(缩短)更换周期。

(2)更换旧滤油器时,应该检查是否有金属颗粒、橡胶碎渣等吸附在旧滤芯上。如果发现有金属或橡胶颗粒等,应请专业人员进一步检查处理。

(3)在使用滤油器之前,切勿过早地将包装盒打开。

2)防止空气进入液压系统

液压系统中所用的油液压缩性很小,在一般情况下可认为油是不可压缩的。但空气的可压缩性很大,约为油液的一万倍,所以即使系统中含有少量空气,它的影响也是很大的。溶解在油液中的空气,在压力低时就会从油中逸出,产生气泡,形成气穴;气泡到了高压区,在压力油的冲击下,急剧受到压缩和破碎,产生噪声;同时,气泡突然受到压缩会放出大量热量,引起局部过热,使液压元件和液压油受到损坏;另外,气泡的可压缩性大,会使执行元件产生爬行,破坏工作平稳性,有时甚至引起工作装置振动。因此,必须注意防止空气进入液压系统。

(1)为了防止回油管回油时带入空气,回油管必须插入油箱的油面以下。

(2)吸入管及泵轴密封部分等低于大气压的地方应注意不要漏入空气。

(3)油箱的油量要尽量多些,吸入侧和回油侧要用隔板隔开,以达到消除气泡的目的。

(4)在管路及液压缸的最高部分设置放气孔,必要时应能放掉其中的空气。

3)防止油温过高

工程装备液压系统油液的工作温度一般在30℃~80℃的范围内较好,油温太高将对液压系统产生很多不良影响,如黏度下降,容积效率降低,润滑油膜变薄,增加机械磨损,密封件老化变质,丧失密封性能等。因此在使用维护过程中,应尽量控制油温使其不超过上述允许的上限。

引起油温过高的原因是多方面的。有些是属于系统设计不当造成的,例如油箱容量太小,散热面积不够;系统中没有卸载回路,在停止工作时油泵仍在高压溢流,油管太细太长,弯曲过多,或液压元件选择不当,使压力损失太大等。有些是属于制造上的问题,例如元件加工、装配精度不高,相对运动件间摩擦发热过多等。从使用维护的角度来看,应注意以下几个方面:

(1)经常注意保持油箱中的正确油位,使系统中的油液有足够的循环冷却条件。

(2)经常注意保持冷却器内水量充足,管路畅通。

(3)在系统不工作的时候,油泵必须卸载。

(4)正确选择系统中所用油液的黏度。黏度过高,增加油液流动时的能量损耗;黏度过低,泄漏就会增多,两者都会使油温升高。

练 习 题

1.根据不同的分类方法,液压系统的基本形式主要有哪几种? 什么是闭式系统?

2.如何阅读液压系统原理图?

3.工程装备典型作业机构常用液压回路有哪些? 有什么特点?

4.试对图8-12和图8-13所示的工程装备液压系统原理图进行阅读分析。

第9章　液力传动

液力传动是一种与液压传动完全不同的以液体为工作介质的传动方式。液力传动利用工作液体动能的变化来实现动力传递,即通过液体在循环流动过程中,将其动能转变为机械能。其理论基础是液力传动流体力学,其核心为力矩方程式。

9.1　液力传动基本工作原理

图 9-1 为液力传动工作原理示意图。发动机 12 带动离心泵叶片 5 高速旋转、离心泵通过进水管 2 从储油池 1 吸入液体,液体在离心泵内被加速而获得动能,所以离心泵是将发动机的机械能转换成液体的动能的主要装置。由离心泵输出的高速液体由管路 6、导流装置 7 进入涡轮机 9,冲击涡轮机叶片,从而使涡轮机旋转,并由输出轴 8 输出机械能驱动工作机构运动,所以,涡轮机是将液体动能重新转换成机械能的装置。由涡轮机排回的液体速度降低、动能减小,通过回水管 11 返回储油池,再由离心泵吸入进入下一个循环,继续传递动力。工作液体作为一种传递能量的介质,就是这样周而复始,循环不断。因此,通过离心泵与涡轮机的组合,即可实现能量转换和传递,从而构成了液力传动的原始雏形。

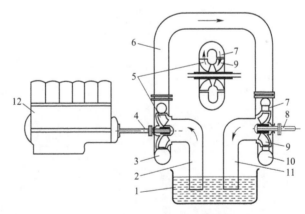

图 9-1　液力传动工作原理简图

1-储油池;2-进水管;3-离心泵涡壳;4-动力输入轴;5-离心泵叶片;6-连接管;7-导流装置;8-动力输出轴;9-涡轮机;
10-涡轮壳;11-回水管;12-发动机

在图 9-1 所示的传动装置中,离心泵与涡轮机相距较远,因此在传动中能量的损失很大,效率不高(一般不大于 70%)。为了提高效率,设法将离心泵工作轮(泵轮)与涡轮机工作轮(涡轮)尽量靠近,取消中间的连接管路和导向装置,把它们合在一起就形成了新的结构型式,即图9-1中间部分所示的液力变矩器。在这种新的结构中没有离心泵和水轮机,它们由工作轮(5 称为泵轮,9 称为涡轮,7 称为导轮)所代替。这样不但结构简化,而且大大提高了效率。

9.2 液力传动的结构类型

液力传动的结构包括:

(1)能量输入部件(一般称泵轮,以 B 表示),接受发动机传来的机械能,并将其转换为液体的动能;

(2)能量输出部件(一般称涡轮,以 T 表示),将液体的动能转换为机械能输出。

如图9-2a)所示,如果液力传动装置只有上述两个部件,则称这一传动装置为液力偶合器。

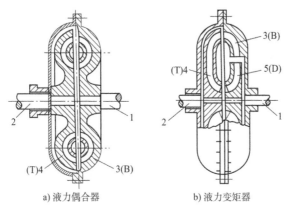

a) 液力偶合器   b) 液力变矩器

图9-2 液力传动的结构类型
1-主动轴(输入轴);2-输出轴(从动轴);3-泵轮;4-涡轮;5-导轮

如图9-1 和 9-2b)所示,如果液力传动装置除具有上述两部件之外,还有一个固定的导流部件(它可装在泵轮的出口处或入口处,以 D 表示),则称这个液力传动装置为液力变矩器。

为了扩大液力元件的使用范围,可将液力偶合器或液力变矩器与各种机械元件组合成一个整体,称为液力机械元件(液力机械偶合器或液力机械变矩器)。

9.3 液力偶合器

9.3.1 液力偶合器的结构

如图 9-3 所示为液力偶合器的结构简图,由发动机曲轴通过输入轴 4 驱动的叶轮 3 为泵轮,与输出轴 5 装在一起的为涡轮 2。泵轮 3 和泵轮壳(又称罩轮)1 一起旋转,构成液力偶合器的主动部分;涡轮 2 和输出轴 5 是偶合器的从动部分。在泵轮和涡轮的内部装有许多叶片,大多数偶合器的叶片是半圆形的径向叶片,也有倾斜的。在各叶片之间充满工作液体。两轮装合后的相对端面之间约有 3 ~4mm 间隙。它们的内腔共同构成圆形或椭圆形的环状主腔,称为循环圆;循环圆的剖面示意图如图9-3a) 所示,该剖面是通过输入轴与输出轴所作的截面,称为轴截面。

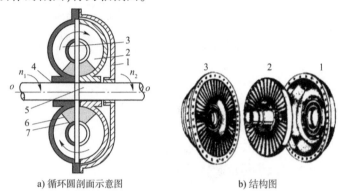

a) 循环圆剖面示意图   b) 结构图

图9-3   液力偶合器结构简图

1-泵轮壳(罩轮);2-涡轮;3-泵轮;4-输入轴;5-输出轴;6、7-尾端切去一块的叶片

通常将偶合器的泵轮与涡轮的叶片数制成不相等的,目的是避免因液流脉动对工作轮形成周期性的冲击而引起振动。偶合器的叶片一般制成平面径向的,制造简单。工作轮多用铝合金铸成,也有采用冲压和焊接方法制造的。有的偶合器泵轮和涡轮有半数叶片在其尾部切去一块或一角,如图9-3a) 中的 6、7 所示。这是因为叶片是径向布置的,在工作轮内缘处叶片间的距离比外缘处小,当液体从涡轮外缘经内缘流入泵轮时,液体受挤压而加速。因此,每间隔一片切去一角,便可扩大内缘处的流通截面,减少液体因受挤压造成对流速变化的影响,使流道内的流速较均匀,从而降低损失,提高效率。

9.3.2   液力偶合器的工作原理

如图9-4 所示,液力偶合器的泵轮、涡轮叶片若成平面径向,两轮间无机械联系。当发动机带动泵轮旋转时,其中的油液就被叶片带动随泵轮一同旋转。同时由于离心力作用,油液还会沿叶片由泵轮内缘处向外缘处流动。由于此时涡轮角速度小于泵轮角速度,故涡轮外缘处的压力小于泵轮外缘处的压力,在此压差的作用下,油液从泵轮流入涡轮,把能量传给涡轮,推动涡轮旋转。油液进入涡轮后顺着涡轮叶片向其中心流,再返回泵轮中心。由于泵轮不停地旋转,返回到泵轮中心的油再次被甩到外缘,油液就是在这种循环空间(循环圆)进行循环不止的运动。

液力偶合器能量传递过程也可如下说明:油液在泵轮内沿着叶片的流动(相对运动)和随泵轮一起旋转和圆周运动(牵连运动)。两者合成的绝对运动是斜对着涡轮,斜向冲击涡轮叶片的油液受静止涡轮的作用,运动速度降低,将能量传递给涡轮,即涡轮受到油液的作用获得能量而旋转,通过从动轴向外输出扭矩。

在稳定运动时,若忽略摩擦阻力,则液力偶合器中的油液受到的外力矩只有泵轮给的力矩 M_B 和涡轮传给的力矩 M_T。按工作液的平衡条件,有:

$$M_B + M_T = 0 \tag{9-1}$$

或

$$M_B = -M_T \qquad\qquad (9-2)$$

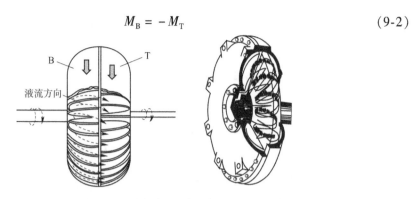

图9-4 液力偶合器工作示意图

即液力偶合器在工作时,泵轮轴与涡轮轴上的力矩大小相等,方向相反。可见偶合器只传递力矩,而不改变输出力矩。所以液力偶合器也被称作液力联轴器。

设泵轮的输入功率为P_B,转速为n_B;涡轮的输出功率为P_T,转速为n_T。偶合器的效率为η。

$$\eta = \frac{P_T}{P_B} = \frac{M_T n_T}{M_B n_B} = \frac{n_T}{n_B} = i \qquad\qquad (9-3)$$

i称为转速比(传动比)。可见液力偶合器的效率与传动比相等。转速比越大,效率越高。液力偶合器转速比i一般为$0.95 \sim 0.99$,所以效率较高。

液力偶合器实现传动的必要条件是油液在泵轮与涡轮之间的循环流动,而这种流动的产生是由于工作轮转速不等,离心力就不等,使两轮叶片的外缘产生压差所致。故液力偶合器在正常工作时泵轮转速n_B总是大于涡轮转速n_T。

9.3.3 液力偶合器的特性

液力偶合器的特性通常用泵轮转速n_B(输入转速)等于常数时,M_T与n_T的关系、η与n_T的关系曲线来表示,如图9-5所示。

M_T与n_T的关系曲线是由实验测出的一条二次曲线。由该曲线看出,输出力矩(阻力矩)随涡轮转速的减小而增大。这是由于当n_B一定时,若n_T减小,则n_B与n_T之转速差增大,引起环流速度增大,从而使传递力矩增大。

当外载荷过大时(大于图9-5中M_0)涡轮便停止不动,即$n_T = 0$。这时附加到发动机轴上的力矩M_0叫作制动力矩,它由液力偶合器的结构形式和尺寸决定,与外载荷无关。因此加到发动机轴上的载荷不能超过M_0,这是液力传动最大特点之一。利用这个特点,合理地选择液力偶合器,可以有效地防止发动机过载。改善发动机的起动性能,使之能重载起动。

目前,液力偶合器在国内主要用于安全保护和改善起动性能。

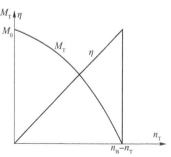

图9-5 液力偶合器的特性曲线

9.4　液力变矩器

9.4.1　液力变矩器的一般结构

液力变矩器的结构与液力偶合器相近,只是液力变矩器在循环圆内多加装了工作液导向装置—导轮。另外,为了保证液力变矩器具有一定的性能,使工作液在循环圆中很好地循环流动,各工作轮采用弯曲成一定形状的叶片,并且各工作轮带有内环。

如图9-6所示,最简单的液力变矩器由泵轮4、涡轮3、导轮5等元件组成。导轮5是一个固定不动的工作轮,通过导轮固定座与液力变矩器壳体连接。各工作轮——泵轮、涡轮、导轮的内外环构成相互衔接的封闭空腔,形成工作液流的环流通道。

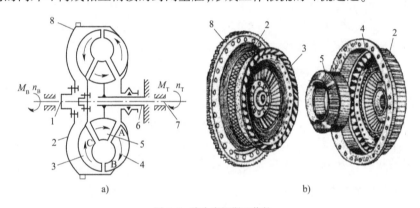

图9-6　液力变矩器工作轮

1-发动机曲轴;2-变矩器壳;3-涡轮;4-泵轮;5-导轮;6-导轮固定套筒;7-从动轴;8-起动齿圈

工作液就在环流通道内循环流动。此封闭的环流通道称为循环圆。为分析方便,通常用循环圆在轴面上的断面图来表示整个循环圆,并把这个断面图称为液力变矩器的循环圆(见图9-7)。

图9-7中,液力变矩器的循环圆表示出变矩器内各工作轮的相互位置和几何尺寸,说明了一个液力变矩器的几何特性。故某一型号的液力变矩器一般就用它的循环圆来表示。循环圆的最大直径 D,称为液力变矩器的有效直径。由于循环圆在轴面上的断面相对于传动轴是完全对称的,因此也常用传动轴上半部的图形来表示循环圆。图9-7中,A为变矩器的进油口,B为排油口。

9.4.2　液力变矩器的工作原理

1)液力变矩器的变矩原理

液力变矩器能够改变发动机所供给的力矩,使得其涡轮输出的力矩可以超过发动机通过泵轮所输入力矩的若干倍,从而改善主机的性能。

液力变矩器之所以能变矩,主要是由于不动的导轮能给涡轮施加一个反作用力矩。

液力变矩器工作时同液力偶合器一样由发动机带动泵轮旋转,并将发动机的力矩施加于泵轮。泵轮旋转时泵轮内的叶片带动工作液体一起作牵连圆周运动,并迫使液体沿循环圆作相对运动。工作液体经受泵轮叶片的作用获得一定的动能和压力能,从而将发动机的机械能变为液体的动能和压力能。由泵轮流出的高速液流进入涡轮,并冲击涡轮的叶片,使涡轮开始旋转,且使涡轮输出轴获得一定的力矩去克服外阻力做功。这如同液力偶合器的工作过程一样。但与液力偶合器不同的是,工作液流此时并不是立即从涡轮叶片出口直接进入泵轮叶片入口,而是流经导轮后才重新进入泵轮。这样工作液体才完成了在各工作轮之间的循环运动。由轮流出的工作液体进入导轮,由于导轮固定不转,因此导轮没有能量输出。

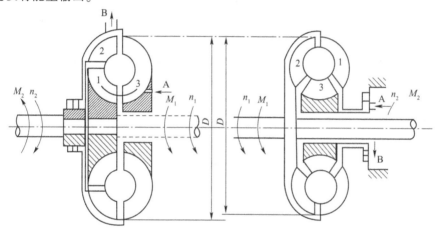

图9-7 循环圆简图
1-泵轮;2-涡轮;3-导轮

设想将三元件的液力变矩器,沿着循环圆的截面展开布置,如图9-8所示。在液力变矩器的工作过程中,液流自泵轮冲向涡轮时使涡轮受一力矩,其大小与方向都和发动机传给泵轮的力矩 M_B 相同。液流自涡轮冲向导轮时也使导轮受一力矩,由于导轮是固定的,此时它便以一大小相等方向相反的反作用力矩 M_D 作用于涡轮上。因此涡轮所受的总力矩 M_T 为泵轮力矩 M_B 与导轮反作用力矩 M_D 的矢量和。有:

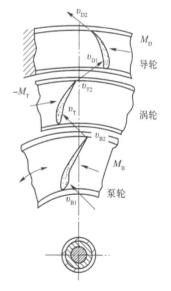

$$M_T = M_B + M_D \tag{9-4}$$

就是说,液力变矩器可以起增大力矩的作用,所增加的力矩就是导轮的反作用力矩 M_D。

还可以通过变矩器中工作液体周而复始的环流特性说明变矩原理。现设泵轮、涡轮和导轮对工作液流的作用力矩分别为 M_B、$-M_T$(负号表示涡轮对工作液流的作用力矩与泵轮转向相反)和 M_D。由于液体的环流是一种周而复始的循环运动,根据力学原理,三个工作轮对工作液流的作用力矩总和应为零,即:

图9-8 简单变矩器工作简图

$$M_B + (-M_T) + M_D = 0 \qquad M_T = M_B + M_D \tag{9-5}$$

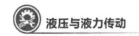

2)液力变矩器变矩具有自动适应性

下面设想将液力变矩器沿循环圆截面展开布置加以说明,如图9-9所示。

机械起步前,涡轮不动,转速为零($n_T=0$)。这时液力变矩器的工况如图9-9a)所示。工作液体在泵轮叶片的带动下,以一定数值的绝对速度沿图中箭头1的方向冲向涡轮叶片,但因涡轮是静止不动的,工作液流将沿着涡轮叶片流出去,并冲向导轮。工作液流的方向如图9-9a)中箭头2所示。然后工作液流流经固定不动的导轮叶片沿着箭头3所示方向流入泵轮中去。此时,涡轮不动,出涡轮而入导轮的工作液流对导轮叶片的冲击角度最大,导轮反作用力矩 M_D 也最大。即在机械起步时,涡轮力矩 M_T 最大。

机械起步后,涡轮转速 n_T 逐渐增加。这时工作液流在涡轮出口处不仅具有沿叶片方向的相对速度 ω_{T2},同时具有沿着圆周方向的牵连速度 u_{T2},故冲向导轮叶片的工作液流的绝对速度 v_{T2} 应是两者的合成速度。图9-9b)所示为液力变矩器的泵轮转速 n_B 等于常数,涡轮转速 n_T 逐渐增加时的工况。

假设泵轮转速 n_B 不变,起变化的只是涡轮转速 n_T,则涡轮出口处相对速度 ω_{T2} 也就不变,只是牵连速度 u_{T2} 起了变化。由图9-9b)可见,冲向导轮叶片的工作液流的绝对速度 v_{T2} 将随着牵连速度 u_{T2} 的增加(即涡轮转速 n_T 的增加)而逐渐向左倾斜。即工作液流冲击导轮叶片的角度随着涡轮转速 n_T 的增加而逐渐减小,导轮反作用力矩随之减小,故涡轮力矩也随之减小。

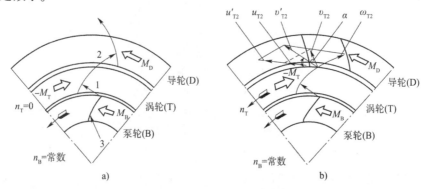

图9-9 液力变矩器自动适应性原理图

当涡轮转速增大到某一数值时,从涡轮流出的工作液流(如图 v_{T2} 所指方向)正好沿着导轮出口方向冲向导轮。对导轮叶片的冲击角度正好为零(没有冲击作用),故此时导轮反作用力矩 M_D 为零,则涡轮力矩 M_T 与泵轮力矩 M_B 相等。此时,液力变矩器以液力偶合器工况工作。

如果涡轮转速继续增加,则工作液流绝对速度 v_{T2} 的方向继续向左倾,如图9-9中所示的 v'_{T2} 的方向。这时工作液流已冲击到导轮叶片的背面,导轮反作用力矩已成负值,与泵轮力矩方向相反。涡轮力矩 M_T 反而小于泵轮力矩 M_B。这就是说液力变矩器输出力矩反而小于输入力矩。当涡轮转速 n_T 增加到与泵轮转速 n_B 相等时,工作液流在循环圆中的循环流动停止,故此时涡轮力矩 M_T 等于零。

上面的分析说明,涡轮轴的力矩主要与其转速有关,而涡轮转速又是随着阻力矩的改变而自动变化的,因此当机械行驶阻力增加、行驶速度降低时,驱动力矩可以随之自动增大,以维持机械在某一较低的速度下稳定行驶。液力变矩器具有的这一性能对于行驶阻力变化比较大的工程装备非常适合,通常称为液力变矩器的自动适应性。

9.4.3 液力变矩器的特性

1)液力变矩器的基本特性

反映液力变矩器主要特性的性能有:变矩性能、经济性能和透穿性能。这些性能属于使用性能。

(1)变矩性能。

液力变矩器的变矩性能是变矩器在一定范围内按一定规律无级地改变由泵轮输给涡轮力矩值的能力。

液力变矩器的变矩能力用变矩系数 K 表示。变矩系数指液力变矩器涡轮力矩 M_T 与泵轮力矩 M_B 的比值。即:

$$K = \frac{M_T}{M_B} = \frac{M_B \pm M_D}{M_B} \tag{9-6}$$

液力变矩器变矩系数 K 又称为变矩比。它不是一个常数,而是传动比 i 的函数。传动比 i 是涡轮转速 n_T 与泵轮转速 n_B 之比,即:

$$i = \frac{n_T}{n_B} \tag{9-7}$$

一般当 i 减小时 K 增大,$i = 0(n_T = 0)$ 时达到最大值,以 K_0 表示,K_0 称为启动变矩比,K_0 大说明机械的起步加速性能好或机械的爬坡能力强。

(2)经济性能。

液力变矩器的经济性能以液力变矩器的效率为评价指标。

液力变矩器的效率是指输出功率与输入功率之比。即:

$$\eta = \frac{P_T}{P_B} = \frac{M_T n_T}{M_B n_B} = Ki \tag{9-8}$$

可见,传动效率 η 是变矩比 K 与传动比 i 的乘积。

变矩器经济性能具体评价指标有两个参数:一是最高效率 η_{max} 值的大小,二是高效工作区范围的大小。对以牵引工况为主要工况的工程装备高效工作区一般指 $\eta > 75\%$ 的变矩工况。

(3)透穿性能。

液力变矩器的透穿性能为变矩器涡轮力矩 M_T 和转速 n_T 变化时,通过变矩器工作液体影响泵轮力矩 M_B 和转速 n_B 做相应改变的能力。

液力变矩器的透穿性能,以透穿性系数 Π 来评价:

$$\Pi = \frac{\lambda_{B0}}{\lambda_{BM}} \tag{9-9}$$

式中:λ_{B0}——起动工况($i = 0$)下泵轮力矩系数;

λ_{BM}——偶合器工况($i = i_M$,$K = 1$)点泵轮力矩系数。

若 $\Pi = 1$,液力变矩器具有不透穿性。此变矩器,如果涡轮力矩及转速变化,而泵轮力矩和转速均不变。不透性变矩器对于适应性范围较小的发动机,能可靠地防止因其过载而引起的发动机熄火。

若 $\Pi > 1$,液力变矩器具有正透穿性。此变矩器,如果涡轮力矩及转速变化,就会引起泵轮力矩和转速变化,即泵轮力矩随涡轮力矩的增加而增加。正透性变矩器可使主机在轻载、高速的工况下获得发动机的最大功率来满足最大速度的需要;而在重载、低速的工况下,又使发动机能输出最大力矩来保证最大牵引力的需要。工程装备多采用正透穿性的变矩器。

若 $\Pi < 1$,液力变矩器具有负透穿性。此变矩器,如果涡轮力矩增大而泵轮力矩反而减小。负透穿性变矩器对机械传动系有不利的影响,故较少采用。

有的变矩器(如有些向心涡轮式变矩器)具有混合透穿性,即 i 小于某一值的工况有负透穿性,而在 i 大于该值后有正透穿性。对混合透穿性能液力变矩器采用 $\Pi = \lambda_{Bmax}/\lambda_{BM}$。

目前工程装备多采用具有不大的正透穿性、不透穿性和混合透穿性的变矩器,极少采用负透穿性变矩器。

2)液力变矩器的输出特性

输出特性亦称外特性,主要指变矩器在正常工况下,泵轮转速 n_B 不变,泵轮力矩 M_B、涡轮力矩 M_T 以及变矩器的效率 η 与涡轮转速 n_T 的关系曲线,即以 $M_B = f(n_T)$、$M_T = f(n_T)$ 及 $\eta = f(n_T)$ 关系曲线来表示液力变矩器的性能。

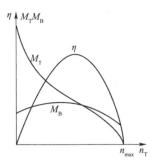

液力变矩器的输出特性一般由台架试验测得 $M_B = f(n_T)$、$M_T = f(n_T)$、$M_T = f(n)$,并计算 $\eta = f(n_T)$。如图 9-10 所示,$M_T = f(n_T)$ 曲线的变化趋势符合前述中液力变矩器自动适应性的分析。

在液力变矩器的使用过程中,泵轮转速 n_B 可能是变化的,输出特性也在作相应变化,将各不同泵轮转速 n_B 的输出特性曲线绘制在同一张图上,所得到的就是通用特性曲线。

上述液力变矩器的输出特性是在正常工况(也称牵引工

图 9-10 液力变矩器的外特性曲线

况)下获得的。在使用中,牵引工况并不是液力变矩器的唯一工作状况,而且还会出现涡轮转向跟泵轮转向相反,即反向制动工况;涡轮旋转方向与泵轮转向相同,但涡轮转速大于牵引工况下的最大转速 n_{Tmax}(在 n_{Tmax} 时 $M_T = 0$),即超越工况。

牵引工况、涡轮反转制动工况和涡轮超越工况,共同组成了液力变矩器的全部工况,全部工况的输出特性曲线,称为全外特性曲线。变矩器涡轮转速由零到空载转速范围内起牵引作用,通常所说的变矩器输出特性指的是牵引特性这一部分。

3)液力变矩器的原始特性

原始特性是由变矩器试验所得外特性 $M_B = f(n_T)$、$M_T = f(n_T)$,按照泵轮力矩、涡轮力矩的计算方程式(相似方程)$M_B = \lambda_B \rho n_B^2 D_B^5$ 和 $M_T = \lambda_T \rho n_T^2 D_T^5$ 算出各自的力矩系数 λ 值,以及其他的特性参数 K、i、η……;把这些特性参数与 i 的对应值标在图上,连接起来就可得出 $\lambda = f(i)$、$K = f(i)$ 及 $\eta = f(i)$ 的关系曲线,见图 9-11。这些关系曲线能够本质地反映某系列变矩器的性能,因此被称作液力变矩器的原始特性。将这些关系曲线称为原始特性曲线。

同一系列的所有变矩器的原始特性曲线都一样,故有了原始特性曲线,就可以作出该系列的任一变矩器的输出特性曲线,而不需要针对每一个都进行试验。

4)液力变矩器的输入特性

液力变矩器泵轮力矩 M_B 与泵轮转速 n_B 之间 $[M_B = f(n_B)]$ 的关系,称为输入特性。因 M_B、n_B 由发动机施加给泵轮,故也称为发动机的负荷特性。输入特性曲线如图 9-12 所示,该曲线又称负荷抛物线。

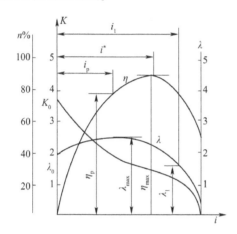

图 9-11 液力变矩器的原始特性曲线

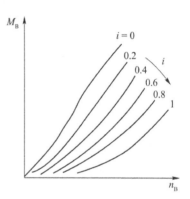

图 9-12 液力变矩器输入特性曲线

由 $M_B = \lambda_B \rho n_B^2 D_B^5$ 可知,对给定的变矩器(D 一定)、油液(ρ 一定),在同一工况条件下(λ_B 一定),$\lambda_B \rho D_B^5$ 等于常数,得出的输入特性曲线为一条通过坐标原点抛物线;工况改变,因 $\lambda_B = f(i)$,则输入特性曲线为一组抛物线束,抛物线束的变化宽度由 λ_B 的变化幅度决定,即由变矩器透穿性决定。一般输入特性除 $i=0$ 的一条曲线由实验测得外,其余均根据原始特性曲线计算得出。

9.4.4 液力变矩器的类型

1)正转液力变矩器和反转液力变矩器

在正常运转条件下,涡轮旋转方向与泵轮一致的变矩器称为正转液力变矩器;涡轮旋转方向与泵轮相反的变矩器称为反转液力变矩器。

在结构上,正转液力变矩器在循环圆中各工作轮的排列顺序是泵轮1、涡轮2、导轮3,也称为123型(又称为BTD型,或称为第一类型);而反转液力变矩器中各工作轮的排列顺序是泵轮1、导轮3、涡轮2,称为132型(也称为BDT型,或称为第二类型),如图9-13所示。

132型变矩器的导轮位于涡轮前,导轮改变了进入涡轮的液流方向,因而在正常运转情况下使涡轮反向旋转。再者涡轮位于泵轮前,负荷引起涡轮转速的改变直接影响泵轮的入口条件,所以132型变矩器透穿性大。此外,由于液流方向急剧改变,这种变矩器效率较低。因此工程装备中除个别采用132型变矩器外,大多采用123型变矩器。

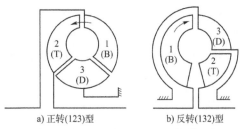

a) 正转(123)型   b) 反转(132)型

图 9-13　正转型和反转型液力变矩器结构示意图

2）单级和多级液力变矩器

液力变矩器按照插在其他工作轮翼栅间的涡轮翼栅的列数,分为单级、二级和三级液力变矩器。多级变矩器涡轮由几列依次串联工作的翼栅组成,每两列涡轮翼栅之间插入导轮翼栅,各列涡轮翼栅彼此刚性连接,并和从动轴相连。而各列导轮翼栅则和固定不动的壳体连接。图 9-13 中均为单级液力变矩器,图 9-14a)为二级液力变矩器,由一个泵轮、两列涡轮翼栅和一个导轮组成;图 9-14b)为三级液力变矩器,由一个泵轮、三列涡轮翼栅和两列导轮翼栅组成。

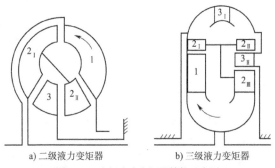

a) 二级液力变矩器   b) 三级液力变矩器

图 9-14　多级液力变矩器结构示意图

1-泵轮;2_I-第一列涡轮翼栅;2_{II}-第二列涡轮翼栅;2_{III}-第三列涡轮翼栅;3-导轮;3_I-第一列导轮翼栅;3_{II}-第二列导轮翼栅

单级液力变矩器,液流在循环圆中只经过一次涡轮和导轮叶片,它的构造简单,最高效率值高,但起动变矩系数小,工作范围窄。多级变矩器在小传动比范围内,有高的变矩系数,工作范围也较宽。但结构复杂、价格贵,并且在中小传动比范围内变矩系数和效率提高不大。因此近年来多级液力变矩器的应用范围逐渐缩小,而被效率较高的单级液力变矩器(单相或多相)所取代。

3）单相和多相液力变矩器

按液力变矩器在工作时可组成工况的数目,可分为单相、二相、三相和四相等。

(1)单级单相液力变矩器。

所谓单级指变矩器只有一个涡轮,单相则指只有一个变矩器的工况。图 9-6 和 9-13 所示就是这种类型的变矩器,这种变矩器结构简单、效率高,最高效率 $\eta = 0.8$,但这种变矩器的高效率区较窄($\eta = 0.75$ 以上相当于 $i = 0.6 \sim 0.8$)使它的工作范围受到限制。另外,为了使发动机容易有载起动和有较大的克服外负载能力,希望起动工况($i = 0$)变矩系数 K_0 较大。该型号变矩器的 $K_0 = 3$,只适用于小吨位的装卸机械。

(2)单级二相液力变矩器。

图 9-15a)所示为单级二相液力变矩器示意图,图 9-15b)表示不同工况下导轮入口液

流的来流方向,图9-15c)为原始特性曲线。它是把变矩器和偶合器的特点综合到一台变矩器上,也称为综合液力变矩器。二相变矩器在整个传动比范围内得到更合理的效率。从变矩器工况过渡到偶合器工况或相反,是由液流对导轮翼栅的作用方向不同而自动实现的。

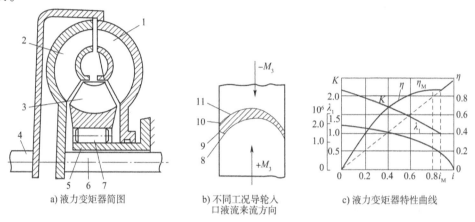

a) 液力变矩器简图　　b) 不同工况导轮入口液流来流方向　　c) 液力变矩器特性曲线

图9-15　单级二相液力变矩器

1-泵轮;2-涡轮;3-导轮;4-主动轴;5-壳体;6-从动轴;7-单向离合器;8~11-分别对应于 $i=0$、$i=i^*$、$i=i_M$、$i>i_M$ 传动比时,液流作用于导轮叶片入口处的方向

导轮3是通过单向离合器7和壳体5相连的,传动比 i 在 $0 \sim i_M$ 范围内时,从动轴扭矩大于主动轴扭矩,从涡轮2流出的液流冲向导轮3叶片的工作面。此时,液流力图使导轮朝泵轮相反的方向转动。但是由于单向离合器在这一旋转方向下起楔紧作用,使导轮楔紧在壳体上不转。在导轮不转的工况下,整个系统如变矩器工作,达到增大转矩、克服变化的负荷。

当从动轴负荷减小而涡轮转速大大提高时($i_M \sim i$ 范围),从涡轮流出的液流方向改变冲向导轮叶片的背面,力图使它与泵轮同向旋动。在这一旋转方向下,单向离合器松脱,导轮开始朝泵轮旋转方向自由旋转。此时由于在循环圆中没有不动的导轮存在,不变换转矩,在偶合器工况时导轮自由旋转,减小导轮入口的冲击损失,因此效率提高,图9-15c)的特性曲线充分显示了这一点。

(3)单级三相液力变矩器。

如图9-16所示,单级三相液力变矩器由一个泵轮1、一个涡轮2和两个可单向转动的导轮 3_I 和 3_{II} 构成。它可组成两个液力变矩器工况和一个液力偶合器工况,所以称之为三相。泵轮由输入轴带动旋转,工作油液就在循环圆内作环流运动推动涡轮旋转并输出转矩。液流从泵轮进入涡轮,再进入第一级导轮,经第二级导轮,再回到泵轮。

在传动比 $i=0$ 到 $i=i_1$ 区段,从涡轮流出的液流沿导轮叶片的工作面流进,如图9-16b)所示,液流作用在导轮上的力矩使单向离合器7和8楔紧,两个导轮都不转,液力变矩器如简单的三工作轮变矩器一样,这是第一种变矩器工况。

随着外负荷减小,涡轮转速提高,传动比 i 增大(即 $i=i_1$ 到 $i=i_M$ 区段),从涡轮流出的液流方向改变,如图9-16b)所示,第一导轮 3_I 上液流作用形成的力矩使单向离合器7松脱,第一导轮开始自由旋转,这样第一导轮就和涡轮一起转动,而第二导轮仍不动,这是第

二种变矩器工况。

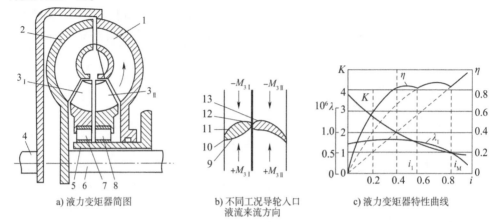

a) 液力变矩器简图   b) 不同工况导轮入口   c) 液力变矩器特性曲线
液流来流方向

图 9-16 单级三相液力变矩器

1-泵轮;2-涡轮;3_{I}-第一导轮;3_{II}-第二导轮;4-主动轴;5-壳体;6-从动轴;7、8-单向离合器;9～13-分别对应于 $i=0$、$i=i_1^*$、$i=i_1$、$i=i_{\mathrm{M}}$、$i>i_{\mathrm{M}}$ 传动比时,液流作用于导轮叶片入口处的方向

    若外负荷继续减小,涡轮转速 n_{T} 继续增大,当 $i>i_{\mathrm{M}}$ 时,液流方向进一步改变,液流作用在第二导轮 3_{II} 上的力矩使第二导轮单向离合器 8 也松脱,第二导轮开始自由旋转。于是没有固定的导轮,该传动装置就成为一个液力偶合器的工况。在高传动比下,液力偶合器的效率很高,如图 9-16c)所示。

    这种类型的变矩器综合了液力变矩器和液力偶合器的特性,它的高效区较宽,起动时变矩系数也较大,但其制造工艺比较复杂。目前广泛应用在工程装备上。

9.5　液力传动系统使用与维护

    液力传动系统的正确使用与合理、经常性的维护是十分必要的,它不但能减少故障发生,还能及时发现故障隐患,延长机械使用寿命。

    1)正确使用工作油

    国内外液力传动所用油的品种繁多,除矿物油外,还广泛使用各种混合油及特制专用油。在国内经常采用 HU-20 汽轮机油。HU-20 汽轮机油是石油的润滑油馏分,经深度精制并加有抗氧化、防锈、抗泡沫等添加剂。

    近年来还为液力自动变速器和液力传动装置生产了液力传动专用油,以 100℃时运动黏度划分为 6 号和 8 号液力传动油。

    6 号液力传动油是以 HU-20 汽轮机油作为基础油,加入增黏、降凝、清净分散、抗磨、抗氧化、防锈、抗泡沫等添加剂制成。

    8 号液力传动油是以低黏度精制工馏分油作为基础油,加入增黏、降凝、抗磨、抗氧化、防锈、抗泡沫等添加剂制成。

    工程机械、履带车、重负荷卡车、内燃机车等机械的液力传动系统,可采用 6 号液力传动用油。

轿车、轻型卡车等车辆的液力传动系统,一般选用8号液力传动用油。

2)日常检查

(1)油面检查。在任何情况下,变矩器的油量应符合规定的油面高度。防止因漏油而引起油面高度降低。如果液力变矩器和变速器使用同一油箱,可只检查变速器的油面高度。

(2)油温检查。通常驾驶室设有变矩器出口油温表。变矩器正常油温范围一般为80℃~90℃;在重载工况(重载上坡),可允许油温到110℃。若油温超过此值,可将变速器顺序降档,直至油温低于此值。

变矩器油温一般不允许超过110℃;在正常行驶情况下,如果出现油温超过110℃,应停车,将变速器换到空挡,使发动机在急速范围内运转一段时间,油温降至正常值后,再进行作业或行车。若油温仍不下降,应停机仔细查找原因。

(3)进、出口油压检查。检查时发动机油门全开,变矩器分别处于起动工况和空载工况,分别检查进口和出口油压的最大值和最小值。如果油压不正常,应排除可能的故障。

3)定期检查

(1)油质检查和换油周期。目前我国液力变矩器用油通常为6号和8号液力传动油。此两种油为专用油品加有染色剂,系红色或蓝色透明液体,绝不能与其他油品混用,同牌号不同厂家生产的也不宜混兑使用;贮存使用中要严格防止污染,容器和加油工具必须清洁、严密,以免乳化变质。

检查油液时在手指上擦少许油液,用手指互相摩擦看是否有渣粒存在,并从油尺上嗅闻油液气味;如发现有沉淀、水分、油泥及异味,应当及时处理。

根据使用条件,一般规定每工作1000h换油一次。油中杂质增多或长期高温作业使油液变质,应及时换油。每次换油时必须清洗或更换滤油器。在恶劣工况下,应经常清洗或更换滤油器。如果在油液中出现金属颗粒,必须对油路系统的所有部件进行彻底清洗和检查。

(2)放油和充油。须在发动机停止运转的情况下放油。由于变矩器里可能有残余油液,可起动发动机在大约1000r/min的转速下运转20~30s将剩油排出。因此时润滑不良,变矩器的运转时间不应超过30s。

加油时先在发动机停止运转时加入一定量的油液,然后起动发动机急速运转,使整个系统充油。在急速运转2min后,再加油到规定的油面高度。

(3)保持油箱通气孔畅通。无论是装在油箱上或变速器上的通气孔,都需要经常检查和清洗。如果通气孔堵塞,油液将迅速氧化、变稠,形成油泥。每次换油时都应清洗通气孔。

(4)检查综合式液力变矩器时先将加速踏板踩到底并制动变矩器输出轴,待变矩器出口油温升至最高时(100℃以上),松开变矩器输出轴使转速高于最大工作转速,并检查油温下降速度。一般在15s之后油温应该开始下降。如果温度下降缓慢,表示导轮没松脱,继续处于固定状态,可能是单向离合器失效。如果油温迅速下降,则表示导轮及单向离合器工作正常。

(5)检查变矩器起动工况。其目的是检查和判断在起动工况下发动机与液力变矩器的匹配是否符合设计要求。检查时先起动发动机预热并急速运转,将变矩器输出轴制动。然后提高发动机转速直到加速踏板踩到底为止。变矩器在此工况下的时间一般不应超过30s,出口油温不应超过最高允许油温,观察此时发动机的转速和变矩器供油系统的进口油压与设计数据是否一致。

练 习 题

1. 什么是液力传动? 液力传动的主要优点是什么?
2. 阐述液力偶合器的结构和工作原理。液力偶合器有什么样的特性?
3. 简述液力变矩器的主要类型及其特点,阐述液力变矩器的变矩原理。
4. 什么是液力变矩器的变矩性能、透穿性能、输出特性、原始特性、输入特性?

附录 常用液压元件图形符号

基本符号、管路及连接　　　　　　　　　　　　　　　　附表1

名　称	符　号	名　称	符　号
工作管路		控制管路 泄漏管路	
连接管路		交叉管路	
管口在液面 以下的油箱		管口在液面 以上的油箱	
带单向阀的 快速接头		不带单向阀 的快速接头	

液压泵、液压马达和液压缸　　　　　　　　　　　　　　附表2

名　称	符　号	名　称	符　号
单向定量泵		单向定量马达	
单向变量泵		单向变量马达	
双向定量泵		双向定量马达	
双向定量泵		双向变量马达	
定量 液压泵-马达		变量 液压泵-马达	
单作用 单活塞杆缸	详细符号　简化符号	双作用 单活塞杆缸	详细符号　简化符号
双作用 双活塞杆缸	详细符号　简化符号	单作用柱塞缸	

控制方式和控制方法 附表3

名　称	符　号	名　称	符　号
按钮式人力控制	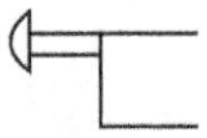	顶杆式机械控制	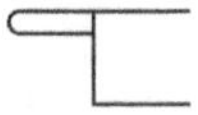
手柄式人力控制	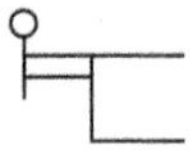	滚轮式机械控制	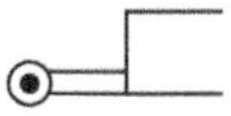
踏板式人力控制	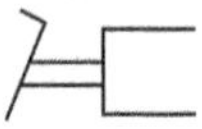	弹簧控制	
内部压力控制	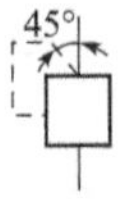 45°	液压先导控制	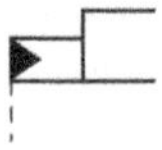
外部压力控制	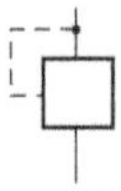	单作用电磁控制	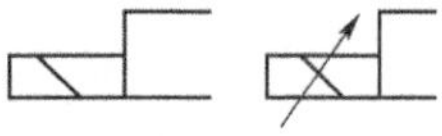
加压或卸压控制	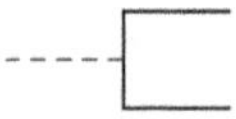	双作用电磁控制	
电磁-液压先导控制（加压控制）	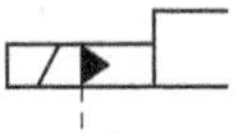	电磁-液压先导控制（泄压控制）	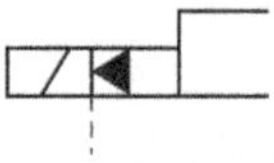

方向控制阀 附表4

名　称	符　号	名　称	符　号
单向阀	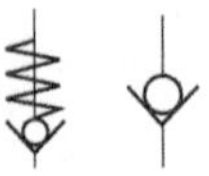	液控单向阀	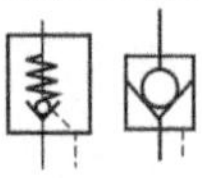
双液控单向阀（双向液压锁）	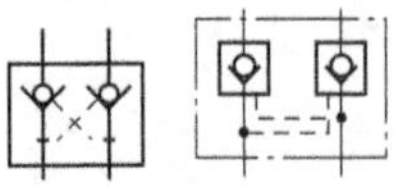	梭阀（或逻辑阀）	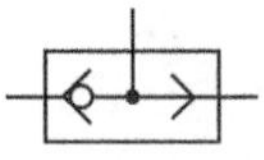
二位二通换向阀（常断）	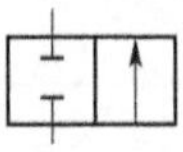	三位四通换向阀	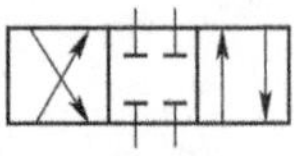
二位二通换向阀（常通）	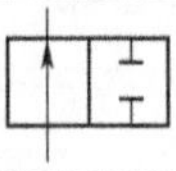	三位五通换向阀	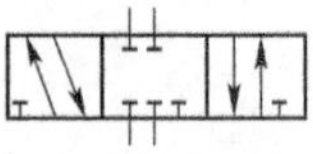
二位三通换向阀	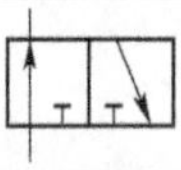	三位六通换向阀	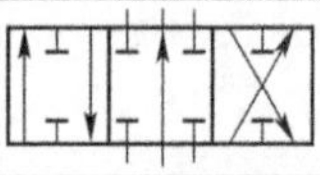
二位四通换向阀	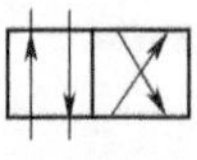	四通电液伺服阀	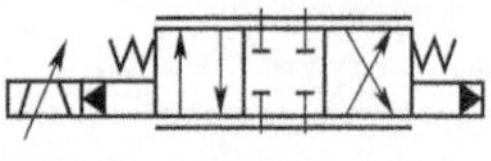
三位四通手动换向阀	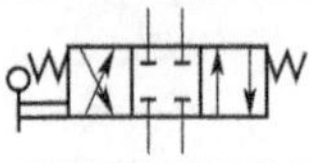	截止阀	

压力控制阀

附表 5

名　　称	符　　号	名　　称	符　　号
直动式溢流阀 （内部压力控制）	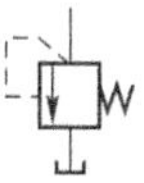	直动式溢流阀 （外部压力控制）	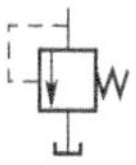
先导式溢流阀	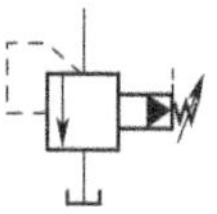	先导式电磁溢流阀	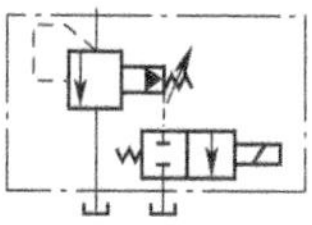
先导式比例 电磁溢流阀	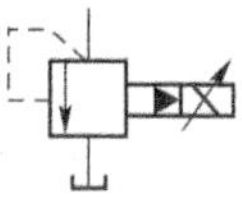	直动式定值减压阀	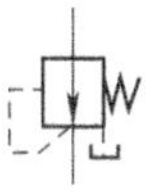
先导式定值减压阀	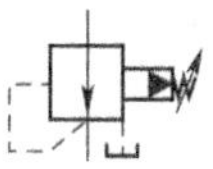	定差减压阀	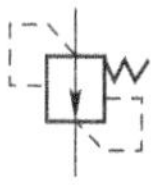
直动式顺序阀	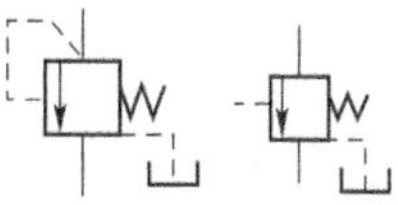	先导式顺序阀	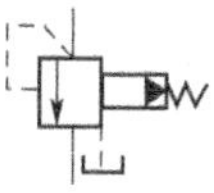
单向顺序阀 （平衡阀）	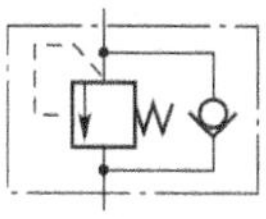	直动式卸荷阀	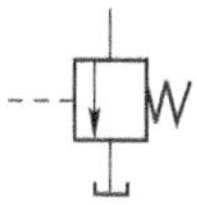
压力继电器	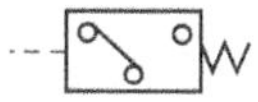	卸荷溢流阀	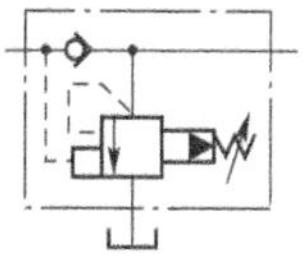

流量控制阀

附表 6

名　　称	符　　号	名　　称	符　　号
不可调节流阀		可调节流阀	
单向节流阀	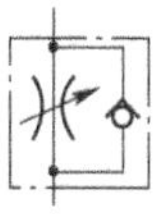	双向节流阀	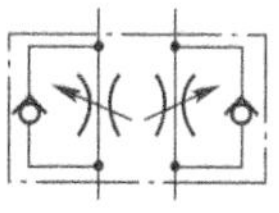
调速阀	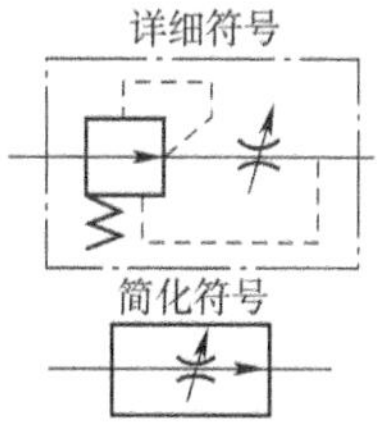 详细符号 简化符号 	旁通型调速阀	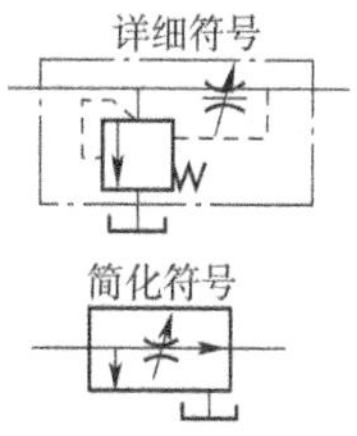 详细符号 简化符号

辅 助 元 件 附表7

名　称	符　号	名　称	符　号
原动机 （电动机除外）	M	电动机	M
液压源	▶	过滤器	
压力计		液面计	
温度计（表）		流量计	
压力指示器	⊗	空气过滤器	
冷却器		带冷却剂管路 的冷却器	
加热器		温度调节器	
蓄能器 （一般符号）		气体隔离式 蓄能器	

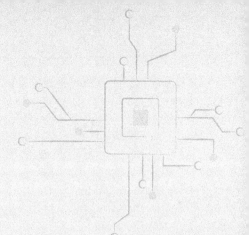

参考文献

[1] 张平格.液压传动[M].武汉:华中科技大学出版社,2013.

[2] 刘仕平,姚林晓.液压与气压传动[M].北京:电子工业出版社,2015.

[3] 王晓伟,张青,何芹,等.工程机械液压和液力系统[M].北京:化学工业出版社,2013.

[4] 王强,张梅军.工程机械液压传动[M].北京:国防工业出版社,2013.

[5] 谢群,崔广臣,王健.液压与气压传动[M].2版.北京:国防工业出版社,2015.

[6] 刘银水,许福玲.液压与气压传动[M].4版.北京:机械工业出版社,2018.

[7] 周小鹏,丁又青,等.液压传动与控制[M].重庆:重庆大学出版社,2014.

[8] 苏欣平,刘士通.工程机械液压与液力传动[M].北京:中国电力出版社,2016.

[9] 姜继海,胡志栋,王昕.液压传动[M].哈尔滨:哈尔滨工业大学出版社,2015.

[10] 张春阳.液压与气压传动技术[M].北京:中国人民大学出版社,2012.

[11] 方四清.液压与气动学习指导与巩固练习[M].北京:电子工业出版社,2012.

[12] 刘延俊.液压传动与气压传动[M].3版.北京:机械工业出版社,2014.

[13] 贺利乐.液压与液力传动[M].北京:国防工业出版社,2015.

[14] 刘军营.液压与气压传动[M].北京:机械工业出版社,2015.

[15] 秦大同,谢里阳.液压传动与控制设计[M].北京:化学工业出版社,2013.

[16] 张玉莲,等.液压与气压传动与控制[M].杭州:浙江大学出版社,2012.

[17] 李壮云.液压元件与系统[M].3版.北京:机械工业出版社,2011.

[18] 贾铭新.液压传动与控制[M].4版.北京:电子工业出版社,2017.

[19] 曹建东,龚肖新.液压传动与气动技术[M].3版.北京:北京大学出版社,2017.

[20] 陆全龙.液压系统故障诊断与维修[M].武汉:华中科技大学出版社,2016.

[21] 刘忠等.工程机械液压传动原理[M].北京:机械工业出版社,2018.

[22] 王洁,苏东海,官忠范.液压传动系统[M].4版.北京:机械工业出版社,2022.

[23] 王积伟.液压传动[M].3版.北京:机械工业出版社,2018.

[24] 罗江红.工程机械液压技术实训指导[M].北京:人民交通出版社股份有限公司,2018.

[25] 吕彭民,陈一馨.液压挖掘机工作装置疲劳可靠性[M].北京:人民交通出版社股份有限公司,2020.